"十三五"国家重点出版物出版规划项目
面向可持续发展的土建类工程教育丛书
"十二五"普通高等教育本科国家级规划教材
普通高等教育"十一五"国家级规划教材
21世纪高等教育建筑环境与能源应用工程系列教材

空气洁净技术

第 2 版

主　编　王海桥　李　锐
参　编　张登春　李向阳　陈世强
主　审　王汉青

机械工业出版社

本书是"十三五"国家重点出版物出版规划项目、"十二五"普通高等教育本科国家级规划教材、普通高等教育"十一五"国家级规划教材。

本书系统地介绍了空气洁净技术的发展及其应用，空气污染和洁净室标准，空气洁净设备及其应用，空气洁净原理，洁净空调系统设计，空气洁净系统安装，洁净室的检测与认证，空气洁净系统的运行管理等有关内容，附录列出了空气洁净技术常用术语及部分行业对洁净室空气洁净度的要求。全书注意基本概念和基本原理的理解和应用，同时为培养学生的实践技能，还给出了四种典型的空气洁净系统设计实例。章后附有思考题和二维码形式客观题（扫描二维码可自行做题，提交后可查看答案）。

本书可作为高等学校建筑环境与能源应用工程专业的教学用书，同时也可供专业技术人员参考。

本书配有电子课件，免费提供给选用本书作为教材的授课教师，需要者请登录机械工业出版社教育服务网（www.cmpedu.com）注册后下载。

图书在版编目（CIP）数据

空气洁净技术/王海桥，李锐主编. —2 版. —北京：机械工业出版社，2017.1（2025.1重印）

"十三五"国家重点出版物出版规划项目　"十二五"普通高等教育本科国家级规划教材　普通高等教育"十一五"国家级规划教材　21 世纪高等教育建筑环境与能源应用工程系列教材

ISBN 978-7-111-55648-0

Ⅰ.①空…　Ⅱ.①王…　②李…　Ⅲ.①空气净化-高等学校-教材　Ⅳ.①X51

中国版本图书馆 CIP 数据核字（2016）第 302714 号

机械工业出版社（北京市百万庄大街22号　邮政编码100037）
策划编辑：刘　涛　责任编辑：刘　涛　林　辉　责任校对：佟瑞鑫
封面设计：路恩中　责任印制：常天培
固安县铭成印刷有限公司印刷
2025 年 1 月第 2 版第 10 次印刷
184mm×260mm・13.5 印张・4 插页・328 千字
标准书号：ISBN 978-7-111-55648-0
定价：36.00 元

电话服务　　　　　　　　　　网络服务
客服电话：010-88361066　　　机　工　官　网：www.cmpbook.com
　　　　　010-88379833　　　机　工　官　博：weibo.com/cmp1952
　　　　　010-68326294　　　金　书　网：www.golden-book.com
封底无防伪标均为盗版　　　　机工教育服务网：www.cmpedu.com

序

  建筑环境与设备工程（2012年更名为建筑环境与能源应用工程）专业是教育部在1998年颁布的全国普通高等学校本科专业目录中将原"供热通风与空调工程"专业和"城市燃气供应"专业进行调整、拓宽而组建的新专业。专业的调整不是简单的名称变化，而是学科科研与技术发展，以及随着经济的发展和人民生活水平的提高，赋予了这个专业新的内涵和新的元素。创造健康、舒适、安全、方便的人居环境是21世纪本专业的重要任务，同时，节约能源、保护环境是这个专业及相关产业可持续发展的基本条件。它们和建筑环境与设备工程（建筑环境与能源应用工程）专业的学科科研与技术发展密切相关，不可忽视。

  作为一个新专业的组建及其内涵的定位，它首先是由社会需求决定的，也是和社会经济状况及科学技术的发展水平相关的。我国的经济持续高速发展和大规模建设需要大批高素质的本专业人才，专业的发展和重新定位必然导致培养目标的调整和整个课程体系的改革。培养"厚基础、宽口径、富有创新能力"，符合注册公用设备工程师执业资格并能与国际接轨的多规格的专业人才以满足需要，是本专业教学改革的目的。

  机械工业出版社本着为教学服务，为国家建设事业培养专业技术人才，特别是为培养工程应用型和技术管理型人才做贡献的愿望，积极探索本专业调整和过渡期的教材建设，组织有关院校具有丰富教学经验的教师编写了这套建筑环境与设备工程（建筑环境与能源应用工程）专业系列教材。

  这套系列教材的编写以"概念准确、基础扎实、突出应用、淡化过程"为基本原则，突出特点是既照顾学科体系的完整，保证学生有坚实的数理科学基础，又重视工程教育，加强工程实践的训练环节，培养学生正确判断和解决工程实际问题的能力，同时注重加强学生综合能力和素质的培养，以满足21世纪我国建设事业对专业人才的需求。

  我深信，这套系列教材的出版，将对我国建筑环境与设备工程（建筑环境与能源应用工程）专业人才的培养产生积极的作用，会为我国建设事业做出一定的贡献。

陈在康

于长沙

前　言

随着科学技术的不断发展，现代工业产品的生产和现代化科学实验活动对室内空气洁净度的要求越来越高，特别是微电子、医疗、化工产品生产、生物技术、药品生产、食品加工、日用化学品等行业都要求有微型化、精密化、高纯度、高质量和高可靠性的室内环境。空气洁净技术已成为现代工业生产、医疗和科学实验活动不可缺少的基础条件，是保证产品质量和环境安全的重要手段，被越来越广泛地应用于社会各个行业。空气洁净技术是建筑环境与能源应用工程专业人员应掌握的主要专业技术之一。本书就是为建筑环境与能源应用工程专业学生系统学习"空气洁净技术"课程而编写的。

本书既注重基本概念和基本原理的学习和应用，也注重对学生实践技能的培养。全书系统地介绍了空气洁净技术的发展及其应用，空气污染和洁净室标准，空气洁净设备及其应用，空气洁净原理，洁净空调系统设计，空气洁净系统安装，洁净室的检测与认证，空气洁净系统的运行管理等有关内容，并给出四种典型的空气洁净系统设计实例。附录列出了空气洁净技术常用术语及部分行业对洁净室空气洁净度的要求，供学生查阅。

本课程计划教学课时为30学时，也可根据实际情况适当地调整，其主要专业基础课为"空调用制冷技术""通风工程""空调工程"等。全书共9章，第1、2、6（部分内容）、7、8章及附录由湖南科技大学王海桥、陈世强编写，第3章由南华大学李向阳编写，第4（部分内容）、6（部分内容）、9章由北京建筑大学李锐编写，第4（部分内容）、5章由湖南科技大学张登春编写。全书由王海桥教授统稿，王汉青教授担任主审。湖南科技大学李轶群老师为本书的编写做了部分工作，在此表示感谢。

本书在编写过程中参考了诸多学者的专著，参阅了国内外近年来发表的科技文献及相关的现行规范。在此，特向作者们表示感谢。

本书是高等院校建筑环境与能源应用工程专业"空气洁净技术"课程的第一本教学用书，因无类似教材可以借鉴，加之编者水平有限，书中难免有错误和不妥之处，恳请各位专家和读者批评指正。

编　者

目　录

第1章
绪　　论

1.1　空气洁净的概念

1.1.1　洁净空气与空气净化

"空气洁净"可以从两个关联的方面来理解：一是空气净化，表示空气洁净的"行为"；二是指干净空气所处的洁净"状态"。

空气洁净的目的是使受到污染的空气被净化到生产、生活所需的状态，或达到某种洁净度。

空气洁净度是指洁净对象——空气的清洁程度。洁净度通常用一定体积或一定质量空气中所含污染物质的粒径、数量或质量来表示。例如，每立方米空气中，含有大于或等于 $0.5\mu m$ 的悬浮微粒有 X 个，即粒径 $\geqslant 0.5\mu m$，颗粒为 $X pc/m^3$。又如，每立方米空气中尘粒的质量为 $Y mg$，其洁净度用 $Y mg/m^3$ 表示。

空气净化是采用某种手段、方法和设备使被污染的空气变成洁净的空气。由于空气净化的目的与对象不同，净化的内容、方法和衡量标准也各不相同。从空气净化的对象来看，有的要解决大气污染的问题，有的则是以洁净室为对象。大气污染的净化主要是各种气体废弃物的处理问题，是以高浓度污染空气为对象的。而各种洁净室面临的是室内送风的净化问题，是以超低污染浓度空气为对象的。所谓超低污染浓度的空气，就是日常认为比较干净的空气。然而，对于电子、宇航、高精密度机械制造、某些医疗用房及制药厂房等对生产环境要求严格的工艺过程或房间而言，这种相对比较干净的空气依然不符合要求，还需要进一步净化。

1.1.2　洁净室及空气洁净技术

洁净室（区）（Cleanroom）是指空气悬浮粒子浓度和含菌浓度受到控制，达到一定要求或标准的房间（限定的空间）。房间（空间）的建造和使用方式要尽可能减少引入、产生和滞留粒子（包括尘粒和菌粒）等，房间（空间）内其他相关参数如温度、相对湿度和压力按要求进行控制。洁净区可以是开放式或密闭式，可以位于或不位于洁净室内。

空气洁净技术（Air clean technology）也称为洁净室（空间）污染控制技术。空气洁净技术还包括为创造污染程度受控的工作环境所采取的所有方法，包括预防性措施。

1.1.3　空气洁净度等级

空气洁净度是指洁净环境中空气所含悬浮粒子数量多少的程度。通常空气中含尘浓度高则空气的洁净度低，含尘浓度低则空气洁净度高。按空气中悬浮粒子浓度来划分洁净室及相关受控环境中空气洁净度等级，就是以每立方米（或每升）空气中的最大允许粒子数来确定其空气洁净度等级。

按国际标准 ISO14644—1（洁净室及其相关受控环境，第一部分——空气洁净度等级），空气中悬浮粒子洁净度等级以序数 N 命名，各种被考虑粒径 D 的最大允许浓度 C_n 可用下式确定

$$C_n = 10^N \times \left(\frac{0.1}{D}\right)^{2.08} \tag{1-1}$$

式中　C_n——被考虑粒径的空气悬浮粒子最大允许浓度（pc/m³，pc 为粒子个数的缩写）；
　　　　　C_n 是以四舍五入至相近的整数，通常有效位数不超过三位数；
　　　N——分级序数，数字不超过 9，分级序数整数之间的中间数可以作规定，N 的最小允许增量为 0.1；
　　　D——被考虑的粒径（μm）；
　　0.1——常数（μm）。

洁净室（区）的空气洁净度级别状态分三种：空态、静态和动态。

空态（as-built）是指设施已经建成，其服务动力共用设施区接通并运行，但无生产设备、材料及人员的状态。

静态（as-rest）是指设施已经建成，生产设备已经安装好，并按供需双方商定的状态运行，但无生产人员的状态。

动态（operational）是指设施以规定的状态运行，并在商定的状况下进行工作。

1.2　空气洁净技术的发展历史

1.2.1　空气洁净技术的由来

在科学实验和工业生产活动中，产品加工的精密化、微型化、高纯度、高质量和高可靠性要求有一个能够控制尘埃粒子污染程度的生产环境。20 世纪 20 年代，美国航空业的陀螺仪制造过程中最先提出了生产环境的洁净要求，为消除空气中的尘埃粒子对航空仪器的齿轮、轴承的污染，在制造车间、实验室建立了"控制装配区"，即将轴承的装配工序等与其他生产、操作区分隔开，供给一定数量的过滤后的空气。飞速发展的军事工业，要求提高原材料纯度，提高零件加工与装配精度，提高元器件和整机的可靠性和寿命等，这些都要求有一个"干净的生产环境"。美国一家导弹公司发现，在普通车间内装配惯性制导用陀螺仪时平均每生产 10 个产品就要返工 120 次，若在控制空气尘粒污染的环境中装配，返工率可降低至 2 次；对在无尘与空气有尘粒达 1000pc/m³（平均直径为 3μm）的环境中装配转速为 12000r/min 的陀螺仪轴承进行对比，产品使用寿命竟相差 100 倍。从这些实践中，人们意识到将空气洁净技术应用于军工产品生产的迫切性，构成了当时发展空气洁净技术的推动力。

20 世纪 50 年代初，高效空气粒子过滤器（又称为高效空气过滤器）（High Efficiency Particulate Air Filter，HEPA）在美国问世，是洁净技术的第一次飞跃。这一成就的取得，

使美国在军事工业和人造卫星制造领域成功建立了一些洁净室；日本从 20 世纪 50 年代开始便在半导体制造工厂中应用空气洁净技术；苏联也在同时期编制了其所谓的"密闭厂房"典型设计。

20 世纪 60 年代初，工业洁净室在美国进入了广泛应用时期。人们通过测试发现，在工业洁净室空气中的微生物浓度同尘埃粒子浓度一样，已远远低于洁净室外空气中的浓度，于是人们便开始尝试利用工业洁净室进行要求无菌环境的实验。较早的例子是美国的一位外科医生所进行的狗的手术实验。与此同时，人们对尘菌共存的机理进行研究后确认，空气中的细菌一般以群体存在，而且是附着在尘埃粒子上。通过研究还确认病毒也同样是附着于尘粒并借助于尘粒为媒介传播的。因此，在对空气中的尘粒进行控制的同时，也必将控制附着于尘粒上的微生物。

从 20 世纪 70 年代初开始，美国等国家大规模地把以控制空气中尘粒为目的工业洁净室技术引入到防止以空气为媒介的微生物污染的领域，诞生了现代的生物洁净室，如在制药工业、化妆品工业、食品工业和医疗部门的手术室、特殊病室以及生物安全实验等方面的推广应用，使与人们健康密切相关的药品、生物制品、食品、化妆品等产品质量大为提高，确保人们的治疗、手术环境的洁净和对抗感染的有效控制。

1.2.2　空气洁净技术的发展

国内外空气洁净技术的发展都是随着科学技术的发展、工业产品的日新月异，特别是军事、航天、电子和生物医药等工业的发展而不断发展的。微型化的产品如电子计算机，从当初的要在数间房间内配置多台组合设备发展到笔记本计算机，它所使用的电子元器件从电子管到半导体分离器件到集成电路再到超大规模集成电路，仅集成电路的线宽已从几微米发展到现今的 $0.1\mu m$ 左右。以集成电路的微型化为例，它对空气中受控粒子粒径尺寸从 $0.3\sim0.5\mu m$ 的要求发展到 $0.05\mu m$ 甚至更小，可见各类工业产品的微型化正不断对洁净技术提出更严格的要求。高纯度的产品，如生产集成电路所需的单晶硅材料，生产光纤所需的四氯化硅、四氯化锗材料等已由过去的所谓高纯进入"电子纯""超纯"。要生产如此高纯度的产品，不但要求达到相应的受控生产环境的空气洁净度等级，而且需要具有相应高纯度的与产品直接接触的超纯水、超纯气体、超纯度试剂等。空气洁净对于现今以微型计算机为手段的电子信息时代产品的高质量、高可靠性的重要意义是不言而喻的，其对于确保人身安全的灭菌操作以及对于现代基因工程和基因芯片的制作也具有特殊的意义。基于这种趋势，空气洁净技术的发展已成为评价现代工业生产和科学实验活动发展水平的不可缺少的重要标准之一。

20 世纪 60 年代，空气洁净技术在美国、欧洲等国家顺应各行各业产品生产和科学实验活动的需要得到了广泛应用，可以认为是空气洁净技术的大发展时期。美国在 1961 年诞生了国际上最早的洁净室标准，即美国空军技术条令 TO.00-25-203；1963 年底颁布了第一个军用部分的联邦标准 FS-209，从此联邦标准"209"就成为国际通行的洁净室标准；1966 年颁布了修订后的 FS-209A。1957 年，苏联第一颗人造卫星升天后，美国政府加速发展宇航事业、精密机械加工和电子工业，这些都要求具有受控空气洁净的生产环境，从而带动了空气洁净技术及其设备制造的大发展。1961 年单向流洁净技术和 100 级洁净室的建立，更促进了空气洁净技术的进一步发展。表 1-1 按时序列出了各国主要洁净室标准。

表 1-1　世界一些国家颁布洁净室标准的年表

公布时间	各　国　标　准
1961.3	美国空军技术条令 TO.00-25-203
1963.7	美国空军技术条令 TO.00-25-203 第一次修订本
1963.12	美国联邦标准　FS-209
1964	苏联标准(计重法)
1965.8	美国空军技术条令 TO.00-25-203 第二次修订本
1965	苏联标准 CH 317—65(计数法)
1966.6	联邦德国标准
1966.8	美国联邦标准 FS-209A
1967.8	美国国家航空与航天管理局 NASA 标准 NHB5340.2
1968	民主德国标准
1972	法国标准 ASPEC Communication 7202
1973.4	美国联邦标准 FS-209B
1973	苏联标准 OCT 11 Ⅱ -170-050.001-73
1975	日本工业标准 B9920
1976.5	美国联邦标准 FS-209B 修订
1976,1977	联邦德国标准 VDI 2083
1976	英国标准
1976	澳大利亚标准
1984	中国标准 GBJ 73—1984《洁净厂房设计规范》
1987.10	美国联邦标准 FS-209C
1988	日本工业标准 JIS B 9920 洁净室悬浮微粒的测定方法和洁净室洁净度的评价方法(修订案)
1988	日本空气洁净协会标准
1988.6	美国联邦标准 FS-209D
1992.11	美国联邦标准 FS-209E
1994	中国标准 GB/T 14925—1994《实验动物环境与设施》
1996	俄罗斯标准 GOSTR 50766—95
1999.5	国际标准 ISO 14644—1
2001.11	中国标准 GB 50073—2001《洁净厂房设计规范》
2002	中国标准 GB 50333—2002《医院洁净手术部建筑技术规范》
2008	中国标准 GB 50472—2008《电子工业洁净厂房设计规范》
2010	中国标准 GB/T 16292—2010《医药工业洁净室(区)悬浮粒子的测试方法》
2010	中国标准 GB/T 16293—2010《医药工业洁净室(区)浮游菌的测试方法》
2010	中国标准 GB/T 16294—2010《医药工业洁净室(区)沉降菌的测试方法》
2010	中国标准 GB 14925—2010《实验动物环境及设施》
2012	中国标准 GB/T 29469—2012《洁净室及相关受控环境性能及合理性评价》
2013	中国标准 GB 50073—2013《洁净厂房设计规范》
2013	中国标准 GB 50333—2013《医院洁净手术部建筑技术规范》

　　20 世纪 60 年代以来，随着科学技术的进步，医疗水平和人民生活质量的提高，来自药品、化妆品的不良反应和病症感染问题日益引起人们的关注。人们发现，要确保药品的质量，除了应遵照药典规定的特定要求的配方外，还应具有符合要求的生产环境，以防止生产

过程中的微粒和微生物的污染及交叉污染。为此需制定必要的规范、标准，以控制药品生产环境，确保药品质量。世界卫生组织（WHO）关于药品生产质量管理规范 GMP（Good Manufacturing Practice）的首版于 1968 年讨论通过，随后，相关国际机构和各国均相继制定了各自的 GMP 规范，见表 1-2。

表 1-2　世界一些国家颁布 GMP 标准的年表

GMP	公布时间
世界卫生组织的药品生产质量管理规范（WHO GMP）	1992
欧洲共同体的药品生产质量管理规范（EEC GMP）	1992
欧洲联盟药品生产质量管理规范（EU GMP）	1997
药品生产检查互相承认公约的药品生产质量管理规范（PIC GMP）	1990
东南亚国家联盟药品生产质量管理规范（ASEAN GMP）	1988
美国的现行药品生产质量管理规范（CFR GMP）	1991
美国 FDA 的生物技术检查指南	1991
美国 FDA 的原料药检查指南	1991
英国的药品生产质量管理规范（橙色指南）	1983
日本药品生产质量管理规范（JGMP）	1973
加拿大的药品生产质量管理规范	1984
韩国的药品生产质量管理规范	1984
中国的药品生产质量管理规范	1988
中国兽药生产质量管理规范（试行）	1989
中国台湾省的"优良药品制造标准"	1990（修订）
中国的药品生产质量管理规范	1992（修订）
中国医药工业洁净厂房设计规范	1996
中国的药品生产质量管理规范	1998（修订）
中国兽药生产质量管理规范	2002
美国药品生产质量管理规范	2003（修订）
中国医药工业洁净厂房设计规范	2008
中国药品生产质量管理规范	2010（修订）
世界卫生组织药品生产质量管理规范	2010（修订）

20 世纪 80 年代大规模集成电路和超大规模集成电路的迅速发展，大大促进了空气洁净技术的发展，集成电路生产技术从 64KB 到 4MB，特征尺寸从 $2.0\mu m$ 到 $0.8\mu m$。当时根据实践经验，通常空气洁净受控环境的控制尘粒粒径与线宽的关系为 1:10，因此洁净技术工作者研制了超高效空气过滤器，可将粒径 $\geqslant 0.1\mu m$ 的微粒去除到规定范围。根据大规模、超大规模集成电路生产的需要，高纯气体、高纯水和高纯试剂的生产技术也得到很快的发展，从而使服务于集成电路等高技术产品所需的空气洁净技术也得以高速发展。1986 年美国、日本和西欧的洁净产品的产值为 29 亿美元，1988 年达到 73 亿美元。20 世纪 90 年代以来，超大规模集成电路的加工技术发展迅猛，每隔两年其关键技术就会有一次飞跃，集成度每三年翻四倍。表 1-3 所示为大规模集成电路的工艺发展状况。

　　集成电路随着集成度的加大而不断缩小其特征尺寸，增加掩膜的层数和容量；特征尺寸为 $0.09\mu m$ 的动态随机存取存储器（Dynamic Random Access Memory，DRAM）已研制成功，洁净室设计中控制粒子的粒径也将随之日益缩小，表1-4所示是超大规模集成电路（VLSI）的发展及相应控制粒子的粒径。

　　集成电路芯片缺陷中有10%是由于空气中的粒子沉降到硅片上引起的，据此可推算出每平方米芯片上空气粒子的最大允许值，见表1-5。因此，集成电路的高速发展，不仅对空气中粒子的尺寸有很高的要求，而且还需进一步控制粒子数，即对洁净环境的空气洁净度等级有更高的要求。不仅如此，目前的研究和生产实践表明，对于超大规模集成电路生产环境的化学污染控制的要求也十分严格。对于重金属的污染控制指标，当生产4GB的DRAM时要求小于 5×10^9 原子/cm^2；对于有机物污染的控制指标要从 1×10^{14} 原子/cm^2 逐渐减少到 3×10^{12} 原子/cm^2。集成电路对化学污染的控制指标见表1-6。引起超大规模集成电路生产环境化学污染的污染源很多，一些主要的化学污染源见表1-7。

表1-3　大规模集成电路的工艺发展状况

工艺特征 ＼ 年份	1980	1984	1987	1990	1993	1996	1999	2004	2007	2010
硅片直径/mm	75	100	125	150	200	200	200	300	400	400
DRAM 集成度	64KB	256KB	1MB	4MB	16MB	64MB	256MB	1GB	16GB	64GB
特征尺寸/μm	2	1.5	1	0.8	0.5	0.35	0.25	0.2~0.1	0.1	0.07
工艺步数	100	150	200	300	400	500	600	700~800		
洁净度等级	1000~100	100	10	1	0.1	0.1	0.1	0.1 (0.1μm)		

表1-4　VLSI发展及相应控制粒子的粒径

项目 ＼ 投产年份	1997	1999	2001	2003	2006	2009	2012
(DRAM)集成度	256MB	1GB	1GB	4GB	16GB	64GB	256GB
线宽/μm	0.25	0.18	0.15	0.13	0.10	0.07	0.05
控制粒子直径/μm	0.125	0.09	0.075	0.065	0.05	0.035	0.025

表1-5　每平方米芯片上空气粒子的最大允许值

成品率 $Y(\%)$ ＼ 集成度	64MB	256MB	1GB	4GB	16GB	64GB
90	55	38	25	16	11	8
80	124	84	56	37	24	7
70	195	132				
控制粒子直径/μm	0.035	0.025	0.018	0.013	0.01	0.007

　　生物洁净室是在工业洁净室的技术基础上发展起来的。美国宇航局最早开始对生物洁净室进行探索。为了防止地球上的微生物传播到外层空间，以及防止从外层空间采集到的样品中的未知物扩散到地球或被地球上的微生物所污染，学者们开展了一系列的研究工作。1962

表1-6 集成电路对化学污染的控制指标

项目 年份	1995	1997~1998	1999~2001	2003~2004	2006~2007	2009~2010
DRAM集成度	64MB	256MB	1GB	4GB	16GB	64GB
线宽/μm	0.35	0.25	0.18~0.15	0.13	0.10	0.07
硅片直径/mm	200	200	300	300	400~450	400~450
受控粒子直径/μm	0.12	0.08	0.06	0.04	0.03	0.02
粒子数(栅清洗)/(pc/m^2)	1400	950	500	250	200	150
重金属(Fe)/(原子/cm^2)	5×10^{10}	2.5×10^{10}	1×10^{10}	5×10^{9}	2.5×10^{9}	$<2.5\times10^{9}$
有机物(C)/(原子/cm^2)	1×10^{14}	5×10^{13}	3×10^{13}	1×10^{13}	5×10^{12}	3×10^{12}

表1-7 主要化学污染源

化学污染源	污染物质	化学污染源	污染物质
室外空气	NO_x、SO_x、Na^+、Cl^-	油漆	金属离子、甲苯、二甲苯
HEPA、ULPA(玻璃丝滤料)	B	混凝土	NH_3、Ca^{2+}
人	NH_3、丙酮、Na、Cl	密封剂	硅氧烷
洁净服、化妆品	有机物	防静电材料(墙、地板、设备)	PH_3、PF_3、PF_6、R_3P、Na^+、NO_2、Ca^{2+}、Fe^{2+}、K^+、CO
软塑料、HEPA、ULPA	DOP	工艺用溶剂	NH_4^+ 三甲基硅醇

年在一个生物洁净室中对被火箭送上太空的狗施行手术；1966年1月，美国新墨西哥州建成了世界上第一个无菌手术室；英国的一名整形外科医生为防止空气中的微生物引起感染，在对洁净空调送风系统进行多次改进后，于1966年6月建成类似于垂直单向流的洁净室。《单向流手术室的设计与建造》《生物洁净手术室使用指南》等技术资料的发表，对发展、指导生物洁净室起了积极作用。

药品是用于预防、治疗疾病和恢复、调整机体功能的特殊商品，它的质量直接关系到人的健康。药品质量除直接反映在药效和安全性上外，还表现在药品质量的稳定性和一致性上。一些药品在制造过程中由于受到微生物尘粒等的污染或交叉感染，可能会引发预料不到的疾病或危害。1965—1966年，瑞典曾发生甲状腺药片沙门杆菌污染事故，突发性沙门杆菌患者多达206人。混药与交叉污染对药品质量的危害和造成的严重后果是十分明显的，这种危害随药品品种和污染类型的不同而不同，青霉素类等高致敏性药、某些激素类甾体药物等所引起的污染最危险。1965—1966年，美国曾发生过非青霉素药品中混有青霉素而被迫回收的事件。为杜绝此类事件以及因混药或交叉污染而引起的质量事故的发生，在各国的"药品生产质量管理规范"（GMP）中对药品生产的空气洁净度都作了严格的规定。

空气中细菌的大小多为0.5~10μm，利用高效过滤器基本上可以去除；病毒的大小为0.01~0.3μm，其中大部分附着于悬浮尘粒上，也可利用高效过滤器去除。以药品生产为代表的生物洁净室将生物洁净室的空气洁净度等级分为A、B、C和D四个等级，由使用情况或产品及其采用的生产工艺的不同而确定。虽然生物洁净室的空气洁净级别没有以集成电路为代表的工业洁净室严格，但由于生物洁净室控制的对象是空气污染物中的尘粒和微生物，所以它具有与工业洁净室不同的要求和特点。表 1-8 列出了生物洁净室与工业洁净室的差别。

表 1-8 生物洁净室与工业洁净室的差别

生物洁净室	工业洁净室
需控制微粒、微生物的污染,室内需定期消毒灭菌,内装修材料及设备应能承受药物腐蚀	控制微粒污染,内装修及设备以不产尘为原则,仅需经常擦抹以免积尘
人员和设备需经吹淋、清洗、消毒、灭菌方可进入	人员和设备经吹淋或纯水清洗后进入
不可能当时测定空气的含菌浓度,需经 48h 培养,不能得到瞬时值	室内空气含尘浓度可连续检测、自动记录
需除去的微生物粒径较大,可采用 HEPA(High Efficiency Particulate Air Filter)过滤	需除去的是 ≥0.1~0.5μm 的尘埃粒子,高洁净度洁净室需用 ULPA(Ultra Low Pentrating Air Filter)过滤
室内污染源主要是人体发菌	室内污染源主要是人体发尘

1.2.3 我国空气洁净技术的发展

我国空气洁净技术的研究和应用开始于 20 世纪 50 年代末,第一个洁净室于 1965 年在电子工厂建成投入使用,同一时期我国的高效空气过滤器(HEPA)研制成功投入生产。20 世纪 60 年代是我国洁净技术发展的起步时期,在高效过滤器研制成功后,相继以 HEPA 为终端过滤的几家半导体集成电路工厂、航空陀螺仪厂、单晶硅厂和精密机械加工企业的洁净室建成。在此期间,还研制生产了光电式气溶胶浊度计,用以检测空气中尘埃粒子浓度;建成了高效过滤器钠焰试验台,这样便为发展我国空气洁净技术提供了基本的条件。

从 20 世纪 70 年代末开始,我国洁净技术随着各行各业引进技术和设备的兴起得到了长足进步。1981 年无隔板高效空气过滤器和液槽密封装置通过鉴定并投入生产,随后 0.1μm 高效空气过滤器研制成功,为满足超大规模集成电路的研制和生产创造了有利条件。20 世纪 80 年代我国空气洁净技术和洁净厂房建设取得了明显的成果,在建设大规模集成电路工厂、研究所、彩色显像管工厂以及制药工厂洁净厂房的同时,建成了一批 100 级(5 级)、1000 级(6 级)的洁净室,如 500m² 的 100 级(5 级)垂直单向流洁净室、1080m² 的 100 级(5 级)垂直单向流洁净室、100 级(5 级)水平单向流手术室等,这批洁净工程的相继建成并投入使用,标志着我国的洁净技术发展进入了一个新的阶段。

1.3 洁净技术的应用

洁净技术经历了半个多世纪的发展,其应用范围越来越广泛,技术要求也越来越复杂。目前,它的代表性应用领域为微电子工业、医药卫生及食品工业等。它的应用领域主要有:

1) 微电子工业。
2) 半导体制造业。
3) 微机械加工业。
4) 光学工业。

5）纯化学试剂制造业。

6）生物技术工业。

7）制药工业。

8）医疗器械与移植装置的生产与包装工业。

9）食品与饮料工业。

10）医院及其他保健机构。

1. 微电子工业

微电子工业是当前对洁净室要求最高的行业。大规模和超大规模集成电路（LSI、VLSI）的发展，对微尘控制要求越来越高。集成电路制造工艺中，集成度越大，图形尺寸（以线宽为代表）越细，对洁净室控制粒径的尺寸也要求越小（通常为线宽的1/10），且含尘量也要求越低。此外，现代工业中的液晶、光纤等的生产，同样有洁净度的要求。

2. 医疗工业

（1）药品生产　我国的《药品生产管理规范》（又称 GMP）已在全国范围内实施，对相应工艺过程及生产环境提出了不同洁净级别的要求。对于原料药制备、粉剂、针剂、片剂、大输液的生产、灌装等工艺，均已制定了洁净区和控制区的洁净标准。除了限定空气中尘埃粒子的大小和含量外，对生物粒子（细菌数）也有明确的限制。

（2）医院　白血病的治疗室、烧伤病房、外科手术室，也必须根据具体条件采用空气洁净技术，以防止空气中细菌感染，对治疗环境起到控制作用。

3. 食品工业

食品工业中使用洁净技术较有代表性的是无菌装罐。食品的无菌包装（如软包装鲜果汁、牛乳等），在保持食品色、香、味、营养等方面大大优于高温杀菌的罐装食品。所谓无菌包装，就是在洁净环境中完成包装工艺。除无菌罐装外，空气洁净技术在食品的酿造、发酵中对纯种的培养、分离、接种、扩种以防止菌体等污染及提高产品质量也有重要作用。

4. 生物安全

在遗传工程、药品及病理检验、生物分子学、国防科研等方面常常需要在无菌无尘的环境中进行操作，一方面要求试件不受其他微生物污染，另一方面又要求所研究的材料，如肿瘤病毒、高危险度病原菌、放射性物质等不致外溢，危害操作者的健康及污染环境。对于这类实验操作，一般要求两级隔离，第一级常用生物安全工作柜使工作人员与病原体等危险试件隔离；第二级是将实验工作区与其他环境隔离。这类实验室与一般洁净室不同，其处于负压状态。

5. 实验动物饲养

为了保证医药品、食品长期试验的安全性，以及病理等方面研究结果的可靠性，要求实验动物在洁净环境中饲育。从控制微生物的角度出发，可将医学及生物学等实验所用的实验动物饲育环境分为三类：隔离系统、半隔离系统和开放系统。前两类系统所饲养动物要求无菌（包括细菌、病毒寄生虫等），或者仅允许带有已知的几种微生物，或者不允许带有某些特定的致病菌等。

空气洁净技术也广泛应用于宇航、精密机械、仪器仪表、精细化学等行业中。

1.4 洁净室的特点

作为洁净技术主体的洁净室具有以下三大特点：

1）洁净室是空气的洁净度达到一定级别的可供人活动的空间，其功能是能控制微粒和微生物的污染。洁净室的洁净不是一般的干净，而是达到了一定空气洁净度级别。

2）洁净室是一个多功能的综合整体，需要多专业配合——建筑、空调、净化、纯水、纯气等。以纯气来说，工艺用气体也是要经过净化处理的。一家一次性注射器生产厂，在注塑车间由于涉及的工艺用压缩空气没有经过特殊的净化处理，每次产品成型时，机器排出大量未净化的压缩空气，使车间内的空气不能满足要求，污染了成型的产品。所以，与药品直接接触的干燥空气、压缩空气和惰性气体应经过净化处理，使其符合生产要求。其次需要对多个参数进行控制，例如：空气洁净度、细菌浓度以及空气的量（风量）、压（压力）、声（噪声）、光（照度）、温（温度）、湿（湿度）等。

3）评价洁净室的质量，设计、施工和运行管理都很重要，即洁净室是通过从设计到管理的全过程来体现其质量的。

1.5 洁净室建筑特点

在洁净厂房的设计中，建筑设计是一个重要的组成部分。洁净厂房建筑设计要综合考虑产品生产工艺要求及生产设备特点、净化空调系统和室内气流流型以及各类管线系统安排等因素，进行建筑物的平面和剖面设计。在满足工艺流程要求的基础上，恰当地处理洁净用房和非洁净用房以及不同洁净等级用房之间的相互关系，创造最有综合效果的建筑空间环境。洁净室建筑设计的主要特点如下：

1）洁净室建筑设计所依据的洁净技术是一门多学科的综合性很强的技术领域。应该了解洁净厂房所涉及的各类产品生产工艺的技术特点、厂房建造的各种技术要求、产品生产过程特征等；对洁净室的微污染控制机理，污染物的产生、滞留、积存过程进行研究，这将涉及物理、化学和生物等基础学科；涉及的技术学科也十分广泛如需要了解洁净室的空气净化和水、气、化学品的纯化技术，各类高纯介质储运技术等；洁净室的防微振、噪声治理、防静电和防电磁波干扰等都将涉及多种学科，只有综合掌握多门学科，才能较好地解决在工程设计中遇到的各种各样的、具体的技术问题，所以说"空气洁净技术"是一门多学科的综合性技术。

2）洁净室建筑设计具有很强的综合性。它与一般的工业厂房建筑设计不同的是要着重解决为实现产品生产所要求的洁净环境，统筹安排好各专业技术在平面和空间布局上出现的矛盾；以合适的造价，获得最好的空间效果，并较好地满足产品生产所需要的洁净生产环境。特别是要综合处理好洁净室的建筑设计与洁净工艺设计、空气净化设计之间相互协调的问题，诸如顺应生产工艺流程、安排好人流与物流、洁净室的气流组织、建筑的气密性和建筑装饰的适用性等。

3）洁净厂房内通常除了设有洁净房间之外，还应配置产品生产所需的生产辅助房间、人员净化和物料净化用房间、公用动力设施用房间等。因此，洁净室建筑设计必须协调好、安排好洁净建筑内各功能房间的平面、空间布置，尽量做到最大限度地利用空间。

洁净室通常无窗或设有少量的固定密闭窗。洁净室内为防止污染或交叉污染，设有必要的人净、物净设施和房间，一般平面布置曲折，增加了疏散的距离，因此洁净室建筑设计必须严格遵守相关标准和规范中有关防火、疏散等方面的规定。

4）洁净室内的生产设备一般价格昂贵，洁净室建筑造价也较高，并且家具及装修复杂，要求严密性好，对选用的建筑材料和构造节点都有特定要求。

1.6　洁净空调与一般空调的区别

洁净空调与一般空调的区别主要表现在以下几个方面：

（1）主要参数控制　一般空调侧重温度、湿度、新鲜空气量和噪声控制，而洁净空调则侧重控制室内空气的含尘量、风速和换气次数。在温、湿度有要求的房间，温、湿度也是主要控制参数。对生物洁净室，含菌量是主要的控制参数之一。

（2）空气过滤手段　一般空调有的只有粗效一级过滤，要求高的是粗效、中效两级过滤处理。而洁净空调则要求粗、中、高效三级过滤或粗、中、亚高效三级过滤。同时，为了消除室内排风对大气环境的影响，需依据不同的情况在排风系统设排风过滤或排风净化处理。

（3）室内压力要求　一般空调对室内压力要求不严。而洁净空调为了避免外界污染空气的渗入（内部污染物逸出）或不同洁净室（区）不同物质的相互影响，对不同洁净室（区）的压差均有不同的要求。

（4）避免外界污染　为了避免被外界污染，洁净空调系统材料和设备的选择、加工工艺、加工安装环境、设备部件的储存环境等，均有特殊要求。

（5）对气密性的要求　虽然一般空调系统对系统的气密性、渗气量有一定的要求，但洁净空调系统的要求要比一般空调系统严得多，其检测手段、各工序的标准均有严格措施及测试要求。

（6）对土建及其他工种的要求　一般空调房间对建筑布局、热工等有要求，但选材要求不是很严格。而洁净空调对建筑质量的评价除一般建筑的外观等要求外，还对防尘、防起尘、防渗漏有严格要求。在施工工序安排及搭接上要求严格，以避免产生裂缝造成渗漏。洁净空调系统对其他工种的配合要求也很严格，主要集中在防渗漏，避免外部污染空气渗入洁净室及防止积尘对洁净室的污染。

1.7　实现洁净的途径

空气净化一方面是送入洁净空气对室内污染空气进行稀释，另一方面是迅速排出室内浓度高的污染空气。为保证生产环境或其他用途的洁净室所要求的空气洁净度，需要采取多方面的综合措施，一般包括以下几个方面：

（1）控制污染源，减少污染发生量　这主要涉及发生污染的设备的设置与管理，以及进入洁净室的人与物的净化。尽量采用产生污染物质少的工艺及设备，或采取必要的隔离和负压措施，防止生产工艺产生的污染物质向周围扩散；减少人员及物料带入室内的污染物质。例如，固体制剂的许多工艺中，粉体在干燥状态下进行处理，必然会产生粉尘，为防止其扩散和污染空气，产尘部位常采用局部排风措施。对于某些生产工艺，例如药厂生产工艺过程中散发的乙醇、甲醇、乙醚等蒸气或气体，主要是采取送风、排风配合使其稀释到允许浓度以下，以防止爆炸等情况发生，一般不另采取净化措施。

（2）有效地阻止室外的污染物侵入室内（有效地防止室内的污染物逸至室外）　这是洁净室控制污染的最主要途径，主要涉及空气净化处理的方法、室内的压力控制等。对于空调送风采用三级过滤措施：通过粗、中、高效三级过滤，层层拦截，将尘粒阻挡在高效过滤器之前，将洁净空气送入室内。根据房间的洁净度要求，用不同方式送入经过特定处理的、数量不等的清洁空气，同时排走相应量的携带有室内污染物质的空气，靠这样一种动态平衡，使室内空气维持在要求的洁净度水平。由此可见，对送入空气的净化处理是十分关键的一环，这就是洁净室换气次数大大超过一般空调房间的原因。洁净度级别越高，其换气次数越多。例如洁净度级别为7级的洁净室要求每小时换气次数不少于15次，洁净度级别为6级的洁净室要求每小时换气次数不少于50次。对于室内正压的控制，工业洁净室和一般生物洁净室采用正压措施。在一个大的空间，要绝对封闭是不可能的。为此，在空调设计中均采取洁净室的静压高于周围环境一定值的措施。这样在使用洁净空调时，只允许室内洁净空气往外漏，而避免室外空气往里渗，即防止室外或邻室的空气携带污染物质通过门窗或缝隙、孔洞侵入造成污染。

（3）迅速有效地排除室内已经发生的污染　这主要涉及室内的气流组织，也是体现洁净室功能的关键。合理的气流组织，即通过送风口与回风口位置、大小、形式的精心设计，使室内气流沿一定方向流动，防止死角及造成二次污染。不同的气流组织直接影响施工的难易程度及工程造价。一般洁净度级别高于5级的洁净室均采用单向流，其中以垂直单向流效果最好，但造价也最高。洁净度级别为6~9级的洁净室则采用非单向流的气流组织。

（4）流速控制　洁净室内空气的流动要有一定速度，才能防止其他因素（如热流）的扰乱。但又不能太大，流速太大将使室内积尘飞扬，造成污染。

（5）系统的气密性　不仅通风系统本身要求气密性好，对建筑各部结合处、水暖电工艺管穿越围护结构处也应堵严，防止渗漏。一般看得见的缝隙、裂缝均无法阻止0.5μm粒径的粉尘通过。

（6）建筑上的措施　涉及建筑物周围环境的设计、建筑构造、材料选择、平面布局、气密性措施等设计。例如，采用产尘少、不易滋生微生物的室内装修材料及家具。

思　考　题

1. 如何正确理解"空气洁净"的概念？
2. 什么是空气洁净度？洁净室（区）的空气洁净度级别状态可以分为哪几种？
3. 生物洁净室与工业洁净室相比，有哪些差别？
4. 洁净室有哪些特点？其建筑特点有哪些？
5. 洁净空调与一般空调有哪些区别？
6. 为保证洁净室所要求的空气洁净度，需要采取哪些洁净措施？

二维码形式客观题

扫描二维码可自行做题，提交后可查看答案。

第1章
客观题

第 2 章

污染物与洁净室

2.1 污染物种类及污染源

2.1.1 污染物种类

通常所指的空气污染物主要有以下三类：

1）悬浮在空气中的固态、液态微粒。

2）霉菌、致病菌等悬浮在空气中的微生物。

3）各种对人体或生产过程有害的气体。

以洁净室为对象的空气净化的目的，就是最大可能地把空气介质中的悬浮微粒过滤掉，对于生物洁净室，还要控制有生命的微粒——微生物。

2.1.2 微粒的分类及粒径分布

1. 微粒的分类

（1）按微粒的形成方式分类

1）分散性微粒。固体或液体在分裂、破碎、振荡、气流等作用下变成悬浮状态而形成。其中固态分散性微粒是形状完全不规则的粒子，或是由集结不紧、凝结松散的粒子组合而形成的球形粒子。

2）凝集性微粒。通过燃烧、升华或蒸气凝结以及气体反应而形成。其中固态凝集性微粒一般是由数目很多的，有着规则晶体形状或者球状的原生粒子结成的松散集合体所组成；液态凝集性微粒是由比液态分散性微粒小得多、分散性也小的粒子所组成的。

（2）按微粒的来源分类

1）无机微粒。例如：金属尘粒、矿物尘粒和建材尘粒等。

2）有机微粒。例如：植物纤维，动物毛、发、角质、皮屑，化学染料和塑料等。

3）有生命微粒。例如：单细胞藻类、菌类、原生动物、细菌和病毒等。

（3）按微粒的大小分类

1）可见微粒。肉眼可见，微粒直径大于 $10\mu m$。

2）显微微粒。在普通显微镜下可以看见，微粒直径为 $0.25 \sim 10\mu m$。

3）超显微微粒。在超显微镜或电子显微镜下可以看见，微粒直径小于 $0.25\mu m$。

（4）微粒的通用分类

1）灰尘。包括所有固态分散性微粒。这类微粒在空气中的运动受到重力、扩散等多种因素影响，是空气洁净技术接触最多的一种微粒，也称为粉尘。

2）烟。包括所有固态凝集性微粒，以及液态粒子和固态粒子因凝集作用而产生的微粒，还有从液态粒子过渡到结晶态粒子而产生的微粒。一般情况下，烟的粒径远在 $0.5\mu m$ 以下（如香烟的烟、木材的烟、煤烟等），在空气中主要呈布朗运动，有相当强的扩散能力，在静止空气中很难沉降。

3）雾。包括所有液态分散性微粒和液态凝集性微粒。根据 ISO 的定义，雾概括为"系属于气体中液滴的悬浮体的总称，在气象中指造成的能见度小于 1km 的水滴的悬浮体。"微粒大小因生成状态而异，粒径为 $0.1 \sim 100\mu m$，其运动性质主要受斯托克斯定律支配。例如，从 SO_2 气体产生的硫酸雾，因加热和压缩空气的作用产生的油雾，都属于雾，后者可作为实验空气过滤器的标准尘源。

4）烟雾。包括液态和固态，既含有分散性微粒又含有凝集性微粒。微粒大小从十分之几微米到几十微米，例如，工业区空气中由煤粉尘、二氧化硫、一氧化碳和水蒸气所形成的结合体就是这种烟雾型微粒。根据 ISO 的定义，烟雾"通常系指燃烧产生的能见气溶胶"，"不包括水蒸气"，说明其和雾略有差异。

2. 微粒的粒径分布

描述粒子集合体的粒径分布状况常用各粒子的数量百分数，即相对频率，其值为

$$f_i = \frac{n_i}{\sum n_i} \tag{2-1}$$

式中 n_i——第 i 个粒径区间的粒子数（pc）；

$\sum n_i$——粒子总数（pc）。

这里 $\sum f_i = 1$，所以 f_i 就表示在 i 粒径区间里粒子发生的频率，而累计百分数，即累计频率为

$$F_j = \frac{\sum\limits_{i=1}^{i=j} n_i}{\sum\limits_{i=1}^{i=n} n_i} \text{ 或 } F_j = \sum\limits_{i=1}^{j} f_i，且\ F_n = 1$$

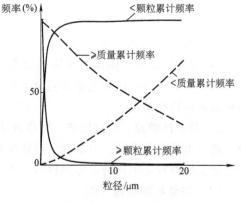

图 2-1 粒子质量累计频率

$$\tag{2-2}$$

式中 F_j——小于第 j 区间中最大粒径的所有粒子的百分数，称为筛下累计百分数或小于某粒径的累计频率。

而筛上累计百分数或大于某粒径的累计频率为 $1 - F_j$，粒子质量累计频率如图 2-1 所示。某标准大气尘中悬浮粒子的粒径分布列于表 2-1。

2.1.3 空气微生物

空气微生物如细菌、病毒、真菌、花粉、藻类和噬菌体等都是重要的空气污染源。空气中无固有的生物群系，因为一般情况下空气中缺少微生物直接可利用的养料，所以空气微生物不能在空气中生长繁殖。空气微生物群是由暂时悬浮于空气中的尘埃携带着的微生物所构

表 2-1　某标准大气尘中悬浮粒子的粒径分布

粒子相关参数	粒径区间					
粒子粒径/μm	0 ~ 0.5	0.5 ~ 1.0	1.0 ~ 3.0	3.0 ~ 5.0	5.0 ~ 10.0	10.0 ~ 30.0
粒径平均值/μm	0.25	0.75	2.0	4.0	7.5	20.0
相对颗粒数	1.828×10^5	1.352×10^5	0.214×10^5	0.05×10^5	0.035×10^5	0.01×10^5
颗粒数相对频率(%)	52.5	38.8	6.1	1.4	1.0	0.3
体积(质量)相对频率[1](%)	1	2	6	11	52	28
粒径(筛上)/μm 颗粒累计频率(%) 体积(质量)相对频率[2](%)	≥0.25 100 100	≥0.75 47.5 99	≥2.0 8.8 97	≥4.0 2.7 91	≥7.5 1.3 80	≥20.0 0.3 28
粒径(筛下)/μm 颗粒累计频率(%) 体积(质量)相对频率[2](%)	<0.25 0 0	<0.75 52.5 1	<2.0 91.2 3	<4.0 97.3 9	<7.5 98.7 20	<20.0 72 72

①　该项体积（质量）相对频率是指相对于大气尘粒子的频率。
②　该项体积（质量）相对频率是指相对于该区间粒子的频率。

成。从这个意义上讲，空气微生物都是自然因素和人为因素污染的结果。一般情况下，空气微生物来源于土壤、灰尘、江河湖海、动物、植物及人类本身。

（1）来源于植物　空气中的花粉、孢子和某些细菌、真菌来源于植物。植物能向空气中释放大量的细菌，植物表层的病毒也可由风力或借助其他外力进入空气。

（2）来源于动物　动物极易污染环境造成许多传染病的流行，其中许多可通过呼吸道传播给人。动物带菌和排菌比人类更加严重。

（3）来源于人体　人类是许多场合特别是公共场所空气微生物的重要来源。有些传染病可以通过空气在人间传播流行。对人体上的微生物采样位置不同，其数量差别也很大。

1）正常人在静止条件下，每分钟可向空气排放 500 ~ 1500 个微生物。

2）人在活动时，每分钟向空气中排放数千至数万个微生物。

3）人体外层皮肤每平方毫米可有 1×10^6 个微生物。

4）每毫升唾液中含有 1×10^9 个微生物。

5）每毫升鼻涕中含有 1×10^6 个微生物。

6）打喷嚏产生的气溶胶中（如果没有手绢一类的遮拦），含有 1×10^6 个微生物。

7）人体分泌物中每克可含有 1×10^{12} 个微生物，这大约是分泌物干重的 50%。

（4）来源于生产活动　许多微生物气溶胶来源于各类生产活动。除农业、林业和畜牧业生产以外，许多工业生产如发酵、制药、食品、制革和毛纺生产均可造成空气微生物污染。

（5）来源于自然界　也就是固体的土壤，液体的江河湖海等。土壤、江河湖海以及各种腐烂物、污染物中均有大量的微生物，在外力如人力、风力、水力的作用下可形成大量的微生物气溶胶。水的泡沫表面含菌量非常大，当泡沫破裂时便可形成气溶胶。

大气微生物的污染是生命微粒的污染，与洁净室空气净化有关的主要是细菌和藻类，室外大气菌的浓度在不同的地区和不同的时间变化很大，一般情况下，大气菌浓度为 1000 ~ 5000pc/m³，一般可取 2000 ~ 3000pc/m³。

从微生物角度上看，不论是细菌还是病毒，只有附在载体上才可能生存，载体的大小称为微生物的等价直径，在非洁净的普通房间，微生物等价直径为 $6 \sim 8\mu m$，在一般情况下的室外为 $8 \sim 12\mu m$，在洁净室为 $1 \sim 5\mu m$。

2.1.4　污染源

1. 室外污染源

（1）大气尘　大气尘是空气洁净的直接处理对象。大气尘是指大气中的悬浮微粒，不仅包括固体尘，也包含液态微粒，粒径小于 $10\mu m$。这种大气尘在环境保护领域叫作飘尘，以区别于在较短时间内即沉降到地面的落尘（沉降尘）。产生大气尘的有自然发生源和人为发生源。在自然发生源中，有因为海水泡沫作用而带入空气中的海盐微粒，可深入陆地数百公里，90% 则降于海上；有风吹起的土壤微粒；有森林火灾时放出的大量微粒；还有植物花粉等。

在大气尘发生源中，工业技术发展造成的大气污染占主要地位。在燃料中煤的灰分最大，一般占总质量的 20% 以上；石油的灰分极少，以石油代煤后，煤烟少了，但产生的二氧化硫在高空和水气相遇，经太阳光等复杂作用，变成硫酸雾，污染更严重。随着燃油工业的进一步发展和汽车数量的增加，燃烧排出的氢氧化合物与碳氢化合物之间的一系列复杂反应而产生臭氧、过氧酰基硝酸盐和其他一些物质，这些物质经过太阳紫外线的照射而产生一种有毒的烟雾，称为光化学烟雾。

燃煤在我国能源构成中占绝对多数，我国的大气尘在人为发生源方面主要来自煤烟型大气污染。大气尘浓度各地差别很大，同地区不同时间差别也很大。通常用"工业城市""城市郊区""非工业区或农村"三种典型地区来划分，相应的大气尘浓度称为"城市型"大气尘浓度、"城郊型"大气尘浓度和"农村型"大气尘浓度。$0.5\mu m$ 以上的大气尘浓度列于表 2-2。了解大气尘的粒径分布对空气净化是极为重要的，具体的大气尘的粒径分布是多变的，这和多种因素有关。统计的大气尘粒径分布列于表 2-3 和表 2-4。衡量空气污染程度的"可吸入颗粒物"指标列于表 2-5。由于供暖和气候干燥，许多城市冬季的大气尘浓度明显高于其他季节。雨季，由于雨水的洗涤，空气中的粉尘浓度低于其他季节。由于海浪和海水蒸发产生微小盐粒（氯化钠），沿海地区盐雾浓度高。空气中小颗粒粉尘间因相互碰撞形成大颗粒，大颗粒粉尘因重力而自然沉降，难以沉降的粒径为 $0.05 \sim 5\mu m$ 的粉尘会长时间悬浮于空气中。

表 2-2　典型地区大气尘浓度

浓　　度	工业城市（污染地区）	城市郊区（中间地区）	非工业区或农村（清洁地区）
计数浓度/（pc/L）	$\leqslant 3 \times 10^5$	$\leqslant 2 \times 10^5$	$\leqslant 10^5$
质量浓度/（mg/m³）	$0.3 \sim 1$	$0.1 \sim 0.3$	0.1
沉降浓度/[t/（月·km²）]	>15	<15	<5

（2）大气中的微生物　活微生物存在于许多环境中，如土壤、淡水池塘、湖泊、海洋、食物和饮水等。由于人体环境既适合于微生物生存也适合于微生物繁殖，所以，人体内外的各个表面都会有微生物，其一般聚集在外表面、嘴、鼻与肠道中。人体长有毛发和潮湿的部位，都有大量的微生物。这些微生物大多数对人类和较高等的动物是无害的，但却是洁净环境的一类污染源。

表 2-3　统计的大气尘粒径（0.3μm 以上）分布

粒径/μm	相对频率（%）	粒径/μm	累计频率（%）	粒径/μm	相对频率（%）	粒径/μm	累计频率（%）
0.3	46	≥0.3	100	1.2	2	≥1.2	5
0.4	20	≥0.4	54	1.5	1	≥1.5	3
0.5	11	≥0.5	34	1.8	1	≥1.8	2
0.6	11	≥0.6	23	2.4	0.7	≥2.4	1
0.8	5	≥0.8	12	4.8	0.3	≥4.8	0.3
1.0	2	≥1.0	7				

表 2-4　统计的大气尘粒径（0.5μm 以上）分布

粒径/μm	相对频率（%）	粒径/μm	累计频率（%）	粒径/μm	相对频率（%）	粒径/μm	累计频率（%）
0.5	33	≥0.5	100	1.5	3	≥1.5	9
0.6	31	≥0.6	67	1.8	3	≥1.8	6
0.8	15	≥0.8	36	2.4	2	≥2.4	3
1.0	6	≥1.0	21	4.8	1	≥4.8	1
1.2	6	≥1.2	15				

表 2-5　大气日平均颗粒物与空气质量级别

空气质量级别	I	II	III
总悬浮颗粒物/(mg/m³)	0.12	0.30	0.50
可吸入颗粒物/(mg/m³)	0.05	0.15	0.25

注：表中数据取自 GB 3095—2012《环境空气质量标准》。

1）按照微生物生长的地方或使用的目的分类，可分为基本的、有用的、无害的、有害的、危险的等几类。第一类是自然界有机物质的分解，属于基本微生物，这些类型的微生物在工业上用于污染物分解，比如废水净化；第二类是有用微生物，常常用于商品生产，像生产啤酒、葡萄酒及其他酒精饮料、奶制品、抗生素等；无害微生物是指人体中包括肠道中的微生物，它们对维持人体内部健康起相当大的作用；有害微生物可对各种产品产生很大的危害，这些产品包括食品和饮料、化妆品及各种各样的药品；危险有机生物，常常是指致病微生物，它能导致人生病。

2）按更为科学的方法，微生物可以分成各种亚群，像细菌、藻类、真菌类、原生体（物）、病毒。

a. 细菌。细菌包括由几千种单细胞生物组成的一类微生物种群。细菌既存在于周围空气中，也存在于人体上，是最常见的对生产工艺影响最大的污染物。

对物品、工艺流程或产品进行灭菌，就是把所有活的有机生物从物体表面、气体或液体中全部除掉。所使用的灭菌方法，必须保证能将无性繁殖的有机生物及孢子消除或灭活。

b. 藻类。藻类与其他微生物的不同之处在于它需要进行光合作用，只有在有阳光和水的环境中才能生存，一般不会对洁净室造成污染。但可能影响水的再循环系统。

c. 真菌类。真菌有两种形式：真菌与酵母菌。食物在高温下储存太长时间，一般都会生出真菌。在食品表面所见到的绒毛块称为菌丝体，就是由多细胞丝体组成的菌丝。

真菌与大多数细菌相比，对养分的需求更简单，并能在没有大量水的条件下生长。在污染控制和洁净室领域，它是第二大微生物污染源，并会对洁净环境造成严重威胁。

酵母菌是真菌类的第二种形式，属单细胞有机生物。其形状为螺旋形或卵形，长 $5 \sim 8\mu m$。在显微镜下观看酵母菌，它类似于细胞细菌，只不过体积大些。

d. 原生物。原生物可存在于池塘、湖泊和河流这样的自然水环境中。这些单细胞有机生物在构造上比微生物种属的其他成员更复杂。它们靠吃更小的微生物为生，反过来成为更大微生物的食物。由于原生物总是与天然形成的水环境有关联，所以它们在污染控制和洁净室领域中无足轻重。

e. 病毒。病毒在微生物中处在很独特的位置。按照一般所接受的概念，不能将其分为活的有机生物。它们的构造简单，常常是由一层蛋白质内的单个 DNA 或 RNA 分子组成，比微生物小得多。病毒为了繁殖需要一个寄主细胞，将自己的 DNA 或 RNA 注入其中，注入的核酸即 DNA 或 RNA 便在寄主细胞内复制。核酸复制完成后，病毒利用寄主细胞的细胞器官生成蛋白质层，并包围核酸。最后，新形成的病毒被释放到周围环境中。由于各种因素，病毒在寄主细胞内复制过程，约为 20min 到几个小时不等。

2. 室内污染源

洁净室内的污染源主要来自四个方面：

1) 大气中的粉尘、细菌，洁净空调系统中新风带入的尘粒和微生物。

2) 作业人员发尘。

作业人员的发尘量与作业人员的动作、洁净工作服（包括鞋）的材料及形式、房间内的人员数量有关。作业人员的发尘量见表 2-6 和表 2-7，在洁净室包括洁净辅助房间内均不准作业人员吸烟，因为吸烟将有大量的尘粒产生，见表 2-8，化妆品产尘见表 2-9。

表 2-6 作业人员发尘量（一）[单位：pc/（人·min），粒径≥0.5μm]

序　　号	人员动作	普通工作服	洁净工作服	
			分套型	全套型
1	立	339000	113000	5580
2	坐	302000	112000	7420
3	臂上下运动	298000	298000	18600
4	上体前屈	2240000	538000	24200
5	臂自由运动	2240000	298000	20600
6	头部运动	631000	151000	11000
7	上体转动	850000	266000	14900
8	屈身	3120000	605000	37400
9	踏步	2800000	861000	44600
10	步行	2920000	1010000	56000

3) 设备及产品生产过程的产尘。随着产品生产自动化程度的提高，作业人员不断减少，设备及生产过程的原料、辅助材料、各种工艺介质和生产过程产生的尘源越来越引起人们的关注，且在各种尘源中所占比例呈上升趋势。

表 2-7　作业人员发尘量（二）［单位：pc/（人・min），粒径≥0.5μm］

序　号	工作服形式及材料	动　作	
		坐（四肢、头部自由活动）	走动
1	全套型粗织尼龙工作服	38.3×10^4	322×10^4
2	分套型密织尼龙工作服	18.1×10^4	128×10^4
3	分套型密织尼龙工作服内衬的确良工作服	7.2×10^4	73.8×10^4
4	棉的确良工作服	20.5×10^4	108.0×10^4
5	电力纺工作服	101.0×10^4	677×10^4
6	普通工作服	210.0×10^4	300×10^4

表 2-8　吸烟的产尘量

指　标	产尘量	测试者
颗粒数	$0.3 \sim 0.5 \mu m$ 尘粒　4.0×10^{10} pc/支	藤井正一
	$0.5 \sim 1.0 \mu m$ 尘粒　2.1×10^{10} pc/支	
	$1.0 \sim 5.0 \mu m$ 尘粒　2.1×10^{10} pc/支	
质量	$7 \sim 8$ mg/支	藤井正一
	主流烟尘 $7.7 \sim 12.6$ mg/支，非主流烟尘 $6.3 \sim 7.8$ mg/支	楢崎正也
	主流烟尘 $10.3 \sim 33.8$ mg/支，非主流烟尘 $9.4 \sim 16.2$ mg/支	木村菊二
	平均 20mg/支	吕俊民

表 2-9　使用化妆品的产尘量　　　　　　　　　　（单位：pc）

化妆品	每次使用产生的粒子数量（粒径≥0.5μm）
口红	1.1×10^9
胭脂粉	6×10^8
粉底	2.7×10^8
眉笔	8.2×10^7
睫毛膏	3×10^9
一次使用所有上述化妆品	5.1×10^9

室内空气的主要污染物质如表 2-10 所示。

表 2-10　室内空气的主要污染物质

污染发生源	粒状污染物	有害气体	备　注
人体	粉尘、皮屑、污垢、细菌、纤维、化妆品	体臭、CO_2、氨、水蒸气	
吸烟	粉尘（焦油、尼古丁等）、二甲硝酸铵等	CO、CO_2、NO、NO_2、甲醛、丙烯醛、碳氢化合物	在洁净室内禁止吸烟，在一般的空调房间内也不宜吸烟
办公设备	纸张、家具的纤维肌尘粒	臭氧、氨、溶剂类（VOC）	
机械运转设备	转动设备磨损的粉尘、纤维、碳化油脂等	润滑油挥发物	
燃烧器具	烟尘	CO、CO_2、NO、NO_2、SO_2、甲醛、碳氢化合物	

（续）

污染发生源	粒状污染物	有害气体	备　注
建筑材料	细菌、霉菌、壁虱、石棉纤维、玻璃纤维、粉尘等	甲醛、氡气、溶剂、粘结剂中的有机溶剂挥发物	
清洗、灭菌材料		喷射剂（氟化碳氢化合物）、杀菌剂、防霉剂、溶剂、洗涤剂的挥发物	

4）建筑围护结构、设施的产尘，这里包括墙、顶棚、地面和裸露管线的产尘。

建筑围护结构、设施的产尘情况，与建造洁净室所选用的建筑材料、施工安装方法有关。近年来，由于建筑装修材料的不断改善，特别是各种贴塑喷涂面料、金属壁板、仿搪瓷漆面墙、塑料地面等的应用，使来自建筑表面的产尘量日益减少，其所占室内总产尘量的份额已经较低。目前，洁净室内的管线一般采用暗装，少数裸装管线均采用不锈钢板（管）加以局部封闭，以尽量减少产尘。表 2-11 列出了洁净室建筑表面的发尘量。

表 2-11　洁净室建筑表面发尘量 [单位：pc/（min·m²），粒径 ≥ 0.5μm]

序　　号	建筑表面发尘量	序　　号	建筑表面发尘量
1	$(0.8 \sim 1) \times 10^4$	3	0.77×10^4
2	$(0.3 \sim 0.9) \times 10^4$	4	4.5×10^4

洁净室内产品生产过程和生产设备的产尘量主要取决于产品生产过程的特点，选用的设备状况及其采取的技术措施，选用的原料辅料，工艺介质的纯度及其输送系统等。近年来，由于采取了各种技术措施，降低了这类产尘量，如采用封闭隔断及局部排风等措施，使产尘区域相对于周围空间有一定的负压，防止粉尘扩散危害其他工序的洁净度；车间机械设备的轴承、齿轮、传动带等运动部件在工作过程中，由于润滑油升温炭化及机械磨损等原因散发到空气中的尘埃对高洁净度工艺的影响，越来越引起人们的关注。在集成电路生产中，随着集成度的提高，要求生产环境控制 0.1μm 尘粒达到 1 级或更严的洁净度，为了减少洁净室建造费用，并可靠地达到高级别要求，目前，许多大规模集成电路工厂采用微环境技术和生产工艺自动化技术，采用机械手、机器人，从而减少了室内人员，使室内产尘总量下降。在此情况下，机械设备的产尘量和生产过程的产尘量所占份额不断提高。但在一般情况下，普通洁净室内最主要的污染源仍然是人。

对于生物洁净室，包括制药工业，往往更关注人体的散发菌量。室内空气中的微生物主要附着在微粒上和由人体鼻腔、口腔喷出的飞沫中。

人员的着装、动作及所处场所不同，其细菌散发量不同。我国部分高等院校对人体的发菌量进行了研究，表 2-12 所示是在专门设计的实验箱体内测试的数据，踏步的频率是 90 次/min，起立坐下为 20 次/min，抬臂为 30 次/min。被测人员身着半新手术内衣、长裤、外罩手术大褂；头戴棉布帽，手戴手术手套，脚穿尼龙丝袜和拖鞋；衣、裤等均已高温灭菌。

表 2-13 所示是人体的细菌散发量的实验数据。表 2-14 所示是人体各部位的带菌数。

表 2-12 着手术服时的人体散发细菌量

动作	温度/℃	湿度(%)	浮游菌数	沉降菌数	附着菌数	人体散发菌量/[pc/(人·min)]	平均值/[pc/(人·min)]
踏步	29.8	70	1573	509	188	2270	2391
	27.4	85	2753	389	330	3472	
	25.8	67	1770	407	212	2389	
	25.4	84	1750	156	232	2138	
	26.0	65	1376	329	165	1870	
	21.4	30	982	160	118	1260	
	20.0	29	2556	479	306	3341	
起立坐下	26.0	68	179	182	141	1502	1172
	25.2	63	786	134	94	1014	
	23.4	65	740	84	140	964	
	21.4	31	393	312	447	752	
	20.0	28	1375	86	165	1627	
抬臂	25.2	62	589	63	70	722	681
	25.2	63	408	114	55	577	
	20.0	28	609	76	60	745	

表 2-13 人体的细菌散发量

实验者	实验条件	细菌散发量/[pc/(人·min)]	
Riemensnider	直径2m的不锈钢实验室	普通服装	3300~6200
		灭菌服	1820~6500
		聚酯纤维灭菌服	230
		棉布灭菌服	780
		棉布大褂戴口罩	140~830
		棉布大褂不戴口罩	1000~11000
		棉布套装	1400~23000
		合成纤维套装	140~8700
曾田、小林等	诊疗室	平均3900	
	单人病房	平均240	
小林、吉泽、本田等	隔音教室	夏季平均241(20~1250)	
		冬季平均441(200~720)	
本田	地下街	夏季9000~13000	
		冬季1000~5000	
吉泽、管原等	病院入口	680(230~1640)	
正田、吉泽等	实验箱内浮游菌数	干净长衬衫及西裤	静止10~220
			步行600~700
			踏步900~2500

表 2-14 人体各部位的带菌数

身体部位	细菌	身体部位	细菌
手	$100~1000\,pc/cm^2$	鼻液	$10^7\,g/mL$
额	$10^4~10^5\,pc/cm^2$	尿液	约 $10^8\,g/mL$
头发	约 $10^6\,pc/cm^2$	粪便	$>10^8\,pc/g$
腋下	$10^6~10^7\,pc/cm^2$		

2.2 污染物传播途径

为了控制污染，不仅需要区分污染物的性质，而且还要研究污染物的传播途径。切实找到各种污染物的传播途径和规律，分清主次，然后采取相应措施限制污染物的传播，才是最为有效和经济的方法。

污染源可以通过多种途径接触产品和工艺设备，危害生产工艺的主要污染源有：

1）人员。

2）送风。

3）机器及其他生产设备。

4）原材料和经过加工的原材料。

5）包装材料。

6）生产工艺用各种介质及洁净用化学品。

7）服装和其他设备中的纺织物。

8）办公设备和办公材料。

9）参观人员。

10）维修人员，特别是来自洁净区外部的人员。

与产品接触的污染物有两种来源：一是从生产工艺内产生；二是从外部环境传入生产环境中。

2.3 污染物浓度表示方法

2.3.1 大气含尘浓度

大气含尘浓度的表示方法一般有计数浓度、质量浓度和沉降浓度三种：

1）计数浓度是以单位体积空气中含有的微粒个数表示，单位为 pc/L 或 pc/m³。

2）质量浓度是以单位体积空气中含有的微粒质量表示，单位为 mg/L 或 mg/m³。

3）沉降浓度是以单位时间、单位面积自然沉降下来的微粒个数或质量表示，单位为 pc/(cm² · h) 或 t/(km² · 月)。

图 2-2 所示为空气采样中粒子数量与不同粒径间的关系。该图说明了用过滤器去除大于或等于某个粒径的粒子的情况。按质量计，如果这个过滤器能够去除全部粒子的 97%，而按数量计，这个过滤器仅能滤除全部粒子的 2%。

在空气洁净技术中一般采用大气尘的计数浓度，但是大气尘质量浓度也有一定的参考价值。

大气尘质量浓度一般用于环境卫生、工业卫生和空调技术中，大气尘质量浓度标准的制定，主要考虑对人的健康特别是对呼吸道系统的影响。为此，世界卫生组织和各国均制定了大气中悬浮微粒的质量浓度标准。世界卫生组织（WHO）规定的大气中的悬浮颗粒（粒径 <10μm）年平均值不超过 0.06 ~ 0.09mg/m³，日平均值不超过 0.15 ~ 0.23mg/m³。GB 3095—2012《环境空气质量标准》规定浮游微粒的 24h 平均值小于 0.12mg/m³，一天的最

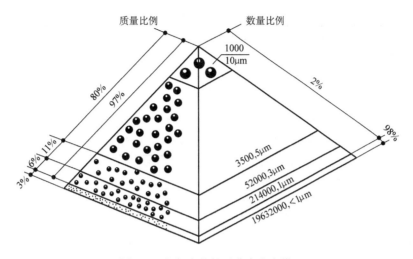

图 2-2 空气中的粒子分布金字塔

高值为 0.5mg/m³。

日本标准规定 1h 的日平均值小于 0.1mg/m³，1h 的最大值在 0.2mg/m³ 以下。美国标准分为两级，以保护人的健康为目标的第一环境标准及保护动植物和其他生活环境的第二环境标准。24h 平均值，第一标准小于 0.26mg/m³，第二标准小于 0.15mg/m³。

从世界范围看，大气尘质量浓度在逐年降低，我国近年来大气环境控制受到关注，大气尘质量浓度正逐年下降，表 2-15 列出了我国部分城市的大气含尘质量浓度。实际上每个城市不同区域、不同季节的含尘质量浓度都是不同的，表 2-16 所示是天津在 20 世纪 80 年代测定的含尘质量浓度。

表 2-15 我国部分城市的含尘质量浓度 （单位：mg/m³）

城市名	年日均值	城市名	年日均值
天津	0.396	上海	0.280
西安	0.378	广州	0.264
长春	0.378	长沙	0.203
北京	0.343	温州	0.168
石家庄	0.311	合肥	0.137
大连	0.156	海口	0.108
大庆	0.142	深圳	0.161

表 2-16 天津大气尘含尘质量浓度 （单位：mg/m³）

场 所	测量范围	平均值
校园、住宅内	0.18 ~ 0.32	0.206
商业街区	0.23 ~ 0.41	0.291
工业区	0.27 ~ 0.59	0.437

大气尘计数浓度是空气洁净技术常用的空气中微粒含量的表达方式，是洁净厂房空气洁净度等级划分的依据。各地区的大气尘计数浓度差别很大，它比大气中的其他参数要复杂得多。表 2-17 ~ 表 2-19 所示为一些地区和一些城市的大气尘计数浓度实测值，表 2-20 所示为天津市某地段不同季节室外含尘浓度的实测值。

表 2-17　大气中含尘浓度

场　　所	质量浓度/(mg/m³)	粒径≥0.5μm 计数浓度/(pc/m³)
市中心	0.1~0.35	$5.3 \times 10^7 ~ 2.5 \times 10^8$
市郊	0.05~0.3	$3.5 \times 10^7 ~ 1.1 \times 10^8$
田野	0.01~0.1	$1.1 \times 10^7 ~ 3.5 \times 10^7$
海洋		$1.1 \times 10^5 ~ 2.5 \times 10^6$

表 2-18　大气含尘浓度平均值（粒径≥0.5μm，pc/L）

地　　区	年平均值	月平均最大值	月平均最小值
北京(市区)	190956	293481	9274
北京(昌平农村)	35643	156620	4591
上海(市区)	128052	365103	34327
西安(市区)	131644	317561	29738

表 2-19　我国一些地区大气的含尘浓度

序号	单位名称	含尘浓度出现的最大值(粒径≥0.5μm)		工厂位置		
		pc/L	持续时间	市区	郊区	农村
1	北京沙河某厂	10.6×10^4			√	
2	北京某大学	22.0×10^4			√	
3	北京某半导体厂	$(17~22) \times 10^4$			√	
4	北京某厂	35.7×10^4	12min	√		
5	北京某研究所	27.2×10^4	12min	√		
6	上海某大学	$(20~29) \times 10^4$		√		
7	上海某无线电厂	30×10^4	4h	√		
8	上海某研究所	15×10^4	4h	√		
9	天津某厂	18.8×10^4		√		
10	天津某医院	14.0×10^4	5min	√		
11	西北某研究所	7.1×10^4	30min			√
12	临潼某厂	3.8×10^4				√
13	洛阳某厂	6.0×10^4			√	
14	无锡某厂	8.0×10^4			√	

表 2-20　天津市某地段不同季节室外的含尘浓度

季节	时间	环境温湿度		含尘浓度/(pc/L)	
		温度/℃	湿度(%)	≥0.5μm	≥5.0μm
夏(阴、雨后)	9:00	26.1	89	8.20×10^7	3.23×10^5
	10:00	27.0	86	8.35×10^7	3.58×10^5
	11:00	27.4	82	8.35×10^7	4.20×10^5
	12:00	28.8	79	7.25×10^7	2.95×10^5
	13:00	29.8	73	7.21×10^7	2.81×10^5
	14:00	29.6	73	7.42×10^7	3.36×10^5
	15:00	30.6	70	7.60×10^7	4.82×10^5
	16:00	30.2	70	6.81×10^7	4.81×10^5
	17:00	30.2	76	8.30×10^7	5.50×10^5

（续）

季节	时间	环境温湿度		含尘浓度/（pc/L）	
		温度/℃	湿度（%）	≥0.5μm	≥5.0μm
秋（晴、无风）	8:00	14.0	64	1.21×10^8	2.21×10^6
	9:00	16.2	54	1.32×10^8	2.03×10^6
	10:00	19.0	42	1.31×10^8	1.80×10^6
	11:00	21.1	39	1.23×10^8	2.01×10^6
	12:00	22.4	34	1.43×10^8	1.83×10^6
	13:00	23.0	29	7.94×10^8	8.70×10^5
	14:00	24.2	37	1.03×10^8	1.04×10^5
	15:00	23.5	39	1.12×10^8	2.01×10^5
冬（晴）	8:00	-6.1	51	5.4×10^7	3.9×10^5
	9:00	-4.5	44	6.6×10^7	4.0×10^5
	10:00	-2.8	40	7.5×10^7	7.7×10^5
	11:00	-0.8	28	5.9×10^7	4.1×10^5
	12:00	1.2	24	3.7×10^7	4.1×10^5
	13:00	2.3	16	2.4×10^7	4.3×10^5
	14:00	3.6	14	2.9×10^7	4.6×10^5
	15:00	3.6	14	2.7×10^7	5.1×10^5
	16:00	3.5	22	3.2×10^7	9.3×10^5
	17:00	3.0	25	5.3×10^7	12.4×10^5

2.3.2　大气含菌浓度

大气含菌浓度和大气含尘浓度一样，在不同地区、不同的人群活动场所，气象条件等不同的情况下，其变化范围也不同。表 2-21 所示为不同场所空气中的细菌总数，从表中可以看出空气中确实存在着许多有生命的微生物，如细菌等。在商场、交通干道为最多，这可能是由于这些场所人员活动频繁、车辆来往较多，增强了细菌的繁殖和积聚。表 2-22 所示为空气中真菌随不同季节、不同时间的浓度平均值，7 月、10 月和每天中的 14:00 时真菌浓度较高。表 2-23 所示为天津某校园内不同季节室外含菌浓度的实测值。

表 2-21　不同场所空气中的细菌总数　　　　　　　　　　（单位：pc/L）

地　点	范　围	中　位　数
城区		
交通干道	4941～39154[①]	11496
小巷	0～4724[①]	2874
车站广场	1594～8839	2500
商场广场	3248～21102	12303
影院广场	2618～11043	5610
公园草地	2303～3327	2894
公园树林	906～3091	1280
公园水面	846～2185	1280

（续）

地　点	范　围	中　位　数
乡村		
交通干道	4744～52677	22205
小巷	512～6535	2697
田野	630～1476	906
水面	1201～1969	1634

① 为雨后采样。

表 2-22　空气中真菌含量的变化

采样时间	不同月份空气平均含量/（cfu/m³）			
	1 月	4 月	7 月	10 月
8：00	54	496	908	1 034
14：00	161	962	2 561	2 456
20：00	80	732	1 478	1 471

表 2-23　校园中细菌浓度的变化情况

日期	温、湿度		气象情况	浮游菌/（cfu/m³）		沉降菌/[cfu/（皿·h）]	
	温度/℃	湿度（%）		范围	平均	范围	平均
24/7	26.1～30.2	70～89	阴，雨后	314～1686	884	36～192	117
29/7	26.0～32.5	52～88	阴，无风	229～1657	708	72～840	217
30/7	27.2～32.7	43～52	晴，无风	371～2886	1436	102～1008	495
2/9	29.4～32.4	33～49	晴，雨后	629～2171	1171	192～822	455
3/9	26.1～30.2	50～65	晴，无风	886～1657	994	156～732	410
7/9	26.1～30.2	25～63	晴，无风	429～1257	651	90～450	124
24/9	26.1～30.2	25～51	多云转晴，有风	714～3457	1998	516～2298	1375
4/10	26.1～30.2	24～45	晴，2、3级风	343～1600	702	72～840	356
8/10	26.1～30.2	29～64	晴，无风	286～1657	928	24～198	82
9/10	26.1～30.2	42～69	晴转多云，雨后	314～1571	673	24～114	64
10/10	26.1～30.2	44～69	晴转多云	171～857	482	36～420	122
14/10	26.1～30.2	39～69	阴，无风	171～1286	453	24～156	52
16/10	26.1～30.2	29～89	晴，雨后	200～829	447	—	—
23/12	26.1～30.2	14～51	晴	600～1600	1131	24～150	74
24/12	26.1～30.2	38～76	晴	286～1571	1000	54～300	139

2.3.3　室内含尘浓度与含菌浓度的关系

我国颁布实施的 GBZ 1—2010《工业企业设计卫生标准》规定，车间空气中一般粉尘的最高允许浓度为 10mg/m³，含有 10% 以上游离二氧化硅的粉尘则为 2mg/m³。我国卫生部分别制定了《旅店业卫生标准》、《文化娱乐场所卫生标准》《图书馆、博物馆、美术馆、展览馆卫生标准》《公共交通等候室卫生标准》《体育馆卫生标准》等多项国家标准。其中，除铁路车站、航运港口、长途公共汽车站、商场等人员密集而杂乱的场所规定可吸入颗粒物不超过 0.20mg/m³，细菌总数不多于 6000pc/m³ 外，其他场所规定可吸入颗粒不超过 0.15mg/m³，细菌总数不多于 4000pc/m³。表 2-24 给出了日本测定的一些场所的尘埃浓度及细菌浓度。

表 2-24　室内的尘埃浓度和细菌浓度

采样时间	细菌/(pc/m³) (过滤法测定)	尘　埃	
		质量浓度/(mg/m³)	计数浓度/(pc/m³)
车站	4680	2.89	1.51×10^9
百货公司	2460	3.84	6.3×10^8
食堂	3250	1.54	1.03×10^9
学校	820	1.31	1.61×10^9
住宅	1090	1.44	1.07×10^9
办公室	470	0.77	1.26×10^9

空气中存在的微生物，大多是附着在可供给其所需养分、水分的尘粒上，来自人体的微生物主要是附着在 12 ~ 15μm 的微粒上。空气中的真菌多数是以单个孢子的形式悬浮于空气中。但从趋势观察，空气中的含尘浓度低，其含菌浓度必然较低；反之，含尘浓度高，其含菌浓度也很高。从洁净技术的发展历程来看，将较高级别的工业洁净室（Industrial Clean Room，ICR）应用于要求无菌环境的医疗、制药等生物洁净室（Biological Clean Room，BCR），正是依据了这种认识。一般认为大气含菌浓度与大气含尘浓度正相关。图 2-3 和图 2-4 所示是在北京西单测定的大气细菌浓度与大气微粒浓度之间的相互关系。图 2-3 所示是大气中细菌浓度分别与粒径 ≥0.5μm 等 9 个不同微粒浓度的相关系数，随着大气微粒粒径的增大，相关系数也随之增大，图 2-4 所示是一天内不同时间的大气细菌浓度与粒径 > 0.5μm 的微粒浓度之间的关系，各时段的相关系数不同，1:00 时相关系数最大，有明显的相关性，13:00 时最小。

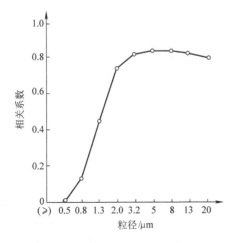

图 2-3　不同粒径的大气微粒浓度
与细菌浓度的关系

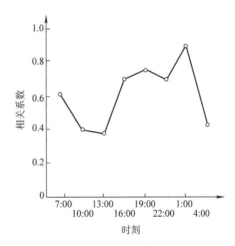

图 2-4　不同时刻的大气微粒浓度
与细菌浓度的关系

一般情况下，大气微粒浓度与细菌浓度的相关性随季节、地点不同有所不同，至今还没有测定数据可以说明它们浓度之间的确定关系。空气中含尘浓度与含菌浓度的比值的不确定性，在局部环境或室内表现得尤为突出。某些房间、车间中空气含尘浓度可能很高，而含菌浓度未必很高。最典型的是医院手术室、制药厂的压片、包衣、称量、过筛和粉碎等工艺。以手术室为例，由于采取了多方面的消毒、灭菌措施，飘浮在空气中有药棉、纱布等敷料所携带的尘粒、纤维数量很多，但浮游菌数量并不多。

2.4　洁净室分类

2.4.1　按用途分类

1. 工业洁净室

工业洁净室以无生命微粒（包括无机微粒和有机微粒）为控制对象。主要控制无生命微粒对工作对象的污染，其内部一般保持正压。它适用于精密工业（精密轴承等）、电子工业（集成电路等）、航天工业（高可靠性）、化学工业（高纯度）、原子能工业（高纯度、高精度、防污染）、印刷工业（制版、油墨、防污染）和照相工业（胶片制版）等部门。

工业洁净室主要控制温度、湿度、风速、流场和洁净度等参数。温度、湿度和洁净度对工业洁净室一般都是同等重要的，它们直接影响产品的质量、精度和纯度。电子工业中的半导体、集成电路的制造，机械工业中的高精尖机械仪表的制造，材料工业中的高纯度材料的提取等均要求有一个非常洁净的生产环境。

2. 生物洁净室

生物洁净室是无菌手术室、病房、制药车间、化妆品生产车间、医学实验室及要求控制室内细菌含量的无菌洁净场合的总称。

生物洁净室以有生命的微粒为控制对象，又可分为：

（1）一般生物洁净室　主要控制有生命微粒（单细胞藻类、菌类、原生动物、细菌和病毒等）对工作对象的污染。同时其内部材料要能经受各种灭菌剂的侵蚀，内部一般保持正压。实质上这是一种结构和材料允许作为灭菌处理的工业洁净室，可用于食品工业（防止变质、生霉）、制药工业（高纯度、无菌制剂）、医疗设施（手术室、各种制剂室、调剂室）、动物实验设施（无菌动物饲育）和研究实验设施（理化、洁净实验室）等。

（2）生物安全洁净室　它要求控制的室内参数基本上与一般生物洁净室相同，主要控制对象是有生命微粒对外界和人的污染，不同的是室内要求静压比周围环境低一定数值（负压），其用于研究试验设施（细菌学、生物学洁净室）和生物工程（基因重组、疫苗制备）。因为它所研究的对象是对人体和环境有很大危害的物质（艾滋病防治的研究等），所以它只允许外围的空气往里渗漏，不允许室内的空气往外渗漏，且由于消毒剂对周围结构、设备有较大的腐蚀性，装修材料和设备要求耐腐蚀性强。这种洁净室的气密性要求比一般洁净室高，施工难度大，安全度要求高，造价也较一般洁净室高。

生物洁净室和工业洁净室都要应用清除空气中微粒的原理，因此在本质上它们是一样的，所不同的是控制参数中增加了控制室内细菌的浓度。在一般情况下，洁净度、细菌的浓度较之温度、湿度的控制更为重要。而细菌本身是有大小的，且细菌多以尘粒为寄存体，因此采用空气净化措施，控制室内空气的洁净度就能控制室内空气的含菌量，达到无菌的目的，当然还需要采取一些其他措施。对于附着于表面上的微粒，工业洁净室一般采用擦净的办法就可以大大减少表面上的微粒数量，而生物洁净室是针对有生命微粒，一般的擦洗可能给生命带来水分和营养，反而能促进其繁殖，增加其数量。因此，对生物洁净室来说，必须用表面消毒的办法（用消毒液擦拭）来取代一般的擦拭。

生物洁净室也是伴随着高科技的发展而发展的，如医院胸外科手术、心脏移植、脑外科等大型手术，均要求手术室内高度洁净与无菌，以确保手术安全进行和手术后不受感染，提高成功率。在基因工程中，进行细胞基因移植时，也要求有洁净的环境。某些纯菌的提取，以及制药工业中确保药物的纯度，均要求有洁净的环境。

2.4.2　按气流流型分类

气流流型就是气流轨迹的形式。按此可分为：

（1）单向流洁净室　在整个洁净室工作区（一般定义为距地 0.7~1.5m 的空间）的截面上通过的气流为单向流。单向流，就是流向单一、速度均匀、没有涡流的气流。

（2）非单向流洁净室　在整个洁净室工作区内的横截面上通过的气流为非单向流。非单向流，就是方向多变、速度不均、伴有涡流的气流，习惯称乱流。

（3）混合流洁净室　在整个洁净室内既有非单向流又有单向流。混合流，就是同时独立存在非单向流和单向流两种不应互扰的气流的总称。混合流不是一种独立的气流流型。

（4）辐（矢）流洁净室　在整个洁净室的纵断面上通过的气流为辐流。辐流，就是风口出流为辐射状不交叉的气流。辐流也被称为矢流。

2.5　洁净室标准

2.5.1　国际洁净室标准

（1）ISO 14644-1 标准（洁净室及其相关受控环境，第一部分——空气洁净度等级）表 2-25 所示为 ISO 14644-1 洁净室及洁净区空气悬浮粒子洁净度等级。空气中悬浮粒子洁净度以等级序数 N 表示，它表示所考虑粒径的粒子在空气中的最大允许浓度（以 pc/m³ 计），最大允许浓度 C_n 用下式计算确定：

$$C_n = 10^N \times \left(\frac{0.1}{D}\right)^{2.08} \tag{2-3}$$

式中　C_n——被考虑粒径的空气悬浮粒子最大允许浓度（pc/m³）；C_n 是以四舍五入至相近的整数，通常有效位数不超过三位；

　　　　N——分级序数，数字不超过 9，分级序数整数之间的中间数可以作规定，N 的最小允许增量为 0.1；

　　　　D——被考虑的粒径（μm）；

　　　0.1——常数（μm）。

如表 2-25 所示，ISO 14644—1 的空气洁净度分级限定在 ISO 1~ISO 9 以内，使用该标准时可以规定中间等级号，且最小允许递增值为 0.1，即可规定为 ISO 1.1 级至 8.9 级；适用于该标准空气洁净度分级的固体或液体物，其粒径阈值范围为 $0.1 \sim 5 \mu m$。洁净室（区）的悬浮粒子洁净度的命名应包括等级级别，以"ISO Class N"表示分级时的占用状态；按式（2-3）计算的被考虑粒径的最大允许粒子浓度。例如 ISO Class 4，静态，被考虑粒径为 $0.2 \mu m$（$2370 pc/m^3$）、$1.0 \mu m$（$83 pc/m^3$）。测量浓度的被考虑粒径应得到业主和供应商双方的确认。若需测量一个以上的被考虑粒径时，较大的粒径应大于或等于所考虑的下一个粒径的 1.5 倍。

表 2-25　洁净室及洁净区空气中悬浮粒子洁净度等级

ISO 分级序数(N)	大于或等于表中粒径的最大浓度限值/(pc/m^3)					
	$0.1 \mu m$	$0.2 \mu m$	$0.3 \mu m$	$0.5 \mu m$	$1 \mu m$	$5 \mu m$
ISO Class 1	10	2				
ISO Class 2	100	24	10	4		
ISO Class 3	1000	237	102	35	8	
ISO Class 4	10000	2370	1020	352	83	
ISO Class 5	100000	23700	10200	3520	832	29
ISO Class 6	1000000	237000	102000	35200	8320	293
ISO Class 7				352000	83200	2930
ISO Class 8				3520000	832000	29300
ISO Class 9				35200000	8320000	293000

注：1. 空气浓度限值按式（2-3）计算。

　　2. 由于涉及测量过程的不确定性，故要求不大于三个有效的数据来确定浓度分级水平。

图 2-5 以图解形式说明了表 2-25 中的空气洁净度等级。由于图中线条表示的是近似的等级尘粒浓度限值，所以不能用作定义尘粒浓度限值，其定义用限值只能按式（2-3）计算

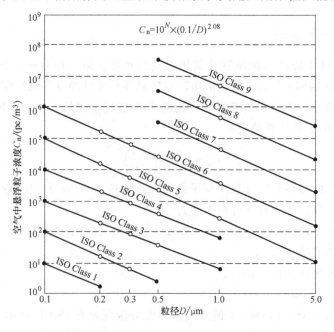

图 2-5　图解形式表示的各项 ISO 空气洁净度等级的粒子浓度值

确定。图解形式的等级线不可外推超过实心圆符号，实心圆符号是表示各个 ISO Class N 空气洁净度等级认可的最大和最小粒子浓度限值。

（2）美国联邦 FS-209 标准　1963 年底美国联邦标准 FS-209 颁布实施以后，即成为国际上通行的洁净室标准。随着各国洁净技术的发展，209 标准在使用中遇到的各行各业特别是微电子工业发展中提出的空气洁净度等级为 10 级、1 级以及采用国际单位制的要求，促使对 209 标准进行了不断的修订。FS-209E 的空气悬浮粒子洁净度等级见表 2-26。

表 2-26　FS-209E 标准的空气中悬浮粒子洁净度

等级名称		等级限值								
		0.1		0.2		0.3		0.5		5	
		容积单位		容积单位		容积单位		容积单位		容积单位	
国际单位	英制单位	m^3	ft^3	m^3	ft^3	m^3	ft^3	m^3	ft^3	m^3	ft^3
M1		350	9.91	75.7	2.14	30.9	0.875	10.0	0.283		
M1.5	1	1240	35.0	265	7.50	106	3.00	35.3	1.00		
M2		3500	99.1	757	21.4	309	8.75	100	2.83		
M2.5	10	12400	350	2650	75.0	1060	30.0	353	10.0		
M3		35000	991	7570	214	3090	87.5	1000	28.3		
M3.5	100			26500	750	10600	300	3530	100		
M4				75700	2140	30900	875	10000	283		
M4.5	1000					35300	1000	35300	1000	247	7.00
M5								100000	2830	618	17.5
M5.5	10000							353000	10000	2470	70.0
M6								1000000	28300	6180	175
M6.5	100000							3530000	100000	24700	700
M7								10000000	283000	61800	1750

209E 标准中，对中间任意等级的上限浓度可近似地用式（2-4）和式（2-5）计算：

$$N_M = 10^M \left(\frac{0.5}{d}\right)^{2.2} \tag{2-4}$$

式中　M——采用国际单位制时洁净度等级的表示值；

　　　d——考虑的粒径（μm）；

　　　N_M——大于或等于粒径（d）的尘粒的上限浓度（pc/m^3）。

$$N_d = N_c \left(\frac{0.5}{d}\right)^{2.2} \tag{2-5}$$

式中　N_c——采用英制单位制时洁净度等级的表示值；

　　　d——考虑的粒径（μm）；

　　　N_d——大于或等于粒径（d）的尘粒的上限浓度（pc/ft^3）。

209E 标准中，同时可使用国际单位和英制单位，但优先采用国际单位。当采用国际单位时，空气洁净度等级名称为每立方米空气中粒径 $\geqslant 0.5 \mu m$ 尘粒的最大允许粒子数的常用对数值（以 10 为底，到小数点后一位）；当用英制单位时，洁净度等级名称为每立方英尺空气中粒径≥0.5μm 尘粒的最大允许粒子数。对于大于 M4.5 级（1000 级）的各个等级，可通过测定粒径≥0.5μm 或粒径≥5μm 范围内的粒子数来确定。对于大于 M3.5 级（100级）并小于 M4.5 级（1000 级）的各个等级，可通过测定以下一个或几个粒径相应的粒子数来确定：≥0.2μm，≥0.3μm，≥0.5μm；对于小于 M3.5 级（100 级）的各个等级，可通过测定：≥0.1μm，≥0.2μm，≥0.3μm 和≥0.5μm 中的一个或几个粒径相应的粒子数来确定。对于粒径尺寸从 0.02μm 到粒子计数器检测上限值的粒子称为超微粒子，没有规定如何划分超微粒子的等级，但在 209E 中规定了以 U 为超微粒子允许浓度的表示方法，它可以独立于表 2-26 的 13 个级别外使用，也可作为空气洁净度等级的补充。其格式为：U（i），此处的 i 表示超微粒子的最大允许浓度（pc/m³）。

例如"U（20）"，表示每立方米空气中含有的超微粒子数不超过 20 个。

"M1.5 级（0.3μm），U（2000）"表示粒径≥0.3μm 粒径的粒子数不超过 106pc/m³，同时超微粒子数不超过 2000pc/m³。

FS-209E 标准中，对空气洁净度等级的占用状态未作规定，表 2-26 中表示为某一级别本身的定义，即以空气中最大允许粒子数（pc/m³）或（pc/ft³）来确定。最大允许粒子则明确只有测点数在 10 点以下时用统计计算方法，否则用平均值。209E 标准明确规定空气洁净度等级的表达方式为 X 级（在 Yμm 下）。此处 X 代表悬浮粒子洁净度等级的数值，Y 代表粒径。

例如："M2.5 级（在 0.3μm 和 0.5μm 下）"，表示空气中粒径≥0.3μm 的粒子数不大于 1060pc/m³，粒径≥0.5μm 的粒子数不大于 353pc/m³。

"100 级（0.5μm 下）"，表示空气中粒径≥0.5μm 的粒子数不大于 100pc/ft³。

209E 标准中明确说明，该标准仅涉及空气中悬浮粒子的尺寸等级和数量，不涉及悬浮粒子的物理、化学、生物或放射等特性，没有确定悬浮粒子浓度和生物性粒子之间普遍的、通用的关系。

（3）世界卫生组织（WHO）GMP（2010 年） 其将灭菌药品生产操作区的环境空气洁净度要求分为 A、B、C、D 四级，详见表 2-27。

为获得所要求的空气质量，垂直单向流空气流速为 0.3m/s，水平单向流为 0.45m/s，并且气流分布应均匀。为达到 B、C、D 级的空气洁净度等级，洁净室内应有良好的气流流型，采用合适的高效空气过滤器，其换气次数高于 20 次/h。

表 2-27 WHO GMP 灭菌产品生产的空气洁净度分类

空气洁净度等级	尘粒的最大允许数/（pc/m³）		微生物的最大允许数/（pc/m³）
	0.5～5μm	>5μm	
A(单向流净化工作台)	3520	20	<1
B	3520	29	5
C	352000	2900	100
D	3520000	29000	500

表 2-27 所示的空气洁净度等级的占用状态为静态，但允许由于某种原因引起等级降低时采用"自净的方法"恢复规定的等级。表中规定的尘粒最大允许数大体与美国联邦标准 209E 的对应关系为：100 级—A 级、B 级，10000 级—C 级和 100000 级—D 级。

　　无菌制剂的生产操作，在此处分三大类，第一类是将药品密封在最后容器中进行最后灭菌；第二类是滤过灭菌；第三类是既无法用滤过灭菌也无法最终灭菌，必须用无菌方法对起始原料生产制作。各种生产操作的空气洁净度等级要求如下：

　　1）最后灭菌药品，溶液的配制在 C 级环境中进行；在采用密封容器配制时，也可在 D 级环境中进行。非肠道药物的灌装应在 C 级环境中单向流净化工作台（A 级）下进行。其他灭菌药品如软膏、霜剂、悬浮剂、乳剂的制备和灌装，在最后灭菌前，应在 C 级环境中进行。

　　2）除菌过滤的药品，起始原料和溶液配制应在 C 级环境中进行，若过滤之前使用密闭容器，则可在 D 级环境中进行。经除菌过滤后，产品应在灭菌条件下操作及灭菌灌装，分别在具有 B 级或 C 级背景的 A 级或 B 级环境中进行。

2.5.2　我国的洁净室标准

　　（1）GB 50073—2013《洁净厂房设计规范》　该标准中规定的洁净室（区）内空气洁净度等级等同采用国际标准 ISO 14644—1 中的有关规定。洁净室及洁净区空气中悬浮粒子洁净度等级如表 2-28 所示。

表 2-28　洁净室及洁净区空气中悬浮粒子洁净度等级

空气洁净度等级 N	大于或等于表中粒径的最大浓度限值/（pc/m³）					
	0.1μm	0.2μm	0.3μm	0.5μm	1μm	5μm
1	10	2				
2	100	24	10	4		
3	1000	237	102	35	8	
4	10000	2370	1020	352	83	
5	100000	23700	10200	3520	832	29
6	1000000	237000	102000	35200	8320	293
7				352000	83200	2930
8				3520000	832000	29300
9				35200000	8320000	293000

　　注：1. 每个采样点应至少采样 3 次。

　　　　2. 本标准不适用于表征悬浮粒子的物理性、化学性、放射性。

　　　　3. 根据工艺要求确定 1～2 种粒径。

　　　　4. 各种要求粒径 D 的粒子最大允许浓度 C_n 由式（2-3）确定，要求的粒径在 0.1～5μm，包括 0.1μm 及 5μm。

　　（2）《药品生产质量管理规范》（GMP）（2010 年修订）　其将药品生产洁净室（区）的空气洁净度划分为四个级别，见表 2-29。

　　（3）GB 50591—2010《洁净室施工及验收规范》　住建部发布的行业标准《洁净室施工及验收规范》自 2011 年 2 月实施以来，对统一洁净室的施工要求和检测方法，严格进行工程验收是十分有效的，在统一检测方法，提高洁净室的建造质量等方面起了十分重要的作用。

　　该规范不仅结合洁净室建造"技术含量高"的特点，规定了洁净室必须按设计图样施工，没有图样和技术要求的不能施工和验收，而且规定洁净室施工前应制定详细的施工方案、

表 2-29   GMP 洁净室（区）空气洁净度级别及微生物动态监测标准

洁净度级别	悬浮粒子最大允许数/m³				浮游菌 /(cfu/m³)	沉降菌 (φ90mm)/ (cfu/4h)	表面微生物	
	静态		动态				接触 (φ55mm)/ cfu/碟	5指手套/ (cfu/手套)
	≥0.5μm	≥5.0μm	≥0.5μm	≥5.0μm				
A 级	3520	20	3520	20	<1	<1	<1	<1
B 级	3520	29	352000	2900	10	5	5	5
C 级	352000	2900	3520000	29000	100	50	25	—
D 级	3520000	29000	不作规定	不作规定	200	100	50	—

程序；洁净室施工过程中，应在每道施工完毕后进行中间验收并记录备案。规范对建筑装饰、净化空调系统、水气电系统的材料、施工安装均作了详细的规定和要求，对工程验收、综合性能评定等也作了严格的规定和要求。

（4）GB 50457—2008《医药工业洁净厂房设计规范》　由原国家医药管理局发布的行业标准《医药工业洁净厂房设计规范》（1996 年）自 1997 年 1 月 1 日起实施。该规范是为贯彻执行《药品生产质量管理规范》（1992 年），按国家医药管理局的要求，并参照世界卫生组织（WHO）《药品生产质量管理规范》，从我国国民经济发展实际水平和医药行业的生产现状出发制定的，规范编制工作结合国内外 GMP 的进展和医药工业洁净厂房建设的实践经验，提出了我国医药工业洁净厂房设计的基本要求，供各单位在新建、改建和扩建的工程设计中执行。GB 50457—2008 结合国内外 GMP《药品生产质量管理规范》和洁净技术的发展以及工程建设的实践编写。

医药工业洁净室（区）以微粒和微生物为主要控制对象，同时还需对其环境温度、湿度、新鲜空气量、压差、照度、噪声等作出规定。

洁净室内的温度和湿度要求为：生产工艺对温度、湿度无特殊要求时，以穿着洁净工作服不产生不舒服感为宜。空气洁净度 A 级、B 级、C 级区域一般控制为 20～24℃，相对湿度为 45%～60%；D 级区域一般控制为 18～26℃，相对湿度为 45%～60%。生产工艺对温度和湿度有特殊要求时，应根据工艺要求确定。

（5）《兽药生产质量管理规范》（GMP）　为提高我国兽药生产水平，规范兽药生产活动，保证兽药质量，提高兽药行业的国际竞争力，农业部修订发布了《兽药生产质量管理规范》（农业部第 11 号令，以下简称《兽药 GMP 规范》），自 2002 年 6 月 19 日至 2005 年 12 月 31 日为《兽药 GMP 规范》实施过渡期，自 2006 年 1 月 1 日起强制实施《兽药 GMP 规范》。《兽药生产质量管理规范附录》自 2003 年 6 月 1 日起施行，对兽药生产洁净室（区）空气中的尘粒及微生物和换气次数作了规定，见表 2-30。

（6）GB 50346—2011《生物安全实验室建筑技术规范》　该标准由国家住房和城乡建设部批准，自 2012 年 5 月 1 日实施。根据生物安全实验室密封程度的不同，将其分为一级、二级、三级和四级共四个生物安全等级，见表 2-31。

一级：对人体、动植物或环境危害较低，不具有对健康成人、动植物致病的致病因子。

二级：对人体、动植物或环境具有中等危害或具有潜在危险的致病因子，对健康成人、动物和环境不会造成严重危害，有有效的预防和治疗措施。

表 2-30　兽药生产洁净室（区）空气中的尘粒及微生物和换气次数规定

洁净度级别	尘粒最大允许数/(pc/m³)(静态)		微生物最大允许数(静态)		换气次数
	≥0.5μm	≥5μm	浮游菌/(cfu/m³)	沉降菌/(cfu/φ90 皿 0.5h)	
100 级	3500	0	5	0.5	
10000 级	350000	2000	50	1.5	≥20 次/h
100000 级	3500000	20000	150	3	≥15 次/h
300000 级	10500000	60000	200	5	≥10 次/h

注：1. 尘埃粒子数/(pc/m³)，要求对粒径≥0.5μm 和粒径≥5μm 的尘粒均测定，浮游菌/(cfu/m³) 和沉降菌/(cfu/φ90 皿 0.5h)，可任测一种。

2. 洁净室的测定参照 GB 50591—2010《洁净室施工及验收规范》执行。

3. 100 级洁净室（区）0.8m 高的工作区的截面最低风速：垂直单向流 0.25m/s；水平单向流 0.35m/s。

三级：对人体、动植物或环境具有高度危险性，主要通过气溶胶使人传染上严重的甚至是致命疾病，或对动植物和环境具有高度危害的致病因子。通常有预防治疗措施。

四级：对人体、动植物或环境具有高度危险性，通过气溶胶途径传播或传播途径不明，或未知的、危险的致病因子。没有预防治疗措施。

表 2-31　生物安全实验室主要技术指标

名称	洁净度级别	换气次数/(次/h)	与由室内向外方向上相邻相通房间的压差/Pa	温度/℃	相对湿度（%）	噪声/dB(A)	最低照度/lx
一级		可自然通风	—	16~28	≤70	≤60	300
二级	7~8	12~15	−5~−10	18~27	30~65	≤60	300
三级	7~8	12~15	−15~−25	20~26	30~60	≤60	500
四级	7~8	12~15	−20~−30	20~25	30~60	≤60	500

（7）GB 50333—2013《医院洁净手术部建筑技术规范》　洁净手术室和洁净辅助用房的等级标准见表 2-32 和表 2-33。

表 2-32　洁净手术室用房的分级标准

洁净用房等级	沉降法(浮游法)细菌最大平均浓度		空气洁净度级别		参考手术
	手术区	周边区	手术区	周边区	
Ⅰ	0.2cfu/(30min·φ90 皿)(5cfu/m³)	0.4cfu/(30min·φ90 皿)(10cfu/m³)	5	6	假体植入、某些大型器官移植、手术部位感染可直接危及生命及生活质量等手术、
Ⅱ	0.75cfu/(30min·φ90 皿)(25cfu/m³)	1.5cfu/(30min·φ90 皿)(50cfu/m³)	6	7	涉及深部组织及生命主要器官的大型手术
Ⅲ	2cfu/(30min·φ90 皿)(75cfo/m³)	4cfu/(30min·φ90 皿)(150cfo/m³)	7	8	其他外科手术
Ⅳ	6pc/(30min·φ90 皿)		8.5		感染和重度污染手术

注：1. 浮游法的细菌最大平均浓度采用括号内数值。细菌浓度是直接所测的结果，不是沉降法和浮游法互相换算的结果。

2. 眼科专用手术室周边区洁净度级别比手术区的可低 2 级。

表 2-33　洁净辅助用房的分级标准

洁净用房等级	沉降法(浮游法)细菌最大平均浓度	空气洁净度级别
Ⅰ	局部集中送风区域:0.2pc(30min·φ90皿),其他区域:0.4pc(30min·φ90皿)	局部5级其他区域6级
Ⅱ	1.5cfu(30min·φ90皿)	7级
Ⅲ	4cfu(30min·φ90皿)	8级
Ⅳ	6cfu(30min·φ90皿)	8.5级

注:细菌浓度是直接所测的结果,不是沉降法和浮游法互相换算的结果。

不同等级的洁净手术室适用的手术范围如下:

Ⅰ级特别洁净手术室:用于关节转换手术,器官移植手术及脑外科、心脏外科、眼科等手术中的无菌手术。

Ⅱ级洁净手术室:用于胸外科、整形外科、泌尿外科、肝胆胰外科、骨外科及取卵移植手术和普通外科中的一类无菌手术。

Ⅲ级一般洁净手术室:用于普通外科(除去一类手术)、妇产科等手术。

Ⅳ级准标准洁净手术室:用于肛肠外科及污染类等手术。

洁净手术部辅助用房应包括洁净辅助用房和非洁净辅助用房,它们的适用范围如下:

Ⅰ级洁净辅助用房:用于生殖实验室等需要无菌操作的特殊实验室的房间。

Ⅱ级洁净辅助用房:用于体外循环灌注准备的房间。

Ⅲ级洁净辅助用房:用于刷手、手术准备、无菌敷料与器械、一次性物品和精密仪器的存放房间、护士站以及洁净走廊。

Ⅳ级洁净辅助用房:用于恢复室、洁净走廊等洁净场所。

非洁净辅助用房:用于医生和护士休息室、值班室、麻醉办公室、冰冻切片室、暗室、教学用房及家属等候处、换鞋、更外衣、浴厕和净化空调等设备用房。

各类洁净用房的主要技术指标应符合表 2-34 中的规定。

表 2-34　洁净手术部用房主要技术指标

名称	室内压力	最小换气次数/(次/h)	工作区平均风速/(m/s)	温度/℃	相对湿度(%)	最小新风量/[m³/(h·m²)]或(次/h)(仅指本栏括号中的数据)	噪声/dB(A)	最低照度/lx	最小术间自净时间/min
Ⅰ级洁净手术室和需要无菌操作的特殊用房	正	—	0.20~0.25	21~25	30~60	15~20	≤51	≥350	10
Ⅱ级洁净手术室	正	24	—	21~25	30~60	15~20	≤49	≥350	20
Ⅲ级洁净手术室	正	18	—	21~25	30~60	15~20	≤49	≥350	20
Ⅳ级洁净手术室	正	12	—	21~25	30~60	15~20	≤49	≥350	30
体外循室	正	12	—	21~27	≤60	(2)	≤60	≥150	—
无菌敷料室	正	10~13	—	≤27	≤60	(2)	≤60	≥150	—

（续）

名称	室内压力	最小换气次数/(次/h)	工作区平均风速/(m/s)	温度/℃	相对湿度(%)	最小新风量/[m³/(h·m²)]或(次/h)(仅指本栏括号中的数据)	噪声/dB(A)	最低照度/lx	最小术间自净时间/min
未拆封器械、无菌药品、一次性物品和精密仪器存放室	正	10		≤27	≤60	(2)	≤60	≥150	—
护士站	正	10	—	21～27	≤60	(2)	≤55	≥150	
预麻醉室	正	10	—	23～26	30～60	(2)	≤55	≥150	
手术间前室	正	8	—	21～27	≤60	(2)	≤60	≥200	
刷手间	负	8	—	21～27	—	(2)	≤55	≥150	
洁净区走廊	正	8	—	21～27	≤60	(2)	≤52	≥150	
恢复室	正	8	—	22～26	25～60	(2)	≤48	≥200	
脱包间 外检脱包负		—	—	—	—	—	—	—	—
内间脱包正		8	—	—	—	—	—	—	—

注：1. 负压手术室室内压力一栏应为"负"。
　　2. 平均风速指集中送风区地面以上 1.2m 截面的平均风速。
　　3. 眼科手术室截面平均风速应控制在 0.15～0.2m/s。
　　4. 温湿度范围下限为冬季的最低值，上限为夏季的最高值。
　　5. 手术室新风量的取值，应根据有无麻醉或电力等在手术过程中散发有害气体而增减。

2.6　洁净室噪声控制要求

洁净室的静态噪声主要来源于净化空调系统和局部净化设备的运行噪声，静态噪声的大小与洁净室空气气流流型、换气次数等因素有关。对国内几个行业不同气流流型洁净室的静态和动态噪声进行的分析表明，不同气流流型的静态噪声差异较大。非单向流洁净室的静态噪声实测值在 41～64dB（A）范围内，平均为 54dB（A）；单向流、混合流洁净室的静态噪声实测值在 51～75dB（A）范围内，平均为 65dB（A）。非单向流洁净室较之单向流洁净室的静态噪声平均值约低 11dB（A）。非单向流洁净室和单向流、混合流洁净室静态噪声的差异与其送风量（或换气次数）和净化空调的特征有关。

GB 50073—2013《洁净厂房设计规范》规定洁净室内的噪声级如下：
1）动态测试时，洁净室内的噪声级不应超过 70dB（A）。
2）空态测试时，非单向流洁净室不应大于 60dB（A）；单向流、混合流洁净室不应大于 65dB（A）。

洁净室的噪声频谱限制，应采用倍频程声压级；空态噪声频谱的限制值不宜大于表 2-35 中的规定。

表 2-35　声频谱的限制值

洁净室分类	倍频程声压级/dB(A)　中心频率/Hz	63	125	250	500	1000	2000	4000	8000
空态	非单向流	79	70	63	58	55	52	50	40
	单向流、混合流	83	74	68	63	60	57	55	54

思　考　题

1. 通常所指的空气污染物可以分为哪几类？
2. 微粒有哪几种分类方式？
3. 相对频率和累计频率描述了什么？有什么不同？
4. 室外和室内的主要污染源各有哪些？
5. 危害生产工艺的主要污染物有哪些？
6. 大气尘含尘浓度表示方法有哪几种？
7. 工业洁净室与生物洁净室各有什么特点？

二维码形式客观题

扫描二维码可自行做题，提交后可查看答案。

第 3 章

空气洁净设备及其应用

3.1 空气过滤器

空气过滤器是洁净空调系统中的关键设备，它的性能直接影响洁净空调系统的洁净度级别和空气净化效果，洁净空调系统必须选用合适的空气过滤器，并保证其运行可靠。

3.1.1 空气过滤器的性能与分类

1. 空气过滤器的性能指标

（1）过滤效率 过滤效率是空气过滤器最重要的指标，它是指在额定的风量下，过滤器前后空气含尘浓度之差与过滤器前空气含尘浓度之比的百分数，用下式表示：

$$\eta = \frac{C_1 - C_2}{C_1} \times 100\% = \left(1 - \frac{C_2}{C_1}\right) \times 100\% \tag{3-1}$$

式中 C_1、C_2——分别为过滤器前后的含尘浓度。

对于洁净空调系统，不同级别的过滤器通常是串联使用的，两个过滤器串联时，其总效率可用下式表示：

$$\eta = 1 - (1 - \eta_1)(1 - \eta_2) \tag{3-2}$$

同理，若有 n 个过滤器串联使用，则其总效率 η 为

$$\eta = 1 - (1 - \eta_1)(1 - \eta_2) \cdots (1 - \eta_n) \tag{3-3}$$

过滤效率是衡量空气过滤器捕集尘粒能力的参数，也可以用穿透率来评价过滤器的质量，穿透率是指滤后空气的含尘浓度与过滤前空气的含尘浓度之比的百分数，可用下式表示：

$$P = \frac{C_2}{C_1} \times 100\% = 1 - \eta \tag{3-4}$$

采用穿透率可以明确表示过滤器前后的空气含尘量，用它来评价、比较高效过滤器的性能较直观。

（2）过滤器面速和滤速 过滤器面速是指过滤器的断面通过的气流速度（m/s），可用下式表示：

$$u = \frac{Q}{F \times 3600} \tag{3-5}$$

式中 Q——通过过滤器的风量（m³/h）；

F——过滤器的迎风截面积（m²）。

面风速是反映过滤器的通过能力和安装面积的性能指标。

滤速指滤料面积上通过的气流速度，可用下式表示：

$$v = 0.278 \times \frac{Q}{f} \times 10^{-3} \qquad (3\text{-}6)$$

式中　v——滤速（m/s）；

　　　f——滤料净面积（m²）。

滤速反映滤料的通过能力（过滤性能），一般高效和超高效过滤器的滤速为 2～3cm/s，亚高效过滤器的滤速为 5～7cm/s。

（3）过滤器阻力　空气过滤器的阻力由两部分组成，一是滤料的阻力，二是过滤器结构的阻力。

纤维过滤器的滤料阻力是由气流通过纤维层时迎面阻力造成的，该阻力的大小与在纤维层中流动的气流状态有关，一般情况下纤维层中的气流为层流，因为纤维极细，滤速很小，故雷诺数 Re 也很小。根据理论计算、实验数据的研究分析，一些文献中给出了多种滤料的阻力表达公式，其中较为简单的如下式：

$$\Delta p_1 = \frac{120 \mu v H \alpha m_2}{\pi d_f^2 \phi^{0.58}} \qquad (3\text{-}7)$$

式中　μ——动力黏度（Pa·s）；

　　　v——滤料的滤速（m/s）；

　　　H——滤料的厚度（m）；

　　　α——充填率（%）；

　　　d_f——纤维的直径（m）；

　　　m_2——与 d_f 有关的系数；

　　　ϕ——纤维的断面形状系数。

对于一个给定的过滤器而言，其滤料已经确定，则 H、α、m_2、d_f、ϕ 都是一定的，可以将式（3-7）简写为：

$$\Delta p_1 = Av \qquad (3\text{-}8)$$

对于给定微粒，在相当的滤速范围内，滤料阻力与滤速成正比，式中 A 为结构系数，它与纤维层的结构特性有关，图 3-1 所示是中国建筑科学研究院空调研究所得出的几种滤纸（布）的阻力与滤速关系的实验结果。

纤维过滤器的结构阻力是气流通过有过滤器的滤材和支撑材料构成的通路时产生的，以面风速为代表，一般达到 m/s 的量级，它通常比通过过滤层时的滤速要大，此时的 Re 较大，气流特性已不是层流，阻力与速度不是直线关系，过滤器结构阻力 Δp_2

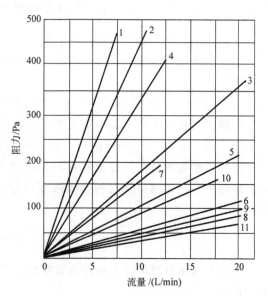

图 3-1　各种滤纸（布）阻力

1—国外 AEC 滤纸　2—2.5 玻璃纤维滤纸　3—合成纤维滤纸　4—20 玻璃纤维滤纸　5—φΠΠ—15 滤布　6—合成纤维Ⅳ号滤纸　7—8 玻璃纤维滤纸　8—合成纤维Ⅰ号滤纸　9—合成纤维Ⅱ号滤纸　10—5 丝玻璃纤维滤纸　11—化学微孔滤膜

可由下式表达：

$$\Delta p_2 = Bu^n \tag{3-9}$$

式中　　B——实测的阻力系数；

　　　　u——过滤器的面风速（m/s）；

　　　　n——系数，一般由实验得出，对于国产过滤器，n 为 $1 \sim 2$。

纤维过滤器的全阻力可由下式表示：

$$\Delta p = \Delta p_1 + \Delta p_2 = Av + Bu^n \tag{3-10}$$

若以滤速来表示，全阻力可由下式表示：

$$\Delta p = Cv^m \tag{3-11}$$

式中　　v——过滤器滤速（m/s）；

　　C、m——系数。

对于国产高效空气过滤器，C 值为 $3 \sim 10$，m 为 $1.1 \sim 1.36$，图 3-2 所示是对国产高效空气过滤器实验所得的阻力曲线之一。

空气过滤器的初阻力是指新制作的过滤器在额定风量状态下的空气流通阻力。空气过滤器在某一风量下运行，其流通阻力随着积尘量的增加而增大，图 3-3 表达的是随着积尘量的增加，过滤器阻力变化的趋势，从图上可见多数呈抛物线形。一般当积尘量达到某一数值时，阻力增加较快，这时应更换或清洗过滤器，以确保净化空调系统的经济运行。

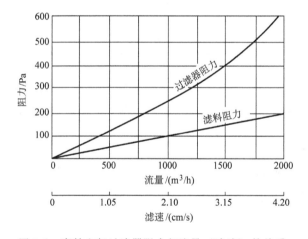

图 3-2　高效空气过滤器阻力与流量（滤速）的关系

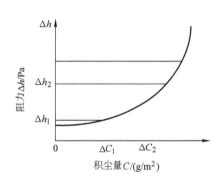

图 3-3　过滤器积尘与阻力的关系

新过滤器阻力称为"初阻力"，对应过滤器报废的阻力值称为"终阻力"。设计时，需要一个有代表性的阻力值，这一阻力值称为"设计阻力"，一般方法是取初阻力与终阻力的平均值。

在大多数情况下，过滤器的终阻力是初阻力的 $2 \sim 4$ 倍，表 3-1 给出了一些终阻力建议值。过滤器达到终阻力，意味着就要更换过滤器，可在每个过滤段安装阻力监测装置来判定，如采用压差计。

（4）过滤器容尘量　过滤器的容尘量是指过滤器的最大允许积尘量，是过滤器在特定试验条件下容纳特定试验粉尘的质量。一般情况下，过滤器的容尘量指在一定风量作用下，因积尘而使阻力达到规定值（一般为初阻力的 2 倍）时的积尘量。

表 3-1　终阻力建议值

过滤效率规格	建议终阻力/Pa
粗效	100～200
中效	250～300
高中效	300～400
亚高效	400～450
高效	400～600

表 3-2　空气过滤器分类

类别 \ 性能指标	额定风量下的效率	额定风量下初阻力/Pa	通常提法	备　注
粗效	粒径≥5μm,80%＞η≥20%	≤50		
中效	粒径≥1μm,70%＞η≥20%	≤80	效率为大气尘计数效率	效率为大气尘计数效率
高中效	粒径≥1μm,99%＞η≥20%	≤100		
亚高效	粒径≥0.5μm,99.9%＞η≥95%	≤120		
高效 A	η≥99.9%	≤190	高效过滤器	A,B,C,3 类效率为钠焰法效率;D 类效率为计数效率;C,D 类出厂要检漏
高效 B	η≥99.99%	≤220	高效过滤器	
高效 C	η≥99.999%	≤250	高效过滤器	
高效 D	粒径≥0.1μm,η≥99.999%	≤250	超高效过滤器	

注：高效过滤器 D 类其效率以过滤 0.12μm 为准。

在国内，试验粉尘曾规定用黄土高原的浮土。国际标准化组织指定了"AC 细灰"为试验粉尘（美国亚利桑那荒漠地带某特定地点的浮尘），过滤器积尘后阻力的增加值与试验粉尘的大小有关。沉积尘粒对过滤器效率的影响是非常复杂的，在风速一定的情况下，过滤器效率取决于滤料的性质，尘粒的性质与粒径。

测试表明，当风量为 1000m³/h 时，一般折叠泡沫塑料过滤器的容尘量为 200～400g；玻璃纤维过滤器为 250～300g；无纺布过滤器为 300～400g；亚高效过滤器为 160～200g；高效过滤器为 400～500g。

2. 空气过滤器分类

通常所说的过滤器是指空气尘粒过滤器，清除空气中气体污染物的过滤器则称为化学过滤器。洁净室用过滤器种类繁多，按不同的分类方法，如过滤效率、使用目的、滤料和结构形式进行划分时，其称谓也不同。根据 GB/T 14295—2008《空气过滤器》可分为粗效、中效、高中效和亚高效空气过滤器四类（表 3-2），而 GB/T 13554—2008《高效空气过滤器》将高效过滤器按过滤效率分为高效 A、高效 B、高效 C 和高效 D 四种类型（表 3-2）。

（1）按过滤效率分类

1）粗效空气过滤器。洁净空调初级过滤选用的粗效空气过滤器滤芯形式一般采用板式、折叠式、楔形袋式和自动卷绕式等，滤料多采用容易清洗和更换的金属网、泡沫塑料、无纺布、DV 化学组合毡等材料。粗效空气过滤器主要用于新风过滤，过滤对象一般为大于 5μm 的沉降性微粒以及各种异物，所以粗效过滤器的效率以过滤 5μm 为准，其要求容尘量大、阻力小、价格便宜、结构简单。油浸式过滤器不宜作为粗效空气过滤器使用。

2）中效空气过滤器。洁净过滤器初级过滤选用的中效空气过滤器，其滤芯形式一般为插片板式、楔形袋式、板式和折叠式等，滤料多采用中、细孔泡沫塑料或其他纤维滤料，如玻璃纤维毡（经树脂处理）、无纺布、复合无纺布和长丝无纺布等，由于其前面已有粗效空气过滤器截留了大粒径微粒，它又可以作为一般空调系统的最后过滤器和净化空调系统中高效空气过滤器的预过滤器，所以主要用于截留 $1 \sim 10 \mu m$ 的悬浮性微粒，它的效率以过滤 $1 \mu m$ 为准，主要用于过滤新风及回风，以延长高效空气过滤器的寿命。

3）高中效空气过滤器。可以用作一般净化系统的末端过滤器，也可以为了提高净化空调系统的净化效果，更好地保护高效空气过滤器，而用作中间的过滤器，主要用于截留 $1 \sim 5 \mu m$ 的悬浮性微粒，它的效率也以过滤 $1 \mu m$ 为准。

4）亚高效空气过滤器。洁净空调选用的亚高效过滤器，其滤芯一般采用玻璃纤维滤纸、棉短纤维滤纸，静电过滤器也可作为亚高效过滤器使用。亚高效空气过滤器既可以作为洁净室末端过滤器使用，根据要求达到一定的空气洁净度等级，也可以作高效空气过滤器的预过滤器，进一步提高和确保送风的洁净度，还可以作为净化空调系统新风的末级过滤，提高新风品质。所以它和高效空气过滤器一样，主要用于截留 $1 \mu m$ 以下的微粒，其效率以过滤 $0.5 \mu m$ 的微粒为准。亚高效空气过滤器主要用于过滤新风和作为三级过滤的末端过滤器，它必须在粗、中效空气过滤器的保护下使用。

5）高效空气过滤器。洁净空调采用的高效空气过滤器有玻璃纤维滤纸、石棉纤维滤纸和合成纤维三类，主要用于过滤小于 $1 \mu m$ 的尘粒，它必须在粗、中效空气过滤器的保护下使用，常作为三级过滤的末端过滤器。它是洁净室最主要的末端过滤器，以实现各级空气洁净度等级为目的，其效率习惯以过滤 $0.3 \mu m$ 的微粒为准。如果进一步细分，若以实现 $0.1 \sim 0.3 \mu m$ 的空气洁净度等级为目的，效率以过滤 $0.12 \mu m$ 的微粒为准，则称为超高效空气过滤器。

（2）按使用目的分类

1）新风处理用过滤器。用于洁净空调系统的新风即室外新鲜空气的处理，通常采用粗效、中效、高中效、亚高效，有时还采用高效空气过滤器处理新风，如产品生产要求去除化学污染物时，还需设化学过滤器等。

2）室内送风用过滤器。通常用于洁净空调系统的末端过滤，通常采用亚高效、高效、超高效或 ULPA + 化学过滤器或 HEPA + 化学过滤器等。

3）排气用过滤器。为防止洁净室内产品生产过程中产生的污染物（包括各种有害物质，如有害气体、微生物——病毒、细菌或致敏物质等）对大气的污染，常常在洁净室的排气管上设置性能可靠的排气过滤器，排气经过过滤处理达到规定的排气标准后才能排入大气。一般采用亚高效、高效或高效 + 化学过滤器等。

4）洁净室内设备用过滤器。这是指洁净室内通过内循环方式达到所需的空气洁净度等级使用的空气过滤器，一般采用高效、超高效或 HEPA + 化学过滤器或 ULPA + 化学过滤器等。

5）制造设备内用过滤器。这是指与产品制造设备组合为一体的空气过滤器，通常采用 HEPA、ULPA 或 HEPA + 化学过滤器或 ULPA + 化学过滤器，这些过滤器与制造设备密切相关，而制造设备的要求差异很大，所以一般均为"非标准型"过滤器。

6）高压配管用空气过滤器。通常用于压力 > 0.1MPa 的气体输送过程用过滤器，此类过滤器与上述过滤器在滤材、结构形式上均有很大差异。

（3）按过滤器材料的不同分类

1）滤纸过滤器。这是洁净技术中使用最为广泛的一种过滤器，目前滤纸常用玻璃纤维、合成纤维、超细玻璃纤维以及植物纤维素等材料制作。采用不同的滤纸材料，可以制作成0.3μm级的普通过滤器或亚高效过滤器，或做成0.1μm级的超高效过滤器。

2）纤维层过滤器。纤维层过滤器是使用各种纤维制成的过滤层，所采用的纤维有天然纤维（一种自然形态的纤维如羊毛、棉纤维等）、化学纤维（采用化学方法改变原料的性质制作的纤维）和人造纤维（即物理纤维，采用物理方法将纤维从原材料分离的纤维，其原料性质没有改变）。纤维层过滤器属于低填充率的过滤器，阻力降较小，通常用作中等效率的过滤器。

3）泡沫材料过滤器。泡沫材料过滤器是一种采用泡沫材料制作的过滤器，此类过滤器的过滤性能与其孔隙率关系密切。目前国产泡沫塑料的孔隙率控制困难，各制造厂家制作的泡沫材料的孔隙率差异很大，制成的过滤器性能不稳定，因此应用较少。

除此之外，还有很多种分类方法。如按过滤器的结构状况分类，以滤纸过滤器为例，有折叠形和管状，而折叠形滤纸过滤器可按有无分隔板分类为有分隔板、斜分隔板和无分隔板，目前应用较多的是无分隔板和有分隔板两种；按过滤器微粒对象0.3μm、0.1μm划分；以外框材料是木板、塑料板、铝合金板、普通钢板和不锈钢板进行分类；以外形分类可分为平板、V形板等。

3.1.2 化学过滤器

化学过滤器用于清除空气中气体污染物，在空气洁净领域，其典型应用场所主要有芯片厂、核工业、机场等。化学过滤器使用活性炭作为主要过滤材料，吸附空气中的有毒有害气体。活性炭吸附分为物理吸附和化学吸附两类，活性炭吸附饱和后可再生。反映活性炭吸附性能的指标主要为吸附容量、滞留时间、使用寿命和选择性。在实际选用时要根据污染物种类、浓度和处理风量等条件，确定合适的过滤器形式和活性炭种类。在使用过程中通过监测过滤器前后污染物的浓度变化，确定活性炭的更换周期和过滤器的使用寿命；由于活性炭过滤器阻力不变，但质量会增加，也可根据活性炭质量的变化估计过滤器的使用寿命。使用时，活性炭过滤器上、下端应配置高中效空气过滤器，上端过滤器防止尘粒堵塞活性炭微孔，下端过滤器可清除活性炭本身的发尘。

3.1.3 空气过滤器效率的试验方法

空气过滤器的效率不同，其检测方法也不同。因此，在选择空气过滤器时既要考虑其效率也要了解其试验方法和试验尘。

我国是世界上最早采用大气尘分组计数法试验过滤器的效率的国家，并于1989年颁布了GB 12218—1989《一般通风用空气过滤器性能试验方法》。该标准已被GB/T 14295—2008《空气过滤器》替代。

对于高效空气过滤器，各国的试验尘和试验方法差别较大。如我国的GB/T 6165—2008《高效空气过滤器性能试验方法、效率和阻力》将油雾法和钠焰法同时作为法定的性能试验方法，德国采用石蜡油雾法（DIN24185），英国采用钠焰法（BS3928—1969），美国采用

DOP（邻苯二甲酸二辛酯）法。各国在选定标准试验方法的基础上提出了空气过滤器的标准，如英国以 DOP 为试验尘的 BS5295 标准，欧洲空气处理设备制造商协会制定的 EUROVENT4/9，国内外各种空气过滤器标准和效率比较见表 3-3。

表 3-3　国内外各种空气过滤器标准和效率比较

我国标准	欧商标准 EUROVENT4/9	ASHRAE 标准计量法 效率(%)	ASHRAE 标准比色法 效率(%)	美国 DOP 法 (0.3μm) 效率(%)	欧洲标准 EN 779—1993	德国标准 DIN24185
粗效空气过滤器	EU1	<65			G1	A
粗效空气过滤器	EU2	65~80			G2	B1
粗效空气过滤器	EU3	80~90			G3	B2
中效空气过滤器	EU4	≥90			G4	B2
中效空气过滤器	EU5		40~60		F5	C1
高中效空气过滤器	EU6		60~80	20~25	F6	C1/C2
高中效空气过滤器	EU7		80~90	55~60	F7	C2
高中效空气过滤器	EU8		90~59	65~70	F8	C3
高中效空气过滤器	EU9		≥95	75~80	F9	C3
亚高效空气过滤器	EU10			>85	H10	Q
亚高效空气过滤器	EU11			>98	H11	R
高效空气过滤器 A	EU12			>99.9	H12	R/S
高效空气过滤器 A	EU13			>99.97	H13	S
高效空气过滤器 B	EU14			>99.997	H14	S/T
高效空气过滤器 C	EU15			>99.997	U15	T
高效空气过滤器 D	EU16			>99.99997	U16	C
高效空气过滤器 D	EU17			>99.999997	U17	V

国内外常用的空气过滤器的检测试验方法有：

（1）质量法　用于粗效、中效空气过滤器效率检测。

测试原理：过滤器安装在标准试验风洞内，上风端连续发尘，每隔一段时间，测量穿过过滤器的粉尘质量，由此得到过滤器在该阶段粉尘质量计算的过滤效率。采用该法的相关标准有中国 GB/T 14295—2008《空气过滤器》、美国 ANSI/ASHRAE52.1—1992 和欧洲 EN779—1993。

（2）比色法　用于中效空气过滤器的效率检测。

测试原理：在过滤器前后采样，含尘空气经过滤纸，将污染的滤纸放在光源下照射，再用光电管比色计（光电密度计）测出过滤器前后滤纸的透光度；在粉尘的成分、大小和分布相同的条件下，利用光密度与积尘量成正比的关系，计算出过滤效率。

（3）粒子计数器法　用于洁净室高效空气过滤器的检测试验，在洁净空调工程中广泛应用。

测试原理：将含尘气流以很小的流速通过强光照明区，被测空气中的尘粒依次通过时，每个尘粒将产生一次光散射，形成一个光脉冲信号，根据光脉冲信号幅度的大小与粒子表面的大小成正比的关系，由光电倍增管测得粒子数及亮度，确定其过滤效率。

对于粗效空气过滤器，可依据 ≥5μm 的粒径档的过滤效率判断其优劣；对于一般的中效空气过滤器可用 ≥2μm 的粒径档的过滤效率判断其好坏；对于高中效空气过滤器可采用 ≥1μm 的粒径档的过滤效率判断其性能优劣；至于亚高效、高效空气过滤器可以采用 ≥0.5μm 的粒径档的过滤效率判断其性能的好坏。

（4）DOP（邻苯二甲酸二辛酯）法　用于高效空气过滤器的效率检测。

测试原理：将试验尘源为 0.3μm 单分散相 DOP 液滴加热成蒸气，在特定条件下冷凝成微小液滴，去掉过大和过小的液滴后留下 0.3μm 左右的颗粒，雾状 DOP 进入风道，然后测量过滤器前后气样的浊度，由此判断过滤器对 0.3μm 的粉尘的过滤效率。

DOP 法已经有 50 多年的历史，这种方法曾经是国际上测量高效空气过滤器最常用的方法。早期，人们认为过滤器对 0.3μm 的粉尘最难过滤，因此规定使用 0.3μm 粉尘测量高效空气过滤器的效率。

测量高效空气过滤器的 DOP 法也称热 DOP 法。与此对应的冷 DOP 法是指 Laskin 喷管（用压缩空气在液体中鼓气泡，飞溅产生雾态人工尘）产生的多分散相 DOP 粉尘。在对过滤器进行扫描测试时，人们经常使用冷 DOP 法。DOP 法源于美国，国际通行，其相关标准为美国军用标准 MIL-STD-282。

（5）计数扫描法　用于高效空气过滤器的效率检测。

测试原理：测量仪器为大流量激光粒子计数器或凝结核计数器。用计数器对过滤器的整个出风面进行扫描检验，计数器给出每一点粉尘的个数和粒径。这种方法不仅能测量过滤器的平均效率，还可以比较各点局部效率。

计数扫描法是测试高效空气过滤器最严格的方法，用这种方法替代其他各种传统方法是大趋势。其相关标准有欧洲 EN 1882.1 ~ 1882.5-1998 ~ 2000，美国 IES-RP-CC007.1-1992。

（6）油雾法　测试原理：尘源为油雾，"量"为含油雾空气的浊度，仪器为浊度计，以气样的浊度差别来判定过滤器对油雾颗粒的过滤效率。其相关标准有中国 GB/T 6165—2008《高效空气过滤器性能试验方法效率和阻力》和德国 DIN24184—1990。

（7）钠焰法　测试原理：试验尘源为单分散相氯化钠盐雾，"量"为含盐雾时氢气火焰的亮度，主要仪器为火焰光度计。盐水在压缩空气的搅动下飞溅，经干燥形成微小盐雾并进入风道。在过滤器前后分别采样，含盐雾气样使氢气火焰的颜色变蓝、亮度增加。以火焰亮度来判断空气的盐雾浓度，并以此确定过滤器对盐雾的过滤效率。国家标准规定的盐雾颗粒平均直径为 0.4μm，但对国内现有装置的实测结果为 0.5μm。欧洲对实际试验盐雾颗粒中粒径的测量结果为 0.65μm。其相关标准有英国 BS3928—1969、欧洲 Eurovent 4/9 和我国 GB/T 6165—2008《高效空气过滤器性能试验方法效率和阻力》。

3.1.4　典型空气过滤器结构原理

（1）泡沫塑料过滤器　泡沫塑料过滤器采用聚乙烯或聚酯泡沫塑料作过滤层。泡沫塑料预先进行化学处理，将内部气孔薄膜穿透，使其具有一系列连通的孔隙。含尘空气通过时，由于惯性、扩散作用，使空气得以净化，其孔径一般为 200 ~ 300μm。可分为箱式泡沫塑料过滤器和卷挠式泡沫塑料过滤器，泡沫塑料层厚度一般为 10 ~ 15μm，终阻力为 200Pa。

（2）纤维填充式过滤器　纤维填充式过滤器由框架和滤料组成，采用不同粗细的纤维作为填料，如玻璃纤维、合成纤维（聚苯乙烯）。要根据净化效率和阻力要求选择填料，填充密度对效率和阻力有较大影响。常用的玻璃纤维过滤器，纤维填料层两侧用铁丝网夹持，每个单元由两块过滤块组成，尘粒由中间进入单元内，通过两侧的过滤层净化。

（3）纤维毡过滤器　纤维毡过滤器由各种纤维（如涤纶、维纶等）做成的无纺布（毡）作为滤料，一般做成袋式或卷绕式。

袋式纤维过滤器用无纺布滤料做成折叠式或 V 形滤袋，净化效率较高，常作为中效过滤器；自动卷绕式过滤器用泡沫塑料或无纺布做成滤料，每卷滤料长 20m，过滤器由上箱、下箱、立柜、挡料栏、传动机构及滤料卷构成。滤料积尘后，可自动卷动更新，到整卷滤料积尘后，取下来更换。常用作粗效空气过滤器，过滤风速 $0.8 \sim 2.5 m/s$，终阻力 $90 \sim 100Pa$，有定压控制和定时控制两种形式。

（4）纸过滤器　纸过滤器用植物纤维素滤纸、蓝石棉纤维滤纸、超细玻璃纤维滤纸作滤料。滤纸可做成折叠式，以增大过滤面积。过滤器端部外框与滤纸间必须用密封胶密封，每一个单元的过滤面积为 $12m^2$，额定风量为 $1000m^3/h$，初阻力为 $200 \sim 250Pa$。其前面应设有粗、中效空气过滤器保护。

（5）静电过滤器　静电过滤器采用电场产生的电力使尘粒从气流中分离出来，采用双区结构，由荷电区和收尘区组成，荷电区是一系列等距离平行安装的流线形管柱状接地电极，管柱之间安装电晕线，电晕线接正极，放电极电压为 $10 \sim 20kV$，收尘区的集尘极用铝板制作，极板间距约 10mm，极间电压为 $5 \sim 7kV$，在极板间构成均匀电场，尘粒在荷电区获得正离子，随后进入收尘区，荷正电或负电的粉尘分别沉降在与其极性相反的极板上，需定期用水或油洗掉极板上的尘粒。

3.1.5　几种常用的空气过滤器简介

（1）ZJK—Ⅰ型自动卷绕式人字形空气过滤器　如图 3-4 所示，是一种粗效空气过滤器，它是由箱体、滤料和固定滤料部分、传动部分、控制部分等组成，滤料采用 DV 型化纤组合滤料。滤料积尘到一定程度，由过滤器的自控系统自动更新。

（2）YB 型玻璃纤维过滤器　如图 3-5 所示，由两层平行的金属网框体内放置玻璃纤维毡组成，根据过滤面积大小分为大（D）型和小（X）型两种单体，每个单体过滤风量为 $200m^3/h$。

（3）YZG 型中效空气过滤器　如图 3-6 所示，为 V 形单元式，滤料为密细无纺布，结构为多折型，由专门的机械将滤料折叠并在滤料正反面按一定间隔贴线构成滤料两侧的空气通路。其特点是滤料面积与过滤器迎风面面积之比大。

（4）管式高中效空气过滤器　如图 3-7 所示，采用管状结构，由面板（五合板或塑料）和滤管组成，滤管直径为 75mm。滤管更换方便，可以单独安装或插入管道安装，具有处理风量大、阻力低、容尘量高和质量轻等特点。

（5）GZ 型空气过滤器　如图 3-8 所示，属于袋式过滤器，采用活动框架，低阻力无纺布滤料，选用不同的滤料，可组成中效或高中效过滤器，滤袋可做成不同长度，可更换清洗。

（6）JKG-2A 型静电过滤器　如图 3-9 所示，该过滤器由尼龙网层、电过滤器、高压发生器和控制盒等组成，具有过滤效率高、空气阻力低、积尘后阻力变化较小等特点。高压发

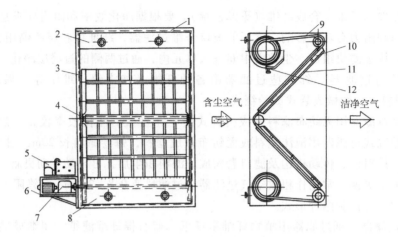

图3-4　ZJK—Ⅰ型自动卷绕式人字形空气过滤器结构原理

1—连接法兰　2—上箱　3—滤料滑槽　4—改向辊

5—自动控制箱　6—支架　7—双级蜗杆减速器

8—下箱　9—滤料　10—挡料栏　11—压料栏　12—限位器

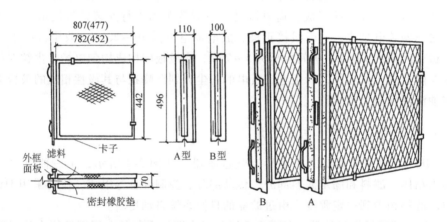

图3-5　YB、YP型空气过滤器的构造及外观

[括号内为小（X）型的深度尺寸，括号外为大（D）型的深度尺寸]

生器保持额定工作状态时，静电过滤器的效率随过滤风量的增加而降低，随着过滤风量减少而提高。积尘后可用水压0.02～0.06MPa的清洁水定期清洗。

3.1.6　空气过滤器的选用

一般情况下，粗效空气过滤器可以满足一般空调房间的净化要求，粗效和中效空气过滤器联合使用可以满足洁净室初级净化要求，粗效、中效和高效空气过滤器的联合作用可以满足洁净室中、高级净化要求。

洁净空调设计中空气过滤器应按额定风量选用，要根据洁净要求确定最末一级过滤器的效率，选择起保护作用的过滤器，妥善匹配相邻两级过滤器的效率，相差不能太大。

可能产生有害气体或微生物的洁净室，高效空气过滤器应靠近洁净室，阻力效率接近的高效空气过滤器应安装在同一洁净区内。

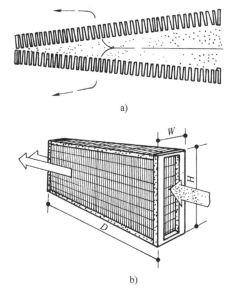

图 3-6　V 形空气过滤器

a）构造原理　b）外形

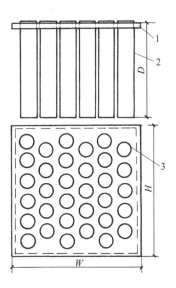

图 3-7　管式高中效空气过滤器结构示意图

1—面板（可方可圆）　2—滤管　3—塑料套管

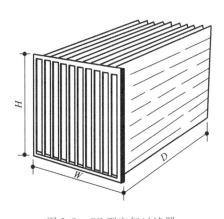

图 3-8　GZ 型空气过滤器

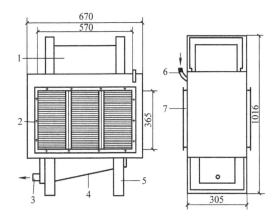

图 3-9　JKG-2A 型静电过滤器的外形

1—高压发生器　2—电过滤器　3—清洗用排水管　4—排
水槽　5—支架　6—清洗用进水管　7—连接法兰

　　一般以达到额定容尘量的时间作为过滤器的使用寿命，寿命的计算可参考下式：

$$T = \frac{P}{N_1 \times 10^{-3} \times Qt\eta_G} \tag{3-12}$$

式中　T——过滤器使用寿命（d）；

　　　P——过滤器的容尘量（g）；

　　　N_1——过滤器前空气的含尘浓度（mg/m³）；

　　　Q——过滤器风量（m³/h）；

　　　t——过滤器一天的工作时间（h）；

　　　η_G——过滤器的计重效率（%）。

根据洁净场所的实际参数和要求，综合经济效益、实用等因素选用适当的过滤器，典型过滤器的选用可参见表 3-4。

表 3-4　典型场所过滤器

场　　所	主过滤器效率	常用过滤元件	特殊要求	说　　明
ISO 8 级（10 万级）、ISO 7 级（1 万级）非均匀流洁净室	高效空气过滤器	有隔板、无隔板高效过滤器	逐台测试，无易燃材料	过滤器装在高效送风口内
ISO 5 级（100 级）洁净室	高效空气过滤器或超高效空气过滤器	有隔板、无隔板高效过滤器	出厂前经过逐台扫描检查	洁净室末端
一般洁净室预过滤器	粗效和中效空气过滤器	袋式、无隔板、有隔板过滤器		保护末端过滤器正常使用寿命
芯片厂 ISO 4 级（10 级）、ISO 3 级（1 级）洁净厂房	超高效空气过滤器	无隔板 ULPA 过滤器	扫描检验，流速均匀，无挥发物	当今对性能要求最高的过滤器
芯片厂 ISO 4 级（10 级）、ISO 1 级（1 级）洁净厂房预过滤	高效空气过滤器	无隔板、有隔板过滤器	迎面风速高	保证末端过滤器的使用寿命为"一辈子"
制药行业 30 万级洁净厂房	亚高效空气过滤器或高效空气过滤器	袋式、无隔板、有隔板过滤器	无营养物	末端过滤器可以设在中央空调器内
负压洁净室排风过滤	高效空气过滤器	无隔板、有隔板过滤器	可靠	禁止危险物品的排放
洁净工作台、风淋室	高效空气过滤器	有隔板、无隔板高效过滤器		
洁净室用吸尘器	高效空气过滤器	无隔板过滤元件	结实，抗水	防止排风二次污染

注：1. 有隔板高效过滤器是用超细纤维作滤料、优质牛皮纸热滚压成形或采用胶版纸、铝箔作分隔板，与木框或铝合金框胶合而成，具有过滤效率高、阻力低、风量大的优点。
　　2. 无隔板高效过滤器就是去掉了传统结构中的瓦楞状分隔板用超细玻璃纤维做滤料，热熔胶作为滤芯的分隔物，与各类外框装配。

3.2　过滤器送风口及风机过滤器单元

1）过滤器送风口是由高效过滤器和送风口组合在一起构成的过滤部件，它由过滤器、箱体和扩散孔板组成，进风口可放在箱体的顶部或侧面。安装如图 3-10 所示，其具有结构紧凑、使用方便等特点。

2）风机过滤单元是由过滤器送风口与风机连接在一起组成的，其主要有管道型和循环型，如图 3-11 所示。管道型风机过滤器的送风口和管道系统连接，风机用于补充系统压头的不足，粗、中效空气过滤器在系统中设置，风机过滤器单元仅需设末端高效过滤器；循环型风机过滤器

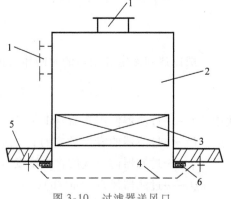

图 3-10　过滤器送风口

1—进风口　2—箱体　3—过滤器
4—扩散板送风口　5—吊顶　6—密封垫

单元用风机直接对室内空气进行循环，需要设置预过滤器。

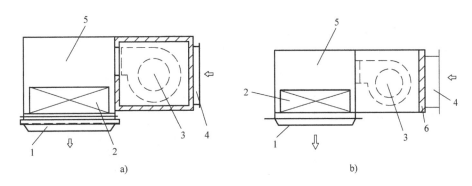

图 3-11　风机过滤单元

a）管道型　b）循环型

1—扩散板送风口　2—末端过滤器　3—风机　4—连接管　5—均匀箱　6—预过滤器

3.3　洁净工作台

目前，国产的洁净工作台均为单向流洁净工作台，规格型号有六七十种之多。

3.3.1　结构原理

洁净工作台是设置在洁净室内或室外，可根据使用环境要求在操作台上保持高洁净度的局部净化设备。如图 3-12 所示，新风或回风经预过滤器吸入，通过风机加压，将经高效空气过滤器过滤的洁净空气送至操作区。

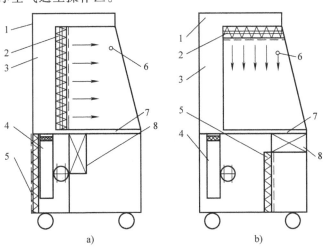

图 3-12　普通型洁净工作台

a）水平单向流净化工作台　b）垂直单向流净化工作台

1—外壳　2—高效空气过滤器　3—静压箱　4—风机机组　5—预过滤器

6—日光灯　7—台面板　8—电器元件

3.3.2 分类

洁净工作台可以按以下四种方式分类：

（1）按气流组织分为非单向流式和单向流式 单向流式又可分为水平单向流和垂直单向流，如图3-13所示。水平单向流洁净工作台适宜进行小物件操作；垂直单向流则适合大物件的操作。

（2）按排风方式可分为全循环式、直流式、前部排风式和全面排风式 全循环式洁净工作台主要用于产生污染极少或不产生污染的生产工艺场所，如图3-14所示。该工作台操作区净化效果比直流式好，对台外环境影响小，但结构阻力大，振动噪声大，需要补充少量新风。

直流式洁净工作台采用全新风，操作区净化效果比循环式差。

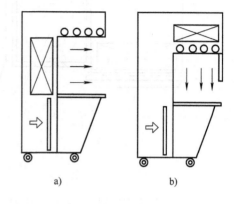

图3-13 单向流洁净工作台
a）水平单向流洁净工作台
b）垂直单向流洁净工作台

前部排风式洁净工作台在工作台台面的前部设置了回风口，吸入台面排出的有害气体，如图3-15所示，该工作台主要用于排风量大于等于送风量的场合。

全面排风式洁净工作台是在台面上全面打孔进行排风的洁净装置，主要应用于排风量小于送风量的场所。

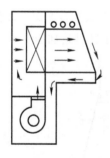

图3-14 全循环式流洁净工作台

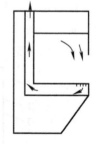

图3-15 前部排风式洁净工作台

（3）按工艺要求分为专用工作台和通用工作台 在通用工作台上装上各种工艺专用装置即成为专用洁净工作台，如配有排水设备的清洗洁净工作台。

（4）按结构分为整体式和脱开式 为了减少振动，操作台面和箱体脱开的结构形式为脱开式。

3.3.3 洁净工作台的选用原则

1）工艺装备或器具在水平方向对气流阻挡最小时，选用水平单向流洁净工作台；在垂直方向对气流阻挡最小时，选用垂直单向流洁净工作台。

2）工艺过程产生有害气体或粉尘时，选用排气式洁净工作台。

3）工艺过程对防振要求较高时，选用脱开式洁净工作台。

3.4　自净器

3.4.1　结构原理

自净器指由风机和粗效、中效和高效（亚高效）空气过滤器及送风口、回风口组成的一种空气净化设备，如图 3-16 和图 3-17 所示。

3.4.2　分类

（1）高效型空气自净器　由预过滤器、高效空气过滤器和风机组成，具有过滤效率高，在一定范围内造成洁净空气环境，使用灵活等特点，有移动式、悬挂式、风口式等型式。

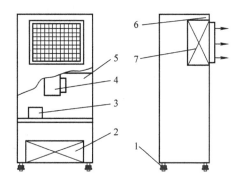

图 3-16　移动柜式自净器图
1—脚轮　2—中效空气过滤器　3—控制板　4—风机
5—负压箱　6—正压箱　7—高效空气过滤器

（2）静电空气自净器　由预过滤器、静电过滤器和风机组成，具有体积小、噪声低、过滤效率较高等特点，可以置于洁净室的涡流区作为辅助净化设备使用，也可以单独使用。

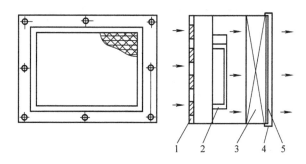

图 3-17　悬挂式自净器
1—粗效空气过滤器　2—风机组　3—高效空气过滤器　4—固定框　5—压框

3.4.3　自净器的应用

1）对操作点进行局部临时净化。
2）设置在洁净室易出现涡流区的部位以减少滞留的尘菌。
3）作为洁净环境的简易循环机组。

3.5　洁净层流罩

3.5.1　结构原理

洁净层流罩是垂直单向流的局部洁净送风装置，局部区域空气洁净度可达 100 级以上。

3.5.2 分类

层流罩可分为有风机层流罩和无风机层流罩两类。有风机层流罩如图3-18a所示，主要由预过滤器、风机、高效空气过滤器和箱体组成；无风机层流罩如图3-18b所示，由高效空气过滤器和箱体组成。进风来自空调系统，其安装方式有立式和悬吊式；为了保证操作区的洁净度，设有一种带气幕式层流罩（图3-19），或在层流罩下方设置一定高度的垂帘，其材质为塑料薄膜或有机玻璃等。

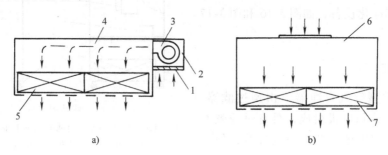

a)   b)

图 3-18　洁净层流罩示意图

a）有风机层流罩示意图　b）无风机层流罩示意图

1—预过滤器　2—负压箱　3—风机　4—正压箱　5、7—高效空气过滤器　6—箱体

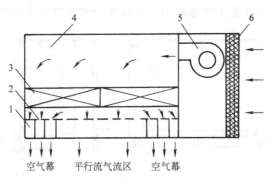

空气幕　　平行流气流区　　空气幕

图 3-19　气幕式层流罩

1—蜂窝形喷口（50mm×50mm）　2—阻尼层　3—高效空气过滤器　4—静压箱　5—风机　6—预过滤器

3.6　净化单元

3.6.1　结构原理

净化单元是一种可形成水平送风的净化机组，如图3-20所示。其主要由预过滤器、风机、高效空气过滤器及上下箱体组成，新风和回风经预过滤器吸入负压箱，通过风机作用，经高效空气过滤器净化后送出，送风洁净度可达100级。

3.6.2　分类

净化单元可以组成水平送风屏，在原有房间形成局部水平单向流；也可设置围壁及顶棚构成装配式洁净室，特点是送风面积大，可形成从地面到顶棚之间的大面积净化区域。

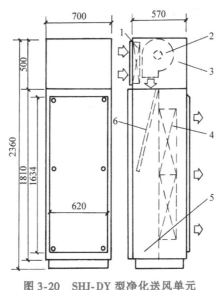

图 3-20　SHJ-DY 型净化送风单元

1—预过滤器　2—风机　3—负压箱　4—高效空气过滤器　5—喷嘴　6—均流均压装置

3.7　装配式洁净室

3.7.1　结构原理

装配式洁净室是将按一定模数分散设计制造的基本构件在现场组装投入运行的净化装置。

3.7.2　分类

1）根据其围场结构的材质不同，装配式洁净室可分为钢板板壁结构、铝型材框架结构、塑料贴面胶合板壁结构和透明薄膜围挡结构等。钢板结构因价格低、保温效果好而得到广泛使用。

2）根据使用功能不同，装配式洁净室可分为无空调洁净室、有空调洁净室、移动式洁净室等。有空调要求的洁净室，又可分为外装空调式和内装空调式两种。

3）根据气流组织不同，装配式洁净室可分为垂直单向流洁净室、水平单向流洁净室和非单向流洁净室。

装配式洁净室安装周期短、投入运行快、拆装方便，国产装配式洁净室的性能参数可查阅有关产品资料。

3.8　空气吹淋室

3.8.1　空气吹淋室结构原理

空气吹淋室是进行人身净化和防止污染空气进入洁净区的装置，它是利用高速

（≥25m/s）的洁净气流清除已进入洁净区的人身服装或物料表面的尘粒。吹淋室的两扇门不同时开启，可以兼作洁净室的气闸，防止外部空气进入洁净区。吹淋室结构如图3-21所示，双风机结构的吹淋室一般将电加热器和高效过滤器安装在风机的正压段。

3.8.2 空气吹淋室的分类

空气吹淋室一般情况按结构和作用方式分类。

（1）按结构可分为小室式和通道式两种 小室式有单人式和双人式两种类型。小室式吹淋过程是间歇的，通道式吹淋过程是连续的。小室式吹淋效果较好，国内通常利用单人或双人小室式吹淋室。

（2）根据作用方式的不同，分为喷嘴型和条缝型两种 喷嘴型吹淋室，喷嘴的喷射角度应调整到使射流方向与人身表面相切；条缝型吹淋室，应使条缝可旋转，角度达到90°。

可旋转条缝型吹淋室具有以下特点：

1）喷口的射流对人体的接触面比喷嘴型均匀。

2）喷口的射流对人体作用的剪力衰减比喷嘴型慢。

3）喷口射流的吹淋效果比喷嘴型优越。

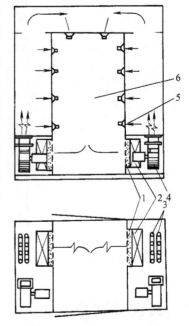

图3-21 吹淋室结构示意图

1—预过滤器 2—风机 3—电加热器 4—高效空气过滤器 5—正压箱 6—均流板

3.8.3 空气吹淋室性能和要求

1）吹淋室内净宽为0.8m，长度按1.2m/人设计。

2）吹淋气流速度25～35m/s。

3）吹淋时间30～60s。

4）吹淋气流温度30～35℃，设自动控制和无风断电保护装置。

5）吹淋室的送风需经过高效过滤器过滤。

6）小室式吹淋室的门要联锁和自动控制，并设手动开关装置。

3.8.4 空气吹淋室的选用

一个吹淋室最大班次通过人员在30人以内时，采用单人小室式吹淋室；当人员超过30人时采用单人小室式并联或多人小室式；当最大班次通过人员在80人以上时，采用通道式吹淋室。

3.9 传递窗

3.9.1 传递窗结构原理

传递窗是洁净室内外或洁净室之间传递物件的开口装置，它可以暂时隔断洁净气流，防止污染物传播。

3.9.2　传递窗的分类

（1）机械式　利用机械联锁的内外两道窗扇对污染物进行阻隔，一扇打开时，另一扇窗立即关闭。将物件放入窗体中间后，再将窗扇关闭，随后将另一扇窗打开，取出物件。

（2）气闸式　在传递窗窗体中设有风机及高效空气过滤器，开窗前先起动风机，使传递窗体之间形成洁净气流气幕。

（3）灭菌式　在窗体内设置有紫外线消毒装置，在物件传递过程中照射杀灭细菌，主要用于生物洁净室或传递物件带菌的场合。

（4）封闭可取式　设置了自动开关装置，在洁净室洁净工作台内，将物件放入洁净盒中关好，放进封闭可取式传递窗内，开关装置自动将洁净盒底板打开，落下物件，再放入洁净室，洁净车间传递窗必须在室内装修全部结束后才允许安装，安装完毕用硅胶封闭后才能使用。

3.10　余压阀

3.10.1　余压阀结构原理

余压阀是一个单向开启的风量调节装置，是为了维持一定的室内静压而设置的。余压阀按静压差调整开启度，用重锤的位置来平衡风压，如图 3-22 所示。

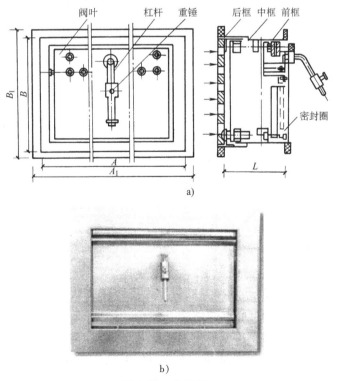

图 3-22　余压阀

a）结构　b）外形

3.10.2　余压阀的性能

通过余压阀的风量一般为 $5 \sim 20 m^3/min$，压差为 $5 \sim 40 Pa$。余压阀对静压的急剧变化有良好的适应性，一般设在静压差不同的洁净室之间下风侧的外墙上，不能设置在影响下游侧室内气流的场所。

3.10.3　余压阀的选择应用

1）余压阀应能正确地动作，可动部件加工精度满足要求。
2）静压差急剧变化时反应灵敏。
3）构件不易积尘。
4）按设计的漏风量选择余压阀的规格与数量，排出风速不应影响下流侧室的气流状态。

3.11　洁净空调机组

在半导体电子工业、医药行业、精密仪器工业和生物实验室等对空气有高品质要求的空调领域，通常将空气过滤器与空调机组组合在一起，构成洁净空调机组，一般有柜式净化空调机组、组合空调机组和净化新风机组三种类型。

3.11.1　柜式净化空调机组

（1）结构原理　柜式空调机组是一种能提供恒温恒湿，并对空气进行净化的空调机组，如图 3-23 所示。其外形像一个大立柜，机组自带冷源，包括压缩机、冷凝器、换热器、加热器、加湿器、离心风机及自动控制装置；在空调机的回风口及出风口设有过滤器，并在过滤器前后设有压差开关。

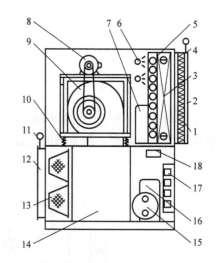

图 3-23　柜式净化空调机组

1—粗效空气过滤器　2—回风口　3—换热器
4、11—压差开关　5—加热器　6—水雾喷头
7—加湿器　8—电动机　9—风机
10—软接头　12—出风口　13—中效空气过滤器
14—箱体　15—冷凝器　16—压缩机
17—控制器　18—触摸液晶屏

（2）分类　根据冷凝器的冷却方式可分为水冷和风冷两种，根据用途则分为冷风机、冷热风机和恒温恒湿机。

（3）特点　在恒温恒湿的基础上，能对空气进行净化处理，使洁净空调系统简单化。设在回风口的过滤器为一级过滤器（粗效），一般采用平板过滤器或袋式过滤器；设在出风口处的过滤器为二级过滤器（高中效）一般采用 W 形密摺式过滤器或无隔板过滤器。

（4）应用　柜式净化空调机组适用于对空气洁净度要求较高的场合，一般需在末端安装高效、亚高效空气过滤器，可以根据需要做成计算机房专用空调机组、手术室专用空调机组，配置符合要求的空气过滤器。

3.11.2　组合空调机组

（1）结构原理　组合空调机组由不同的功能段（空气处理段）组合而成，可以根据洁净区的需要选择不同的功能段，一般有以下几段：新回风混合段（带调节阀）、粗效过滤器段、加热段、表面冷却段、加湿段、二次回风段、过渡段、风机段、消声段、热回收段、高中效过滤器段和出风段。

（2）分类　组合空调机组可分为一般工业用组合空调机组和医用组合空调机组。医用空调机组将热交换盘管设置在正压段，消除了盘管积水不易排走的弊端，杜绝了因积水而滋生细菌、污染和臭气；医用组合空调机组采用亲水膜平翅片，防止铝箔表面形成小水珠，减少了气流中的水滴，平翅片也不易积尘滋菌；将高中效空气过滤器设在风机后的均流板与盘管之间，使中效空气过滤器满足机组正压段的要求，保护蒸发盘管，减少了积尘和积菌；采用吹风或特殊自循环的消毒办法，使表冷器等易带菌部分保持无菌。

（3）特点　组合式空调器不带制冷压缩机，需由制冷系统供给冷媒。组合空调机组可根据需要进行功能段组合，使用灵活。

（4）应用　组合式空调机组应用于空气洁净度要求高的场合，需要在送风器末端安装高效、亚高效空气过滤器；医用组合空调机组必须采取灭菌、消毒措施。

3.11.3　净化新风机组

（1）结构原理　净化新风机组是一种能提供恒温恒湿，并对新风进行三级过滤的空调机组。在室外新风含尘浓度高时，若只对新风进行粗效过滤，会加重洁净系统高中效空气过滤器的过滤负荷，影响室内空气品质。

（2）特点　新风的三级过滤（粗效、中效、亚高效）保护了洁净系统的高中效空气过滤器，新风过滤器面积小，维护管理方便，增加费用小。

国产 XFJ 系列净化新风机组性能如表 3-5 所示。

表 3-5　XFJ 系列净化新风机组性能

风量/（m³/h）	300	500	800	1000	1200	1500
效率（%） （大气尘分组计数法 >0.5μm）	98	98	98	98	98	98
余压/Pa	80	100	110	150	120	100
噪声/[dB(A)]	55	56	58	58.5	61.0	61.0
电压/V	220	220	220	220/380	220/380	220/380
功率/W	90	90	180	180	250	370
最大外形尺寸（A×B×C）/ （mm×mm×mm）	600×350× 370	600×400× 370	780×470× 470	850×520× 550	850×550× 550	850×550× 550
质量/kg	40	43	63	67	70	73

思　考　题

1. 影响过滤器效率的因素有哪些？

2. 空气过滤器的性能指标有哪些？

3. 空气过滤器是如何进行分类的？

4. 国内外常用的空气过滤器效率的试验方法有哪些？

5. 过滤器送风口与风机过滤单元有何不同之处？

6. 风机过滤单元（FFU）管道型风口机组与循环型风口机组有何异同？

7. 什么是自净器？它有什么功能？

8. 洁净层流罩的结构是怎样的？与 FFU 的区别是什么？

9. 净化单元是由哪些部件组成的？有什么作用？和自净器相比有什么不同？

10. 空气吹淋室的作用是什么？单人、多人小室式和通道式各用于什么场合？

11. 传递窗的作用有哪些？如何分类？

12. 余压阀的作用、性能是什么？

13. 普通空调与洁净空调气流组织有何不同？

二维码形式客观题

扫描二维码可自行做题，提交后可查看答案。

第4章
空气洁净原理

4.1 洁净室气流组织

洁净室按气流组织可以分为以下四类：

1）单向流洁净室。

2）非单向流洁净室（乱流洁净室）。

3）辐（矢）流洁净室。

4）混合流（局部单向流）洁净室。

合理的气流组织能使室内空气的流动符合洁净室设计要求，保证室内空气的温度、湿度、流速及洁净度等满足工艺要求和人员的舒适度要求。

洁净室的气流组织与一般空调的气流组织方式不同。一般空调房间多采用乱流度大的气流组织形式，利用较少的通风量尽可能提高室内的温、湿度场的均匀程度，使送风与室内空气充分混合，形成均匀的温度场和速度场；而洁净室气流组织的主要任务，是供给足量的清洁空气，稀释并替换室内所产生的污染物质，使室内洁净度保持在允许范围之内。因此，洁净室气流组织设计应遵循以下一般原则：

1）要求送入洁净室的洁净气流扩散速度快、气流分布均匀，尽快稀释室内含有污染源所散发的污染物质的空气，维持生产环境所要求的洁净度。

2）使散发到洁净室的污染物质能迅速排出室外，尽量避免或减少气流涡流和死角，缩短污染物质在室内的滞留时间，降低污染物质与产品的接触几率。

3）满足洁净室内温度、湿度等空调送风要求和人的舒适要求。

4.2 单向流洁净室气流组织及其主要形式

单向流洁净室过去常被称为层流洁净室或平行流洁净室，从美国联邦标准 209C 开始正式被称为单向流洁净室。单向流洁净室定义为气流以均匀的截面速度，沿着平行流线以单一方向在全室截面上通过的洁净室。

4.2.1 单向流洁净室的基本原理和特性指标

1. 单向流洁净室的基本原理

单向流洁净室靠送风气流"活塞"般的挤压作用，迅速把室内污染物排出。在洁净室内，从送风口到回风口，气流流经途中的断面基本上没有什么变化。送风静压箱和高效过滤器起均压作用，全室断面上的流速比较均匀，在工作区内流线单向平行，没有涡流，如图4-1和图4-2所示。

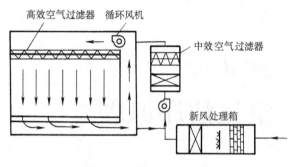

图4-1　单向流气流组织

在单向流洁净室内，洁净气流不是一股或几股，而是充满全室断面，所以这种洁净室不是靠掺混稀释作用，而是靠推出作用将室内的污染空气沿整个断面排至室外，从而达到净化室内空气的目的。因此，有人称单向流洁净室的气流为"活塞流""平推流""被挤压的弱空气射流"。洁净空气就好比一个空气活塞，沿着房间这个"气缸"，向前（下）推进，把原有的含尘浓度高的空气挤压出房间，这一压出过程如图4-3所示。

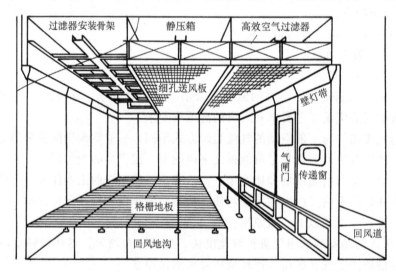

图4-2　垂直单向流洁净室

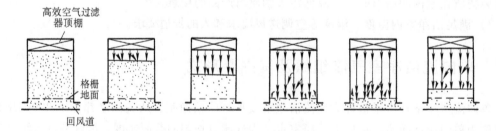

图4-3　单向流洁净室原理图

保证单向流洁净室特性（高洁净度和快速自净恢复能力）的重要先决条件有两个：

1）来流的洁净度。

2）来流的活塞流情况。

为了保证"活塞"作用的实现，所采取的重要措施是在顶棚或墙面上满布高效过滤器。由于过滤器和顶棚都是有边框的，所以不可能百分之百地满布过滤器。

过滤器的满布程度用满布比来衡量。满布比定义为：

$$满布比 = \frac{高效空气过滤器净截面面积}{洁净室布置过滤器截面面积}$$

国家标准和设计规范对单向流洁净室的满布比都做出了明确规定，一般情况下满布比应达到 80%。我国 GB 50073—2013《洁净厂房设计规范》规定，垂直单向流洁净室满布比不应小于 60%，水平单向流洁净室不应小于 40%，否则就是局部单向流了。

对于单向流洁净室，假定过滤器满布比达到 100%（连边框都没有），则在室内整个高度和断面上，都是平行单向气流而无涡流区。理想情况下，过滤器后房间内的含尘浓度只取决于过滤器送风浓度。

如果过滤器不是 100% 满布，而有一个比例（即满布比），此时就有涡流区，满布比不同的单向流洁净室，其含尘浓度是不同的。同样，人员密度不同的单向流洁净室含尘浓度也不同，所以要适当控制单向流洁净室的人员数量。

当高效空气过滤器布置在静压箱之外，静压箱的送风面为阻漏层时，由于阻漏层既有一定的阻力，又有全面透气性能和过滤亚微米微粒的性能，它使静压箱中的气流又经过一次具有阻漏效果的过滤。高效空气过滤器与阻漏层之间为连续的洁净空间，出风面之前的管路仍为封闭系统，阻漏层实际上是高效空气过滤器末端的延伸，阻漏层上通气面积可以等同于过滤器面积，此时满布比的表达式为：

$$洁净气流满布比 = \frac{送风面上洁净气流通过面积}{送风面全部截面面积}$$

2. 单向流洁净室的特性指标

表示单向流洁净室性能好坏的特性指标主要有三项：流线平行度、乱流度和下限风速。

（1）流线平行度 流线平行的作用是保证尘源散发的尘粒不作垂直于流向的传播。如果这种传播范围在允许范围内，那么流线略有倾斜也是允许的。表 4-1 所示是关于洁净室工作区范围的规定。

表 4-1 洁净室工作区范围的规定

国家	地面以上/cm	顶棚以下/cm	工作区高度/cm	备注
美国	76	92	102	室高规定至少 2.7m
中国	80~150		70	

美国对于单向流洁净室高度规定为不小于 2.7m，规定的工作区高度比较高。有些操作区可能会在比工作区高的地方，一般这些区域不会超过人的高度，大约在 1.8m。

如果一个工作人员站着进行操作，应避免距离地面 1.8m 处散发的尘粒降落到离地面 0.75m 高时，超过该工作人员的工作范围，进入到相邻工作人员的工作范围，对相邻区域环境造成影响。例如，一个工作人员在桌面上的操作范围为 1m，如果人站立操作，距离桌面 1.05m 处散发的尘粒在降落到桌面时，仍未超出自己的工作范围，就不会对相邻区域的工作人员造成污染。因此，如果流线是斜直线，那么流线与水平面的倾斜角应大于 $\arctan\frac{1.05}{0.5} = 65°$，这个流线倾斜角同样也适用于水平单向流洁净室。

如果流线是渐变流的曲线，那么其和工作区下限平面的交点以及和下限平面之上 1.05m 处的平面的交点之间的连线，与水平方向的倾角应大于 65°，如图 4-4 所示。

美国有关 100 级（5 级）单向流洁净室的验收规定中，对于气流流线的平行度的规定是：从顶棚以下 92cm 到地面以上 76cm 的区域，风速的水平分量不应使尘粒侧向散布距离超过 60cm。因为美国对单向流洁净室高的规定是不小于 2.7m，换算成流线倾斜角则约为 61°。

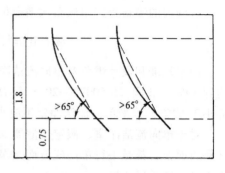

图 4-4　渐变流流线的倾角

流线平行度角度要求每根流线的倾角不仅要大于 65°，而且相邻两根流线的夹角也要尽可能小。

总之，单向流洁净室要求流线之间既要平行，在 0.5m 距离内线间夹角最大不能超过 25°（图 4-5），又要求流线尽可能垂直于送风面，其倾斜角不能小于 65°，或者简单用流线偏离垂直线的角度表示，GB 50591—2010《洁净室施工及验收规范》规定该角不应大于 15°。

（2）乱流度（速度不均匀度）　速度场均匀对于单向流洁净室是极其重要的，不均匀的速度场会增加速度的脉动性，促进流线间质点的掺混。乱流度是为了说明速度场的集中或离散程度，用于不同速度场的比较。乱流度可用下式表示：

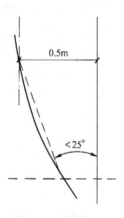

$$\beta_u = \frac{\sqrt{\frac{\sum (u_i - \overline{u})^2}{n}}}{\overline{u}} \qquad (4-1)$$

式中　β_u——乱流度；

　　　u_i——各测点的速度（m/s）；

　　　n——测点数；

　　　$\overline{u}$——平均速度（m/s）。

图 4-5　流线交角

乱流度即数理统计中的"变异系数"，由于测点数一般不会多于 30，按 GB 50591—2010《洁净室施工及验收规范》要求不少于 10 点就可以，而此时由于测点少，属小子样问题，因此应用 $(n-1)$ 代替上式中的 n。

对于单向流洁净室，乱流度不宜大于 0.2。在实际应用中，这个要求很难达到。根据国内外实测数据整理成的乱流度和单向流自净时间的关系，在速度不均匀度 $\beta_u < 0.3$ 时，实际自净时间为 1min，虽然已经比理论值大几倍，但毕竟是很短的，所以从实际出发，$\beta_u < 0.3$ 即可。

（3）下限风速　下限风速是指保证洁净室能控制以下四种污染气流的最小风速：

1）当污染气流多方位散布时，送风气流要能有效控制污染的范围；不仅要控制上升高度，还要控制横向扩散距离。

2）当污染气流与送风气流同向时，送风气流要能有效地控制污染气流到达下游的扩散范围。

3）当污染气流与送风气流逆向时，送风气流应能将污染气流抑制在必要的距离之内。

4）在全室被污染的情况下，要能以合适的时间迅速使室内空气自净。

表 4-2 列出了下限风速的建议值。下限风速是洁净室应经常保持的最低风速，过滤器阻力升高风速将下降，因此确定初始风速时要考虑这个因素或使风量、风速可以调节。

表 4-2 下限风速建议值

洁净室	下限风速/(m/s)	条 件
垂直单向流	0.12	平时无人或很少有人进出,无明显热源
	0.3	无明显热源
	<0.5	有人,有明显热源。如 0.5 仍不行,则宜控制热源尺寸和加以隔热
水平单向流	0.3	平时无人或很少有人进出
	0.35	一般情况
	<0.5	要求高或人员进出频繁的情况

ISO 14644-1 标准对单向流洁净室建议的平均风速是:ISO 5 级（100 级）0.2 ~ 0.5m/s;高于 ISO 5 级 0.3 ~ 0.5m/s。

4.2.2 单向流洁净室气流组织的主要形式

根据洁净室内气流的流动方向,单向流洁净室的气流组织形式可以分为垂直单向流气流组织和水平单向流气流组织两大类,每种类型又有多种形式。

1. **垂直单向流洁净室**

（1）垂直单向流满布过滤器,格栅回风 图 4-6 所示是典型的垂直单向流洁净室,其特点是可以获得均匀向下的单向平行气流,自净能力强,能够达到最高的洁净度级别。在洁净室内,工艺设备可以任意布置,可以简化人身净化设施,例如可以不设置吹淋室。但是这种洁净室的顶棚结构复杂,造价和维护费用高,高效过滤器堵漏比较困难。

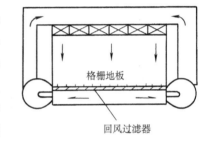

图 4-6 垂直单向流满布
过滤器,格栅回风

（2）垂直单向流满布孔板,格栅回风 如图 4-7 所示,垂直单向流的主要缺点是造价高,其重要原因之一是采用了顶棚满布高效空气过滤器。顶棚满布高效空气过滤器的作用是分布空气和过滤微粒。为了使气流均匀和顶棚美观,高效空气过滤器下面设有阻尼层。为了降低洁净室的造价,可以将高效空气过滤器布置在两侧,顶棚满布孔板,起到使气流均匀的作用。但是侧布高效空气过滤器不容易满足风量的要求,因此这种方式可以应用于洁净面积较小、风量不大的洁净室。

（3）垂直单向流满布阻尼层,格栅回风 如图 4-8 所示,高效空气过滤器侧布,侧布高效空气过滤器面积不容易满足风量的要求,特别是不容易满足大于 80% 额定风量的要求。高效空气过滤器侧布时,采用金属孔板作为阻尼层分布空气。阻尼层的作用是要保证其下方为均匀的平行单向流,因此孔板的开孔率应在 60% 以上。阻尼层不能用易含尘或本身易带尘的材料,如一般无纺布。除金属孔板外,也可用尼龙纱等透气性好的材料做阻尼层。例如,可将尼龙纱绷紧在框架上,然后将框架放在轻型金属材料制作的顶棚骨架上,安装拆卸都很方便。由于这些材料阻力小,其与高效空气过滤器之间不能紧密接触,因此在高效空气过滤器的内表面上容易积尘。

（4）垂直单向流两侧下回风,过滤器送风 如图 4-9 所示,垂直单向流洁净室造价高的另一个重要原因是使用了格栅地板,这种地板一般用铸铝、塑料、钢材等制作,材料价格比较高。这种地板还给人的视觉以不适感，行走和放置物件都有不稳的感觉。全顶棚送风两侧下回风洁净室是对地板回风方式的改进，国外有人称其为准单向流洁净室。

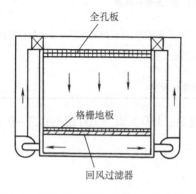

图 4-7　垂直单向流满布孔板，格栅回风

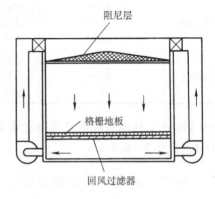

图 4-8　垂直单向流满布阻尼层，格栅回风

（5）垂直单向流两侧下回风，孔板送风　如图 4-10 所示。高效空气过滤器侧布，两侧下回风洁净室与典型的垂直单向流相比较，从顶棚和地面两个方面降低了洁净室的造价。

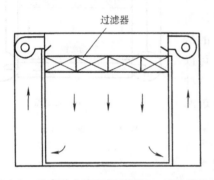

图 4-9　垂直单向流两侧下回风，过滤器送风

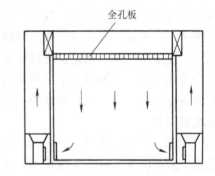

图 4-10　垂直单向流两侧下回风，孔板送风

（6）垂直单向流两侧下回风，阻尼层送风　如图 4-11 所示，这是为了降低洁净室的造价，采取的另一种对满布高效空气过滤器送风，地板回风方式的改进方法。

（7）垂直单向流周边压出式回风，满布过滤器送风　如图 4-12 所示，其主要特点：是

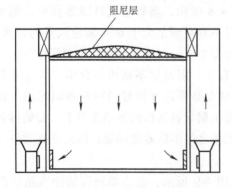

图 4-11　垂直单向流两侧下回风，阻尼层送风

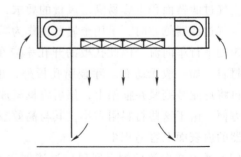

图 4-12　垂直单向流周边压出式回风，满布过滤器送风

最简易的垂直单向流洁净室，气流平行性不如两侧下回风式，压出的气流有利于所在环境洁净度的提高。

（8）无气幕局部垂直单向流　如图 4-13 所示，只在需要平行流的地区形成局部单向流，投资大为减少。

（9）有围挡的局部垂直单向流　如图 4-14 所示，可延伸垂直单向流的有效长度，相当于加宽了进风口或缩短了送风口至工作区的距离。

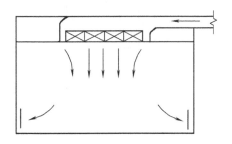

图 4-13　无气幕局部垂直单向流

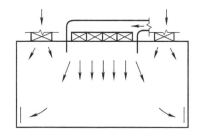

图 4-14　有围挡的局部垂直单向流

2. 水平单向流洁净室

水平单向流洁净室根据送、回风口的相互关系和气流方向，一般可分为直回式、敞开式或隧道式、一侧回风式、双侧回风式、双层壁双侧回风式、上回风式、对送式等不同形式。

（1）水平单向流直回式　如图 4-15 所示，该种形式是典型的水平单向流洁净室。送风墙满布高效空气过滤器水平送风，全墙面回风。这种洁净室的回风墙一般安装中效过滤器。但是对于某些用途的洁净室（例如制药用洁净室、细菌培养用洁净室等），为了避免室内操作过程发生的特殊微粒污染管道系统，或者为了收集这种微粒进行集中处理，则在全循环情况下，在回风墙上布置高效过滤器，而送风墙上布置中效过滤器。

这种洁净室的造价低于垂直单向流洁净室。其特点是沿气流方向，流线略下倾，含尘浓度逐渐增高，洁净度级别逐渐下降，适用于工艺过程有多种洁净度要求的场所。由于表面沉降微粒少，比较适合于手术室。

（2）水平单向流隧道式　图 4-16 和图 4-17 所示为水平单向流隧道式气流组织，隧道式洁净室是为进一步提供工作区的洁净度，将生产区和通道分割开而建造的由洁净工作台组成的超级洁净室，它是在洁净工作台隧道的基础上改进发展而来的。它与水平单向流直回式气流组织的不同之处在于：

1）在布置高效空气过滤器的送风墙的对面没有回风墙，是向外敞开的。

2）没有管路循环空气，即将内部空气排向周围环境。

3）在这种形式中，不能采用正压法防止和排除污染，而需靠空气的速度防止污染的侵入。

4）这种形式内部的温、湿度宜与环境温、湿度相同。

显然，这种单向流洁净隧道的送风方式，比单向流直回式洁净室造价低，而且便于移动，尤其适合一些大型设备装配后临时检修时采用。

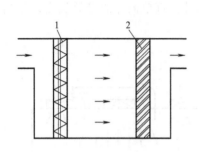

图 4-15　水平单向流直回式

1—高效空气过滤器

2—回风过滤器

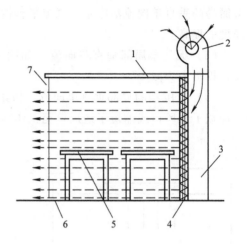

图 4-16　水平单向流隧道式

1—顶棚和墙壁　2—送风机　3—混合箱　4—高效

空气过滤器　5—工作台　6—支撑框　7—开口端

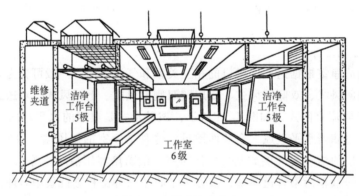

图 4-17　隧道式洁净室

单向流隧道式气流组织的回风方式有以下几种基本形式：

1）全侧墙回风式（图4-18）。该气流组织形式的室内回风穿过工作台进行循环，对工作台台面会造成污染，并且可能会在界面产生诱导气流，降低洁净工作台的洁净等级。

2）全地板回风式（图4-19）。该气流组织形式的洁净工作台位于洁净室内，洁净室的

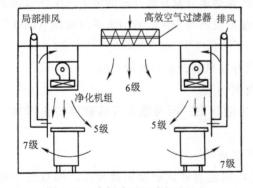

图 4-18　全侧墙回风式气流组织

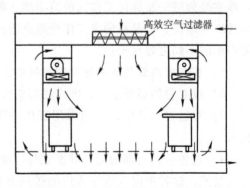

图 4-19　全地板回风式气流组织

回风全部通过地板排出。这种回风方式可以避免回风对工作台产生污染和在界面产生诱导气流。但是由于隧道回风参与全室回风，容易导致回风速度不均匀而引起气流偏转现象，不容易维持洁净度级别。

3）侧墙和地板组合回风式。采用侧墙和地面组合回风方式的洁净隧道可以避免回风穿过工作台和室内回风与工作台共用回风道所带来的弊端。图 4-20 所示为两侧独立回风式，利用设在操作面正下方的条状回风口，使洁净隧道回风可以自成循环，操作面前方回风气流较强，有利于排除污染。

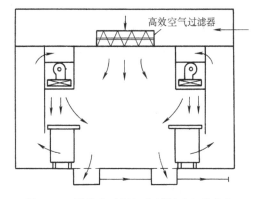

图 4-20　侧墙和地板组合回风式气流组织

（3）水平单向流一侧回风式　如图 4-21 所示，其主要特点是可缩短房间长度，回风气流可用于准备间。

（4）水平单向流双侧回风式　如图 4-22 所示，其具有水平单向流一侧回风式气流组织的特点，并且气流更为均匀。

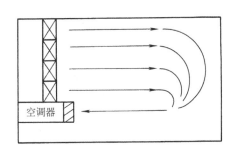

图 4-21　水平单向流一侧回风式（平面图）

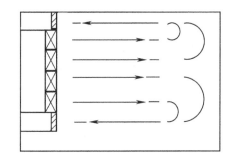

图 4-22　水平单向流双侧回风式（平面图）

（5）水平单向流上回风式　如图 4-23 所示，流线无下倾现象，可缩短房间长度。

（6）水平单向流对送式　如图 4-24 所示，适宜于长距离净化房间，回风格栅可省去不用。

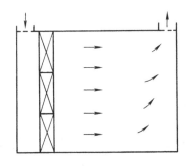

图 4-23　水平单向流上回风式

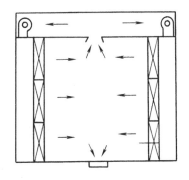

图 4-24　水平单向流对送式

4.3　非单向流洁净室气流组织及其主要形式

非单向流洁净室指的是气流以不均匀的速度呈不平行流动，伴有回流或涡流的洁净室。以前将这种洁净室称为乱流洁净室，美国联邦标准 209C 将乱流洁净室称为非单向流洁净室，现在国际上习惯称为非单向流洁净室。

4.3.1　非单向流洁净室的基本原理和特性指标

1. 非单向流洁净室的基本原理

非单向流洁净室靠送风气流不断稀释室内空气，把室内污染物逐渐排出，达到平衡，如图 4-25 所示。

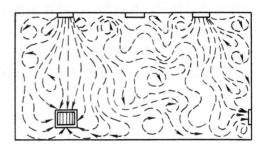

图 4-25　非单向流洁净室的工作原理

为了保证稀释作用达到很好的效果，最重要的是室内气流扩散得越快越好。如图 4-26所示，当一股干净气流从送风口送入室内时，能迅速向四周扩散混合，将气流从室内回风口排走，利用干净气流的混合稀释作用，将室内含尘浓度很高的空气稀释，使室内污染源所产生的污染物质均匀扩散并及时排出室外，降低室内空气的含尘浓度，使室内的洁净度达到要求。

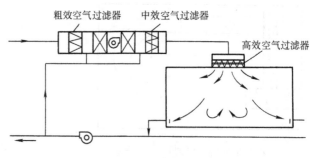

图 4-26　非单向流气流组织

2. 非单向流洁净室的特性指标

同单向流洁净室类似，也可以用非单向流洁净室特性指标反映非单向流洁净室性能的好坏。非单向流洁净室的特性指标主要有三项：

（1）换气次数　换气次数的作用是保证有足够进行稀释的洁净气流。换气次数定义为：

$$n = \frac{L}{V} \tag{4-2}$$

式中　n——房间换气次数（次/h）；

　　　L——洁净室送风量（m^3/h）；

　　　V——洁净室体积（m^3）。

不同级别的非单向流洁净室换气次数按表 4-3 所示确定。

（2）气流组织　气流组织的作用是保证能均匀地送风和回风，充分发挥洁净气流的稀释作用，因此要求单个风口要有足够的扩散作用；整个洁净室内风口布置要均匀，尽可能增加风口数量，以减少涡流和气流回旋。

表 4-3　非单向流洁净室的换气次数

空气洁净度等级	换气次数/(次/h)	备　注
ISO 6 级(1000 级)	50~60	适用于层高低于 4.0m 的洁净室
ISO 7 级(10000 级)	15~25	室内人员少、热源少的,宜采用下
ISO 8~9 级(100000~1000000 级)	10~15	限值

非单向流洁净室的气流组织是通过测定流场流线来分析的,没有定量标准。非单向流洁净室一般只能达到 ISO 6 级(1000 级)以下的洁净度,为了达到 ISO 5 级(100 级)或更高的洁净度,需要采用单向流洁净室。

(3)自净时间　非单向流洁净室的自净时间指的是室内从某污染状态降低到某洁净状态所需要的时间。非单向流洁净室的自净时间反映了洁净室从污染状态恢复到正常状态的能力,因此自净时间越短越好。非单向流洁净室自净时间一般不超过 30min,可用下式计算:

$$t = 60\left[\left(\ln\frac{N_0}{N} - 1\right) - \ln 0.01\right]/n \qquad (4\text{-}3)$$

式中　t——非单向流洁净室自净时间(min);

N_0——洁净室原始含尘浓度,即 $t=0$ 时的含尘浓度(pc/L);

N——洁净室稳态时的含尘浓度(pc/L);

n——换气次数(次/h)。

4.3.2　非单向流洁净室气流组织的主要形式

非单向流洁净室根据送风口、回风口的构造和设置位置可分为多种不同的气流组织形式,常见的非单向流洁净室气流组织的主要形式和特点如下:

(1)散流器顶送　如图 4-27 所示,其形式简单,适用于小面积的洁净室。

(2)带扩散风口过滤器顶送　如图 4-28 所示,其增大了过滤器顶送的洁净气流作用范围,比过滤器顶送多一个出口积尘的机会,长期不运行后再运行时要先擦净扩散风口。

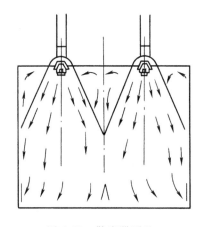

图 4-27　散流器顶送

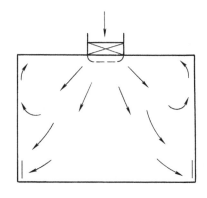

图 4-28　带扩散风口顶送

(3)风口侧送　如图 4-29 所示,这种气流组织形式比过滤器顶送简单,特别适用于无顶棚空间的房间。风管设于走廊顶棚中,适合有一般空调要求的洁净室。

（4）风口斜送 如图 4-30 和图 4-31 所示，用于房间长度不够侧送或不允许回流的场合（如手术室）。

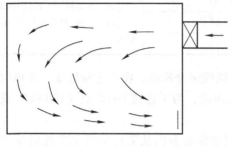

图 4-29 风口侧送

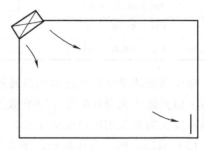

图 4-30 单侧风口斜送

除了上述几种非单向流气流组织以外，常见的还有局部孔板顶送式气流组织（图 4-32）、局部阻尼层顶送式气流组织（图 4-33）和双层壁回风顶送式气流组织（图 4-34）。

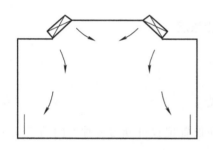

图 4-31 双侧风口斜送

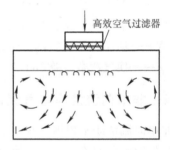

图 4-32 局部孔板顶送

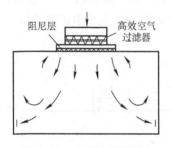

图 4-33 局部阻尼层顶送

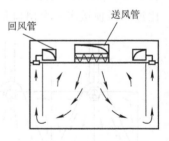

图 4-34 双层壁回风顶送

非单向流洁净室的气流组织形式以顶送、侧下回风最为典型。顶送高效空气过滤器风口带有孔板散流器，有助于送入洁净室的洁净气流的扩散。在高效空气过滤器风口的正下方，处于所谓送风主流区的中央，它的洁净度一般明显高于周围区域。而所谓的周围区域则是指送风进入室内后，不断卷吸入室内的污染空气、气流截面不断扩大所覆盖的部分空间。在相邻风口之间和房间四角等送风气流未能覆盖部位的洁净度会更低些。

洁净室内不同区域有不同的洁净度要求，因此常将前两类流型组合在一起，要求高的部位采用单向流，室内其他地方采用非单向流，这种气流组织方式称为混合流型。

4.4　辐流洁净室气流组织及其主要形式

4.4.1　辐流洁净室气流组织的基本原理

辐流洁净室（或矢流洁净室）应属于非单向流，但又比较接近于单向流的效果，而在构造上又远比单向流简单。

辐流气流组织形式主要为扇形、半球形或半圆柱形。高效过滤器形成扇形、半球形或半圆柱形辐流风口，从上部送风，对侧下回风，如图 4-35 和图 4-36 所示。其流线近似向一个方向流动，性能接近单向流，并且施工较简单，费用低。

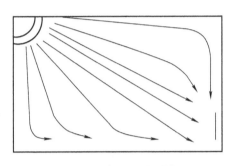

图 4-35　扇形送风口图

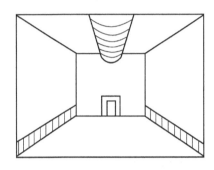

图 4-36　辐流洁净室示意图

辐流洁净室的工作原理不同于非单向流洁净室的掺混稀释作用，类似于单向流洁净室的"活塞"作用。它的流线不单向，也不平行，流线也不发生交叉，因此其工作原理仍然是靠推出作用，但是不同于单向流的"平推"，而是"斜推"。

4.4.2　辐流洁净室气流组织的特点

辐流洁净室气流组织具有以下特点：

1）空态时流线不交叉，流线间横向扩散比较弱，在下风向上角处有非常弱的反向气流。但是，极弱的反向气流不会影响污染气流向下风侧的排出，因而使污染物在室内的滞留时间短于非单向流洁净室的自净时间，符合洁净室要求气流以较短的路径排除污染空气的特性。

2）静态时，在障碍物的下风侧或两侧出现涡流区，因此在辐流洁净室中应尽可能避免在流线方向上有障碍物。

3）设置扇形送风口时，回风口对流场和浓度场的影响均很小；设置半圆柱形送风口时，低回风口对控制污染有利，一般回风口高度宜取 0.3m。

4）辐流洁净室的气流分布不如单向流洁净室的气流分布均匀，风口和过滤器均比常规风口和过滤器复杂一些，并且在非空态时容易产生涡流区。

4.4.3　辐流洁净室的设计参数

（1）半圆柱形送风口

$$\frac{房间高度}{房间长度} = 0.25 \sim 0.5 \ （室宽宜为 6 \sim 12\mathrm{m}）$$

半圆柱形送风口的圆柱半径 $\approx 0.5\mathrm{m}$

回风口高度 $\approx 0.3\mathrm{m}$

半圆柱形送风口的送风速度 $= 0.45 \sim 0.6\mathrm{m/s}$

（2）扇形送风口

$$\frac{房间高度}{房间长度} = 0.5 \sim 1$$

扇形送风口面积 $\approx \dfrac{1}{3} \times$ 风口所在侧墙面积

回风口面积 $\approx \left(\dfrac{1}{6} \sim \dfrac{1}{5}\right) \times$ 送风口面积

扇形送风口的送风速度 $= 0.45 \sim 0.55\mathrm{m/s}$

4.5 洁净室压差控制

4.5.1 洁净室压差控制的作用

洁净室的压差就是洁净室与周围空间所必须维持的静压差。使厂房外环境与洁净室之间、洁净度不同的洁净室之间或洁净室与一般房间之间保持适当的压差值，目的是为了保证洁净室在正常工作或空气平衡暂时受到破坏时，洁净室的洁净度免受邻室的污染或污染邻室。洁净室与邻室维持正的静压差（简称正压）是较为常见的情况，实际工程中的工业洁净室和一般生物洁净室都是维持正压。但对于使用有毒、有害气体或使用易燃易爆溶剂或有高粉尘操作的洁净室，生产致敏性药物、高活性药物的生物洁净室以及其他有特殊要求的生物洁净室需要维持负的静压差（简称负压）。

相邻洁净室（区）之间如果静压差过大或因建造原因带来的缝隙，将会造成空气泄漏，严重时会使洁净室内的气流紊乱，所以应采取有效的技术措施控制洁净室（区）之间的静压差，差值范围应为 $5 \sim 20\mathrm{Pa}$，

4.5.2 维持静压差风量计算

GB 50073—2013《洁净厂房设计规范》对洁净室的压差控制有如下的规定：洁净室与周围的空间必须维持一定的压差，并应按生产工艺要求决定维持正压差或负压差。不同等级的洁净室以及洁净区与非洁净区之间的压差应不小于 $5\mathrm{Pa}$，洁净区与室外的压差应不小于 $10\mathrm{Pa}$。建议采用的压差值如表 4-4 所示。

表 4-4　建议采用的静压差　　　　　　　　（单位：Pa）

目的	非单向流洁净室与任何相通的相差一级的邻室	非单向流洁净室与任何相通的相差一级以上的邻室	单向流洁净室与任何相通的邻室	洁净室与室外（或与室外相通的房间）
一般（防止缝隙渗漏）	5	5 ~ 10	5 ~ 10	15

（续）

目的	非单向流洁净室与任何相通的相差一级的邻室	非单向流洁净室与任何相通的相差一级以上的邻室	单向流洁净室与任何相通的邻室	洁净室与室外（或与室外相通的房间）
严格（防止开门进入的污染）	5	40 或对缓冲室 5	10 或对缓冲室 5	对缓冲室 10
无菌洁净室	5	对缓冲室 5	对缓冲室 5	对缓冲室 10

在考虑洁净室的压差控制时，洁净室与邻室维持正压，将有利于洁净室的洁净度不受邻室影响。而对某些产生有害微生物的生产过程，维持与其他区域的相对负压，防止有害微生物扩散并污染其他区域也是压差控制的一个重要方面。

国内外洁净室压差风量的确定，多数是采用房间换气次数估算的，也可以采用缝隙法计算泄漏风量，两者相比，缝隙法比估算法较为合理和精确。洁净室维持不同压差值经缝隙渗漏的风量可按下式计算：

$$L_{\mathrm{C}} = \sum \mu_{\mathrm{P}} A_{\mathrm{P}} \sqrt{\frac{2\Delta p}{\rho}} \times 3600 \tag{4-4}$$

式中　L_{C}——维持洁净室压差值所需的压差风量（m³/h）；

　　　μ_{P}——流量系数，通常取 0.2 ~ 0.5；

　　　A_{P}——缝隙面积（m²）；

　　　Δp——静压差（Pa）；

　　　ρ——空气的密度（kg/m³）。

也可采用经验公式计算压差风量：

$$L_{\mathrm{C}} = \alpha \sum (ql) \tag{4-5}$$

式中　α——根据围护结构气密性确定的安全系数，一般可取 1.1 ~ 1.2；

　　　q——当洁净室为某一压差值时，其围护结构单位长度缝隙的渗漏风量 [m³/(h·m)]，具体数值可参考表 4-5；

　　　l——洁净室围护结构的缝隙长度（m）。

表 4-5　围护结构单位长度缝隙的渗漏风量 [单位：m³/(h·m)]

压差/Pa	门 窗 形 式						
	非密闭门	密闭门	单层固定密闭木窗	单层固定密闭钢窗	单层开启式密闭钢窗	传递窗	壁板
4.9	17	4	1.0	0.7	3.5	2.0	0.3
9.8	24	6	1.5	1.0	4.5	3.0	0.6
14.7	30	8	2.0	1.3	6.0	4.0	0.8
19.6	36	9	2.5	1.5	7.0	5.0	1.0
24.5	40	10	2.8	1.7	8.0	5.5	1.2
29.4	44	11	3.0	1.9	8.5	6.0	1.4
34.3	48	12	3.5	2.1	9.0	7.0	1.5
39.2	52	13	3.8	2.3	10.0	7.5	1.7
44.1	55	15	4.0	2.5	10.5	8.0	1.9
49.0	60	16	4.4	2.6	11.5	9.0	2.0

当采用换气次数法时，维持洁净室内所需压差值的压差风量可参考表 4-6 提供的数据确定换气次数，也可采用经验数据进行估算，即当洁净室的压差值为 5Pa 时，压差风量相应的换气次数为 1~2 次/h；当压差值为 10Pa 时，相应的换气次数为 2~4 次/h。因为洁净室压差风量的大小与洁净室围护结构的气密性及维持的压差值相关，所以在选取换气次数时，对于气密性差的房间可以取上限，气密性好的房间可以取下限。

表 4-6 洁净室压差值与房间换气次数　　　　　　　（单位：次/h）

室内压差值/Pa	有外窗、气密性较差的洁净室	有外窗、气密性较好的洁净室	无外窗、土建式洁净室
5	0.9	0.7	0.6
10	1.5	1.2	1.0
15	2.2	1.8	1.5
20	3.0	2.5	2.1
25	3.6	3.0	2.5
30	4.0	3.3	2.7
35	4.5	3.8	3.0
40	5.0	4.2	3.2
45	5.7	4.7	3.4
50	6.5	5.3	3.6

4.5.3 洁净室压差控制

洁净室压差控制的基本原理是控制送风量、回风量和排风量。当送入洁净室的空气量适当的大于回风和排风量时，室内则可维持一定的正压值。此时，在室内外静压差的作用下，通过围护结构不严密处向外渗漏的风量与机械进出风量的差额相等。压差维持的难题在于机械送风量与出风量是动态变化的。对于洁净空调系统来说，过滤器积尘会造成新风、送风管路阻力增加，从而影响风量，排风设备的时开时停也会导致排风量的变化；此外，与楼道、室外相邻还会因热压、风压的变化影响房间的压差。因此洁净室的正差值需要经常进行检查，并依次对新、送、回、排风通路的阀门做出相应的调整。维持压差的控制措施有：

（1）回风口控制　即通过回风口上的百叶可调格栅或阻尼层改变其阻力来调整回风量，达到控制室内压力的目的。这是一种最简单的控制方式，特点是结构比较简单、经济。格栅控制调节方便，但格栅不易密闭，且调节幅度不大，同时也会对气流方向产生影响。一般使用初效泡沫塑料或初效无纺布作为阻尼层，通过改变回风口的阻力来调整回风量，控制洁净室内外的压差。随着阻尼层使用时间增长，其阻力增加，室内正压有加大的趋向，因此应定期进行清洗，阻尼层可以重复使用。

（2）余压阀控制　通过手动或自动调整余压阀上的平衡压块，改变压阀的阀门开度，实现室内的压力控制。余压阀正压控制系统的控制原理如图 4-37 所示。

余压阀一般设在洁净室下风侧墙上。采取这种措施时，洁净室内需有足够的剩余正压值，如果排风量发生变化，需重新调整余压阀。余压阀安装简单，但长期使用后关闭不严。如果余压阀完全关闭时室内正压值仍低于要求值，则需改用其他方式控制室内压差。

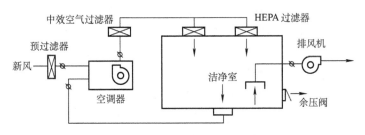

图 4-37　余压阀控制正压

（3）调节回风阀或排风阀　根据检测的室内压力值，调节回风管上（或排风管上）的电动阀，改变回风量（或排风量），控制洁净室内的压力值。

（4）差压变送器控制　如图 4-38 所示，通过差压变送器（S）检测室内的压力，然后调整新风量，新风（OA）管路上的电动阀（MD）阀门开大（变小），则回风管路上的电动阀阀门变小（开大）。

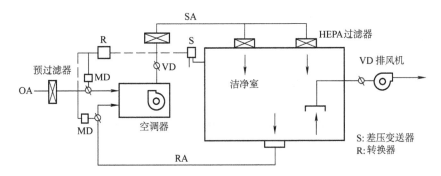

图 4-38　差压变送器自动控制系统

（5）调节新风阀　如图 4-39 所示，利用控制系统调节进入洁净室的新风量和回风量，控制各洁净室内的压力值。

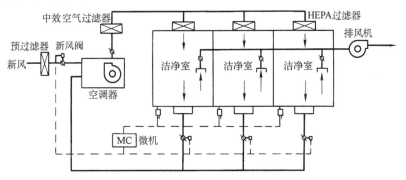

图 4-39　调节新风量和回风量控制正压

4.6　洁净室缓冲与隔离

洁净室的压差控制是防止污染物渗入或逸出洁净室的重要措施。但是当需要的压差值太大，不容易达到时，就要加设辅助设施。常用的辅助设施有缓冲室、气闸室、气幕室和空气吹淋室。辅助设施也称为缓冲设施，其作用是防止将室外污染物带入室内，或者减少室内污染物发生量。当人或物从非洁净区进入洁净区时，应通过缓冲设施。

（1）气闸室　设置在洁净室出入口、阻隔室外或邻室污染气流和压差控制的小室叫气闸室。气闸室的几个门，在同一时间内只能打开一个，这样做是为了防止外部受污染的空气流入洁净室内。当两侧需要的压差太大且难以达到时，可以设置气闸室。

气闸室是一间门连锁不能同时开启的房间，不送洁净风的这种房间最多起缓冲作用。这样的缓冲不能有效防止外界污染物入侵，因为当进入这个气闸室时，外界污染空气已经随人的进入而进入，当再开二道门进入洁净室时，又把已被污染的气闸室内的空气带入洁净室。

（2）缓冲室　缓冲室是位于洁净室入口处的小室。同气闸室一样，缓冲室的几个门，在同一时间内只能打开一个。缓冲室一方面是为了防止污染物进入洁净室，另一方面还具有补偿压差的作用。缓冲室相对于洁净室为负压，相对室外环境为正压。缓冲室属于准洁净区域，缓冲室内也要进行适量的洁净送风，使其洁净度达到将要进入的洁净室的洁净度等级。

（3）空气吹淋室　空气吹淋室利用喷嘴喷出的高速气流使衣服抖动起来，从而把衣服表面沾的尘粒吹掉。它通常设置在洁净室的人员入口处。

垂直单向流洁净室由于自净能力强，无湍流现象，人员散尘能迅速被回风带走而不至于污染产品，鉴于这种有利条件，可不设吹淋室而改设气闸室。

（4）传递窗　设置在不同级别的洁净区，以及洁净区和非洁净区之间的隔墙上，可以防止两洁净区之间物体流经非洁净区时被污染，通过传递窗，可以把物品、工件、产品等进行传递。它设有两扇不能同时开启的门，可将两边的空气隔断，防止污染空气进入洁净区。

4.7　洁净室流场数值模拟

4.7.1　洁净室流场数值模拟的意义

不论是非单向流洁净室或单向流洁净室，还是辐流洁净室，其内部的气流运动总是受洁净室几何形状、送风气流及其相关参数（送风口几何形状与结构特征参数、送风气流参数等）、回风口的几何形状与结构特征参数及送、回风口在洁净室内的布局及敷设方式等因素的制约，这些因素的变化或不同的参数组合，都会影响洁净室内的气流组织形式。在不同的气流组织形式及送回风参数条件下，室内污染源所散发的尘粒会产生不同的运动，从而影响洁净室的净化效果。

随着计算机技术的发展，数值模拟在众多学科和工程技术领域得到迅速发展和广泛应用。数值模拟方法可以模拟和预测洁净室内的流场，使人们能直观地感受可能出现的气流状况，得到房间内气流速度、温度、湿度以及有害物浓度等物理量的详细分布情况，可以对已设计的不同气流组织形式的洁净室内空气流动状况进行比较，从而确定最佳的空气净化方案，为洁净室的设计提供参考。目前，有多达数十种商用 CFD（Computational Fluid Dynamics）软件，主要有 PHOENICS、FLUENT、AIRPAK、CFX、STAR-CD、FIDAP。本节以空态下 I 级洁净手术室为例，介绍洁净室流场和温度场数值模拟过程。

4.7.2 洁净室流场数值模拟的主要步骤

洁净室流场的数值模拟通常包含如下几个主要环节：建立数学物理模型、网格划分、设置计算边界条件、数值算法求解、结果可视化（如速度矢量图、温度分布图、PMV 云图、PPD 云图、压力分布图等）及结果分析。

1. 建立物理模型

按照 GB 50333—2013《医院洁净手术部建筑技术规范》的规定，设计 I 级洁净手术室，室内主要技术参数如表 4-7 所示。

表 4-7　I 级洁净手术室部分主要技术参数

温度 /℃	相对湿度 （%）	房间面积① /m²	送风面积 /m²	风速② /(m/s)	最小新风量 /(次/h)	排风量 /(m³/h)
22 ~ 25	50 ~ 60	40 ~ 45	> 2.4 × 2.6	0.25 ~ 0.30	6	100

① 房间面积为特大型手术室的最小净面积。
② 风速为手术区工作台面高度截面平均风速。

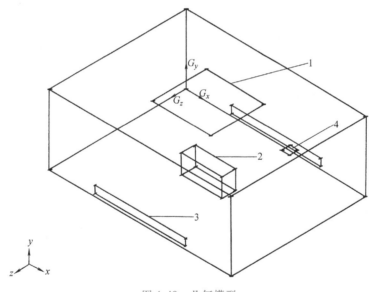

图 4-40　几何模型
1—送风口　2—手术床　3—回风口　4—排风口

根据 GB 50333—2013《医院洁净手术部建筑技术规范》规定，设计几何模型如图 4-40 所示。房间尺寸 $x \times y \times z = 8.0\text{m} \times 3.0\text{m} \times 6.0\text{m}$；送风口 2.6m × 2.4m；两侧下回风，回风口 4.0m × 0.3m，底边离地 0.1m；排风口 0.4 m × 0.4m；手术台 1.8m × 0.6m × 0.8m。工作区高度（空态时离地面 0.8m 处）的风速应控制在 0.25 ~ 0.30m/s 范围内。为达到此要求，取送风速度为 0.46m/s，送风量为 10300m³/h，换气次数约为 72 次/h。

2. 数学模型的建立

建立数学模型是为了对所研究的流动问题进行数学描述。洁净室内空气的流动通常可以用不可压缩流体黏性流动的控制微分方程来描述，数值模拟中最基本的数学物理模型即为黏性流体的 $N\text{-}S$ 方程。对于湍流流动，采用湍流半经验理论的湍流模型对 $N\text{-}S$ 方程进行简化，就可以得到一组封闭的偏微分方程组，结合相应的边界条件，即可以建立实际问题的数学模型。

采用稳态不可压缩 N-S 雷诺时均方程，用湍流涡黏度模型处理雷诺应力项，方程的封闭采用高雷诺数 k-ε 模型，并作如下假设：

1）洁净室内空气为不可压缩流体且符合 Boussinesq 假设。

2）流动为稳态湍流。

3）忽略固体壁面间的热辐射，室内空气为辐射透明介质。

4）不考虑漏风的影响，认为洁净室气密性良好。

根据以上假设，洁净室内空气三维湍流流动与传热控制方程可表示为如下通用形式：

$$\mathrm{div}(\rho V\phi) = \mathrm{div}(\Gamma_\phi\,\mathrm{grad}\phi) + S_\phi \tag{4-6}$$

式中　ρ——空气密度（kg/m^3）；

V——空气速度矢量（m/s），$V = (u,\ v,\ w)^{\mathrm{T}}$；

ϕ——因变量，$\phi = \{1,\ u,\ v,\ w,\ T,\ k,\ \varepsilon\}$；

Γ_ϕ——对应于 ϕ 的扩散系数；

S_ϕ——源项。

ϕ、Γ_ϕ、S_ϕ 具体表达式见表 4-8。

表 4-8　控制方程组的源项

方程	ϕ	Γ_ϕ	S_ϕ
连续	1	0	0
x-动量	u	μ_ε	$-\dfrac{\partial p}{\partial x} + \dfrac{\partial}{\partial x}\left(\mu_\varepsilon\dfrac{\partial u}{\partial x}\right) + \dfrac{\partial}{\partial y}\left(\mu_\varepsilon\dfrac{\partial v}{\partial x}\right) + \dfrac{\partial}{\partial z}\left(\mu_\varepsilon\dfrac{\partial w}{\partial x}\right)$
y-动量	v	μ_ε	$-\dfrac{\partial p}{\partial y} + \dfrac{\partial}{\partial x}\left(\mu_\varepsilon\dfrac{\partial u}{\partial y}\right) + \dfrac{\partial}{\partial y}\left(\mu_\varepsilon\dfrac{\partial v}{\partial y}\right) + \dfrac{\partial}{\partial z}\left(\mu_\varepsilon\dfrac{\partial w}{\partial y}\right)$
z-动量	w	μ_ε	$-\dfrac{\partial p}{\partial z} + \dfrac{\partial}{\partial x}\left(\mu_\varepsilon\dfrac{\partial u}{\partial z}\right) + \dfrac{\partial}{\partial y}\left(\mu_\varepsilon\dfrac{\partial v}{\partial z}\right) + \dfrac{\partial}{\partial z}\left(\mu_\varepsilon\dfrac{\partial w}{\partial z}\right)$
能量	T	$\mu_l/Pr + \mu_t/\sigma_T$	q/c_p
湍流动能	k	μ_ε/σ_k	$G - \rho\varepsilon$
湍流动能耗散率	ε	$\mu_\varepsilon/\sigma_\varepsilon$	$\varepsilon(c_1 G - c_2\rho\varepsilon)/k$

表 4-8 中，u、v、w 分别表示 x、y、z 三个方向的速度；μ_l、μ_t、μ_ε 分别为层流黏度、湍流黏度和有效黏度，$\mu_l = \rho V_\infty L/Re$（$Re$ 为雷诺数），$\mu_t = c_\mu\rho k^2/\varepsilon$，$\mu_\varepsilon = \mu_l + \mu_t$；$p$ 为空气的有效压力，在物体表面湍流动能 $k = 0$，p 即为时均压力；q 为热流密度（W/m^2）；c_p 为空气的比定压热容 [$kJ/(kg\cdot K)$]；Pr 为层流普朗特数；G 为湍流动能产生项，$G = \mu_t\left(\dfrac{\partial u_i}{\partial x_j} + \dfrac{\partial u_j}{\partial x_i}\right)\dfrac{\partial u_i}{\partial x_j}$；方程中各经验常数的取值为：$c_1 = 1.44$，$c_2 = 1.92$，$c_\mu = 0.09$，$\sigma_T = 0.9$，$\sigma_k = 1.0$，$\sigma_\varepsilon = 1.3$。

3. 数值计算方法

由 N-S 方程建模获得的微分方程相互耦合，具有很强的非线性特征，目前只能利用数值方法进行求解，这就需要对实际问题的求解区域进行离散。数值方法中常用的离散形式有有限容积法、有限差分法和有限元法。对于空气洁净技术中的低速不可压流动和传热问题，通常采用有限容积法进行离散。在笛卡儿直角坐标系下分别以室内长、宽、高作为坐标的 x、y、z 方向，划分均匀计算网格，采用间距 $0.15\text{m} \times 0.15\text{m} \times 0.15\text{m}$ 的正方体网格。将控制方程化为通用控制方程，然后对通用方程中各变量进行无量纲化，采用控制容积法和交错网格对通用控制方程进行离散，采用幂函数差分格式，应用 SIMPLE 算法求解离散控制方程。

4. 边界条件的处理

（1）入口边界　以送风口作为计算区域的入口边界，$v_1 = v_3 = 0$，$v_2 = -0.46\text{m/s}$，$T = 22℃$，$k = 0.004$，$\varepsilon = 0.0008$。

（2）出口边界　以室内回风口作为计算区域的出口边界，$P = P_{\text{out}}$，k、ε：自由滑动。

（3）壁面边界　室顶、地板及内隔墙取绝热条件，外墙壁面取定热流边界条件，综合传热系数 $K = 1.16\text{W/(m}^2 \cdot ℃)$，室外温度取 $T_{\text{w}} = 36℃$；手术床上的病人散热量为 116.3W，作为热源均匀分布在手术床各节点上。

（4）气、固耦合问题　手术床等固体区域的黏度设为无穷大，气、固交界面空气流动取无滑移条件，即 $v_1 = v_2 = v_3 = 0$；手术床等壁面温度按绝热条件进行计算。

5. 计算结果分析

通过对 I 级洁净手术室内空气流场和温度场的数值模拟，得到如下的计算结果：图 4-41 ～图 4-44 分别为 $x = 4.0\text{m}$、$y = 0.4\text{m}$、$y = 1.1\text{m}$、$z = 3.0\text{m}$ 断面速度矢量分布；图 4-45 ～图 4-48 分别为 $x = 4.0\text{m}$、$y = 0.4\text{m}$、$y = 1.1\text{m}$、$z = 3.0\text{m}$ 断面速度等值线分布；图 4-49 ～图 4-52 分别为 $x = 4.0\text{m}$、$y = 0.4\text{m}$、$y = 1.1\text{m}$、$z = 3.0\text{m}$ 断面温度等值线分布。

1）由图 4-41 可以看出，在送风口正下方，手术床以上区域（主流区）范围内流场基本可以保证为单向流，满足标准中的 I 级洁净手术室局部百级的要求。在主流区周围产生了较大涡流，手术床以下区域，由于回风影响，气流方向发生了明显的倾斜，手术床底部两侧出现了明显的流动旋涡，由此可见，除主流区外的其他区域无法保证单向流，其流态为非单向流。由图 4-43 可以清楚地看到 $y = 1.1\text{m}$ 断面（手术床以上 0.3m 处断面）各处流速和温度大小的分布。主流区速度大小为 0.19 ～ 0.34m/s，手术床台面对应区域风速为 0.14 ～ 0.19m/s，小于标准规定的"手术区工作台面高度（$y = 0.8\text{m}$ 断面）的截面平均风速为 0.25 ～ 0.3m/s。由图 4-44 可知，排风口离送风口距离较远（1.9m），且排风速度较小（0.6m/s）。因此，排风对送风流场影响不大，在实际设计中应注意排风口与送风口间的距离和排风速度，以免产生气流短路的现象。

2）从图 4-49 ～图 4-52 可以看出，主流区温度最接近单向流送风温度（22℃），大约在22.02℃，而周边区气流速度（约 0.1m/s）比主流区气流速度（约 0.4m/s）小得多。周边区域医护人员体表温度也较高，手术床区域温度为 23.24℃，温升主要是病人散热所致。从图中可以看出，由于送风量较大，除热源表面外，室内温度分布比较均匀，大致为 22.2 ～ 22.8℃，能够保证室内热舒适要求。综合上述分析，可以认为局部集中送风方式对室内人员的热舒适不会造成负面影响，不会出现"吹冷风"的感觉。

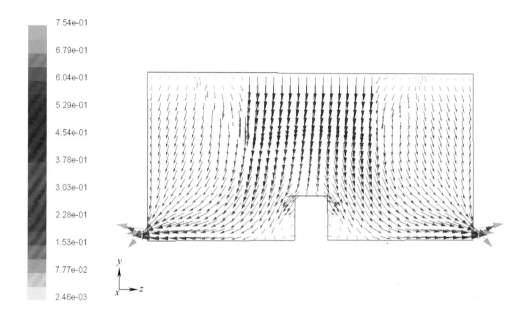

图 4-41　$x=4.0$m 断面速度矢量分布

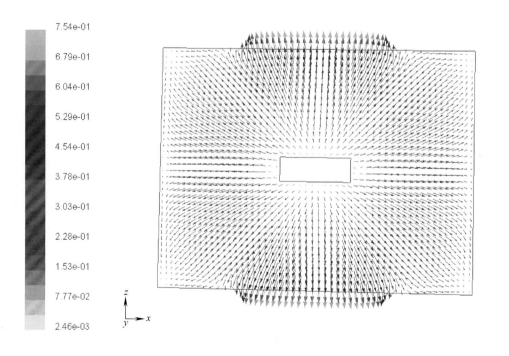

图 4-42　$y=0.4$m 断面速度矢量分布

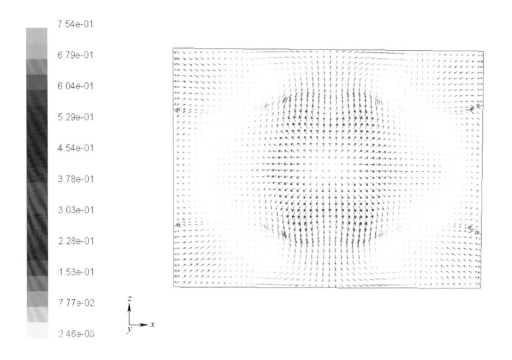

图 4-43 $y = 1.1\mathrm{m}$ 断面速度矢量分布

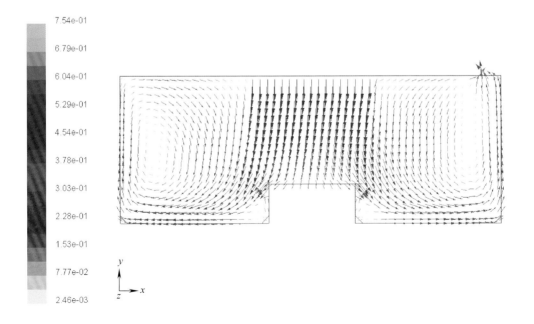

图 4-44 $z = 3.0\mathrm{m}$ 断面速度矢量分布

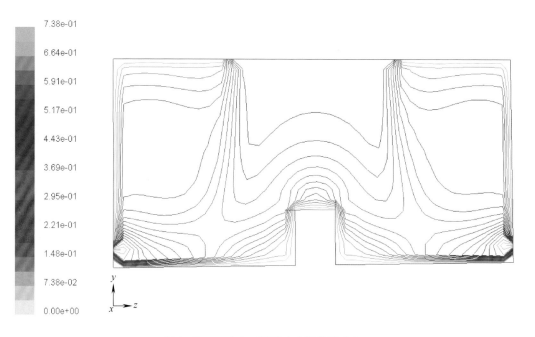

图 4-45 $x = 4.0$m 断面速度等值线分布

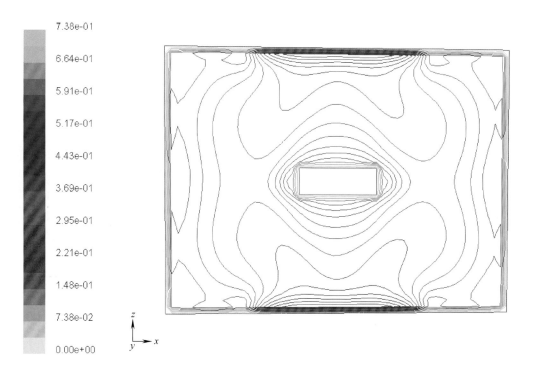

图 4-46 $y = 0.4$m 断面速度等值线分布

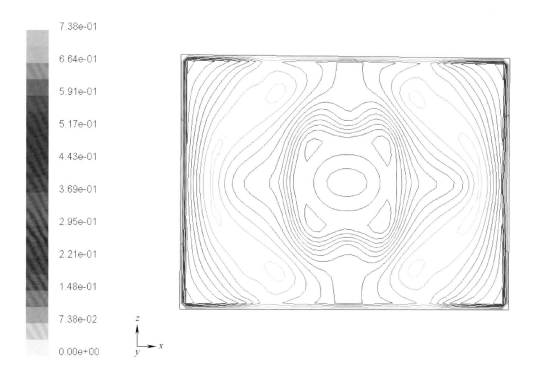

图 4-47　$y = 1.1$m 断面速度等值线分布

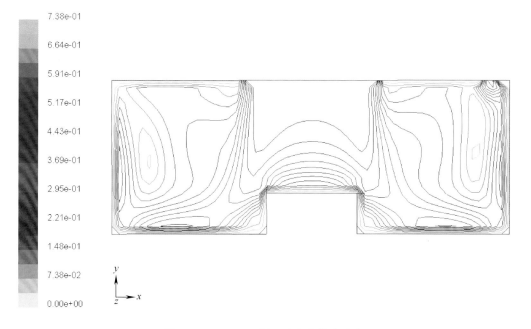

图 4-48　$z = 3.0$m 断面速度等值线分布

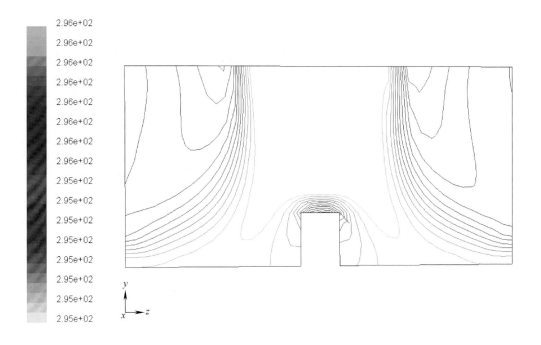

图 4-49　$x = 4.0m$ 断面温度等值线分布

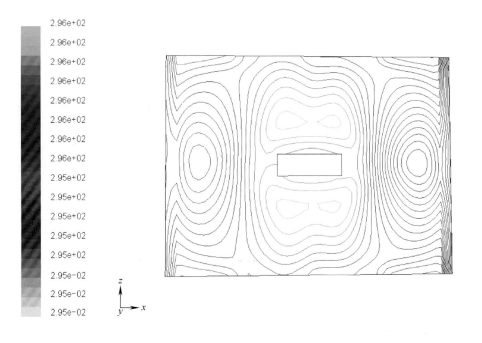

图 4-50　$y = 0.4m$ 断面温度等值线分布

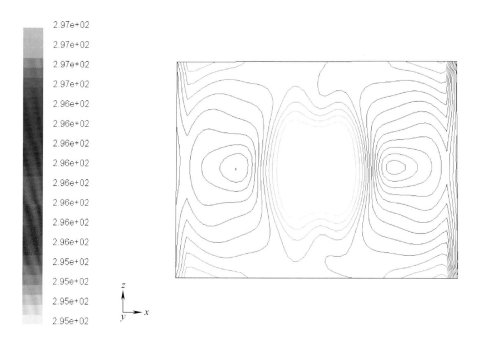

图 4-51 $y = 1.1$m 断面温度等值线分布

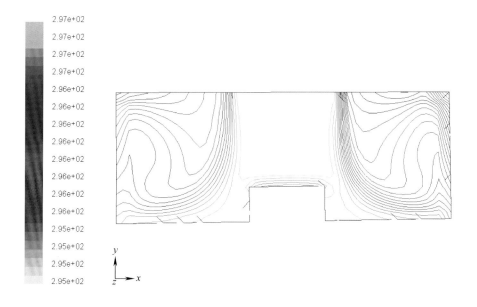

图 4-52 $z = 3.0$m 断面温度等值线分布

思 考 题

1. 洁净室按气流组织形式可以分为哪几类？

2. 洁净室气流组织设计应遵循哪些原则？

3. 单向流洁净室的定义、作用原理及特点是什么？

4. 垂直单向流洁净室气流组织的主要形式有哪些？各有何优缺点？

5. 水平单向流洁净室气流组织的主要形式有哪些？各有何优缺点？

6. 非单向流洁净室的定义、作用原理及特点有哪些？

7. 非单向流洁净室气流组织的主要形式有哪些？各有何优缺点？

8. 非单向流洁净室最典型的气流组织形式是怎样的？为什么？

9. 和单向流、非单向流洁净室相比，辐流洁净室有哪些特点？

10. 洁净室为什么要进行压差控制？

11. 非单向流洁净室与相通邻室的静压差值应当怎样确定？单向流洁净室呢？为什么二者的数值大小不同？

12. 什么是气闸室？它有什么作用？

13. 缓冲室有什么作用？何时需要设置缓冲室？如何设置？

二维码形式客观题

扫描二维码可自行做题，提交后可查看答案。

第 5 章
洁净空调系统设计

5.1 洁净空调系统设计特点

（1）风量大 一般办公楼建筑和工业洁净室（半导体工厂）、生物洁净室（制药）的送风量比较见表 5-1。

表 5-1 洁净室与一般办公楼的送风量比较

建筑类型	一般办公楼	工业洁净室 （半导体，ISO 4 级）	生物洁净室 （药厂，10000 级）
循环风量/[m³/(m²·h)]	20	1100	54
新风量/[m²/(m²·h)]	5	40	12

（2）空调冷负荷大、负荷因素特殊 办公楼、旅馆单位面积冷负荷在 $100 \sim 130 W/m^2$ 范围内，而半导体厂的冷负荷高达 $500 \sim 1000 W/m^2$。表 5-2 所示为不同洁净度级别工业洁净室的风机负荷、室内冷负荷和新风负荷的比例。此外，由于洁净室往往是 24h 运行，其能量消耗（转换成一次能源）也比其他建筑物大，两者的比较如表 5-3 所示。

表 5-2 不同洁净度级别工业洁净室的各类冷负荷的比例 （%）

级别	ISO 5 级（100 级）	ISO 6 级（1000 级）	ISO 7 级（10000 级）
风机负荷	30.6	20.0	15.3
室内冷负荷	24.2	41.7	56.6
新风负荷	45.2	38.3	28.1

（3）风机风压高 因系三级空气过滤系统，洁净空调系统风机风压比一般空调系统高 400Pa 以上。此外，随着过滤器阻力的增加，系统风量将发生变化，所以要设定风量调节装置来恒定风量。

表 5-3 洁净室与普通建筑运行能耗比较

建筑物类别	能量消耗（转换成一次能源）/[MW/(m²·a)]
办公楼	0.445
商场	0.662
旅馆	0.787
医院	0.746
一般工厂	0.314 ~ 0.1396
半导体工厂	0.3489 ~ 0.4650

（4）压差控制严 洁净室要保持恒定的压差，才能防止邻室不同级别的空气对它产生干扰。恒定压差通常由合理的风量平衡设计和设置余压阀等来保持。

（5）采用二次回风方式　因洁净风量远远大于空调冷热控制的风量，可通过二次回风方式或短循环方式满足此要求。

5.2　洁净空调系统的分类

洁净空调系统一般可分为集中式和分散式两种类型。集中式洁净空调系统是洁净设备（如加热器、冷却器、加湿器、粗中效空气过滤器、风机等）集中设计在空调机房内，用风管将洁净空气送进各个洁净室。分散式洁净空调系统是在一般的空调环境或低级别洁净空调环境中，设置净化设备或洁净空调设备（如净化单元、空气自净器、层流罩、洁净工作台等）。在半导体芯片工厂或其他生产过程要求高洁净度的洁净厂房中，其洁净空调系统采用循环空气方式，其循环方式主要有集中式、隧道式、风机过滤单元（Fan Filter Unit，FFU）方式和微环境＋开放式洁净室方式等。这些送风方式既可以满足高洁净度要求，还可以不同程度地减小能耗。

5.2.1　集中式洁净空调系统

（1）单风机系统和双风机系统　单风机洁净空调系统基本形式如图5-1所示。单风机系统的最大优点是空调机房占用面积小，但相对双风机系统而言，其风机的压头大，噪声、振动大。采用双风机可分担系统的阻力，此外，在药厂等生物洁净室，洁净室需定期进行灭菌消毒，采用双风机系统时，通过调整相应的阀门，使系统按直流式运行，便可迅速带走洁净室内残留的刺激性气体，图5-2所示为双风机洁净空调系统示意图。

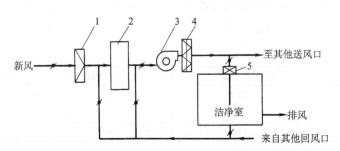

图 5-1　单风机洁净空调系统

（当仅采用一次回风时，空气处理室也可设在风机出口段）

1—粗效空气过滤器　2—温湿度处理室　3—风机　4—中效空气过滤器　5—高效空气过滤器

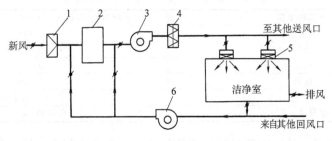

图 5-2　双风机洁净空调系统示意图

1—粗效空气过滤器　2—温湿度处理室　3—送风机　4—中效空气过滤器　5—高效空气过滤器　6—回风机

（2）风机串联系统和风机并联系统　在洁净空调系统中，通常空气调节所需风量远远小于净化所需风量，因此洁净室的回风绝大部分只需过滤就可再循环使用，而无需送回至空调机组进行热、湿处理。为了节省初投资和运行费用，可将空调和净化分开，空调处理用小风机，净化处理用大风机，然后将两台风机串联起来构成风机串联的送风系统，如图 5-3 所示。

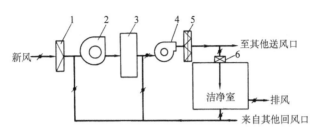

图 5-3　风机串联洁净空调系统

1—粗效空气过滤器　2—温湿度处理风机　3—温湿度处理室
4—洁净循环总风机　5—中效空气过滤器　6—高效空气过滤器

当一个空调机房内布置有多个洁净空调系统时，可将几个系统并联，并联系统可共用一个新风机组。并联系统运行管理比较灵活，几台空调设备还可以互相备用以便于检修，如图5-4 所示。

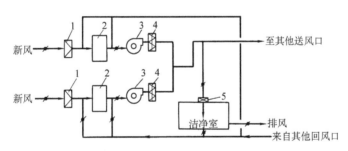

图 5-4　风机并联洁净空调系统

1—粗效空气过滤器　2—温湿度处理室　3—风机　4—中效空气过滤器　5—高效空气过滤器

设有值班风机的洁净空调系统也是风机并联的一种形式。所谓值班风机，就是系统主风机并联一个小风机。值班风机风量一般按维持洁净室正压和送风管路漏损所需空气量选取，风压按在此风量运行时送风管路的阻力确定。非工作时间，主风机停止运行而值班风机投入运行，使洁净室维持正压状态，以保证室内洁净度不发生明显变化。设有值班风机的洁净空调系统如图 5-5 所示。正常运行时，阀 1、阀 2、阀 3 打开，阀 4 关闭；下班后正常风机停止运行，值班风机运行，阀 4 打开，阀

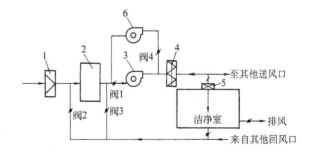

图 5-5　设有值班风机的洁净空调系统

1—粗效空气过滤器　2—温湿度处理室　3—正常运行风机
4—中效空气过滤器　5—高效空气过滤器　6—值班风机

阀 1、阀 2、阀 3 关闭。

5.2.2 分散式洁净空调系统

1）在集中空调的环境中设计局部净化装置（微环境/隔离装置、空气自净器、层流罩、洁净工作台、洁净小室等）构成分散式送风的洁净空调系统，也可称为半集中式洁净空调系统，如图 5-6 所示。

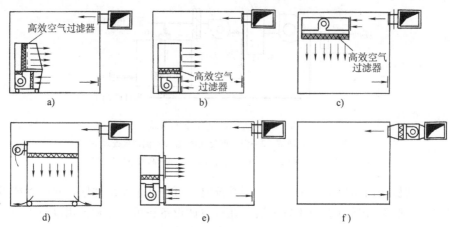

图 5-6　分散式送风的洁净空调系统（一）

a）室内设置净化工作台　b）室内设置空气自净器　c）室内设置层流罩

d）室内设置洁净小室　e）走廊或套间设置空气自净器　f）送风增设高效空气过滤器送风机组

2）在分散式柜式空调送风的环境中设计局部净化装置（高效空气过滤器送风口、高效空气过滤器风机机组、洁净小室等）构成分散式送风的洁净空调系统，如图 5-7 所示。

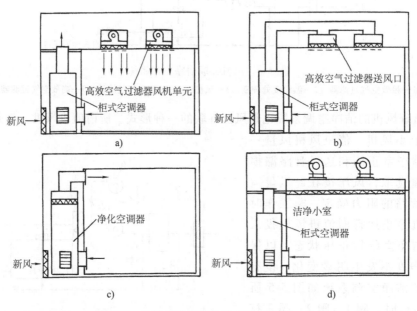

图 5-7　分散式送风的洁净空调系统（二）

a）柜式空调器与高效空气过滤器风机单元　b）柜式空调器与高效空气过滤器送风口

c）柜式净化空调器　d）柜式空调器与洁净小室

5.2.3 洁净室送风系统

（1）集中送风方式 这种送风方式一般是数台大型新风处理机组和净化循环机组集中设置在空调机房内，空调机组可位于洁净室的侧面或顶部。经过温湿度处理和过滤后的空气由离心风机或轴流风机加压后通过风道送入送风静压箱，再由高效空气过滤器或超高效空气过滤器过滤后送入洁净室。回风经格栅地板系统，流入回风静压箱再回到净化循环系统，如此反复循环运行。集中送风方式的结构形式如图 5-8 和图 5-9 所示。

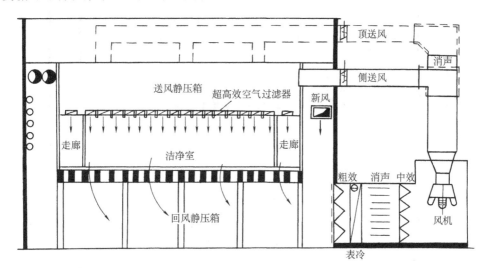

图 5-8 集中送风方式（空调机在侧面、轴流风机送风）

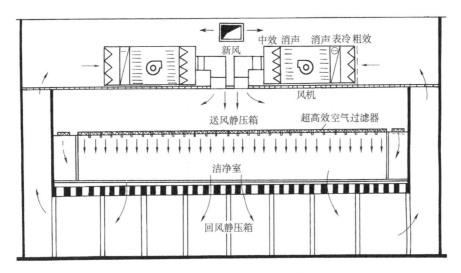

图 5-9 集中送风方式（空调机在顶部）

（2）隧道洁净室送风方式 这种送风方式一般将洁净室划分为生产核心区和维护区，生产核心区要求高洁净度和严格的温湿度控制，设在单向流送风区内；维护区要求较低，设置在生产辅助设备或无洁净要求的生产设备的尾部或配管配线等。生产区为送风区，维护区为回风区，构成空气循环系统。一般隧道式送风是由多个空气循环系统组成，所以其中一台循环机组出现故障不会影响其他区域生产环境的洁净度，并且各个循环系统可根据生产需要进行分区调控。隧道送风方式结构形式如图 5-10 所示。

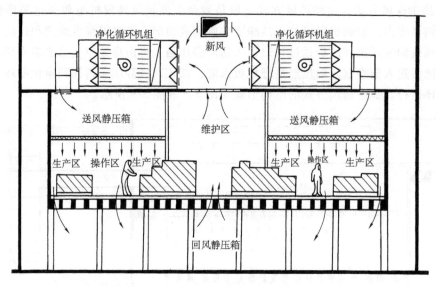

图 5-10　隧道送风方式结构形式

（3）风机过滤单元送风方式　在洁净室的吊顶上安装多台风机过滤单元（FFU）机组，构成循环系统，不需要配置净化循环空调机房，送风静压箱为负压。空气由 FFU 送到洁净室，从回风静压箱经两侧夹道回至送风静压箱。根据洁净室的温度调节需要，一般在回风夹道设干式表冷器。新风处理机可集中设在空调机房内，处理后的新风直接送入送风静压箱。因送风静压箱为负压，有利于高效空气过滤器顶棚的密封；但由于 FFU 机组台数较多，在满布率较高时，一般投资较大，运行费用也高。有些 FFU 噪声较大，选用时需要注意。FFU 送风方式如图 5-11 所示。

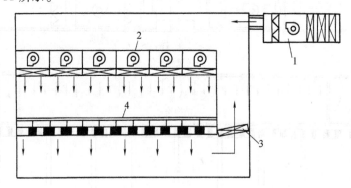

图 5-11　风机过滤单元（FFU）送风方式
1—新风处理机组　2—FFU　3—表冷器　4—活动地板

（4）模块式风机单元送风方式　它是送风机安装在高效空气过滤器（High Efficiency Particulate Air Filter，HEPA）或超高效空气过滤器（Ultra Low Penetration Air Filter，ULPA）之上，1 台送风机可配置数台过滤器的空气循环系统。这种模块式风机单元（Fan Module Unit，FMU）循环系统属无管道方式，空气输送速度较低，送风机和过滤器维修较方便，能量消耗较少，其送风方式如图 5-12 所示。

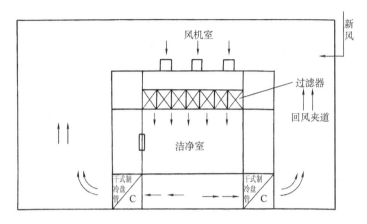

图 5-12　FMU 送风方式示意图

（5）微环境 + 开放式洁净室的送风方式　这种方式可以确保极为严格的半导体芯片生产环境或设备的微环境控制达到高洁净度等级（如 $0.05 \sim 0.1 \mu m$，ISO 1 级），而其周围的开放式大面积洁净环境仅保持在相对较差的洁净度等级（如 ISO 5 级或 ISO 6 级），微环境内为洁净度控制严格的单向流洁净环境，而开放式洁净室为单向流或混合流洁净室。这种方式的能量消耗较少，工艺布置灵活性好，建设投资和运行费用都可以降低。如图 5-13 所示为微环境洁净厂房示意图。

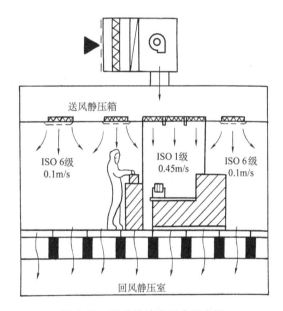

5.2.4　洁净室排风系统

1. 洁净室的局部排风

1）洁净厂房内的各种生产过程中不可

图 5-13　微环境洁净厂房示意图

避免地将会有各类粉尘、有害气体、有害物质的产生，防止它们在洁净室内扩散或造成污染的有效方法是在产生处采取局部排风措施及时有效地将污染物排至室外。为此，GB 50073—2013《洁净厂房设计规范》规定：洁净室内产生粉尘和有害气体的工艺设备，应设局部排风装置。应根据各类工艺设备产生的粉尘、有害气体和有害物质的性质、浓度等因素选择设置合理的局部排风装置。以下情况的局部排风系统应单独设置：

a. 排风介质混合后能产生或加剧腐蚀性、毒性、燃烧爆炸危险性和发生交叉污染。

b. 排风介质中含有有毒与无毒物质，且毒性相差非常大。

c. 同时存在易燃、易爆与一般排风。

2）在设计洁净室的排风系统时，应采取以下措施：

a. 为防止在洁净室空调系统停止运行时，室外空气倒灌入室内，引起污染和积尘，应采取防倒灌措施。工程常用的防倒灌措施有：①设置中效空气过滤器，这种方式结构简单、维护方便；②采用止回阀，使用方便，但密封性较差；③采用密闭阀，密封性好，但结构复杂，管理不便；④采用自控装置。

b. 含有易燃、易爆局部排风系统时，应采用与排出物质相适应的防火、防爆措施。

c. 排风介质中有害物浓度及排放量超过国家或地区有害物排放浓度及排放量规定时，应进行无害处理，达标后才能排入大气。

d. 对含有水蒸气和凝结性物质的排风系统，排风口应有一定坡度，以便及时排出凝结液。

洁净厂房内的换鞋、存外衣、洗浴、厕所和淋浴等生产辅助房间，应采取通风措施，其室内的静压值，应低于洁净区。

洁净室应根据生产工艺要求设置事故排风系统。事故排风系统应设自动和手动控制开关，手动控制开关应分别设在洁净室及洁净室外便于操作的地点。一般对于有可能散发有害气体或易燃、易爆气体的洁净室（区）应设事故排风装置。

　　2. 排风装置的分类及处理设备

在微电子生产用洁净室和药品生产用洁净室中，常常会在产品生产过程中使用或产生某些特定的酸性或碱性物质、有机溶剂和气体；在致敏性药物、某些甾体药物、高活性药物和有毒性药物生产过程中还会有相应的有害物质排出或渗入洁净室内。对于上述洁净室，在可能排出各种有害物质、气体或粉尘的生产工艺设备或工序处应设置局部排风装置或采用全室排风装置。按生产工艺过程排出的废气的种类，可将排风装置（系统）大体划分为以下几种类型：

（1）一般排风系统　在生产辅助用室和生活用室，如值班室、卫生间等排出的一般废气，大多数情况下不需要进行特殊处理即可直接排入大气。

（2）有机气体排风系统　在产品生产中使用某些有机物质、溶剂作为原辅材料或清洗剂时，都将会在相关的场所或设备处散发有机物质、溶剂的气体，对这类场所或设备均应设置排风装置。在一般情况下，有机排风系统中的有机气体浓度是很低的，若能达到国家规定的大气排放标准时，可直接排入大气，不需设置废气处理装置；当排风系统中有机气体浓度超过规定时，应设有机气体排放装置，经过处理达标后才能排入大气。有机气体排气的净化处理方法有活性炭吸附法、吸收法和催化燃烧法等。活性炭吸附法主要用于中小流量的不含粉尘、胶粘物质的苯类和汽油类有机气体排气的处理；吸收法设备简单，耗能低，但吸收效率不高；催化燃烧法主要用于较高浓度的苯类、醇类、脂类和汽油等有机气体排气的处理。有机气体排气处理装置应根据排风系统所含有机物质的品种、浓度等情况选用。

（3）酸性气体排风系统　湿法化学腐蚀、酸液清洗实验室内均有酸性气体排出，在这类酸性气体的排风系统通常设有湿式洗气吸收塔，处理后排入大气，图5-14所示是几种吸收式洗气塔的形式。实际设计时应根据酸性气体的类型、浓度选用合适的吸收液和吸气塔的形式。

（4）碱性气体排风装置　若排风系统气体中含有碱性物质或排气中混有碱性化学试剂时，与酸性气体排风系统类似，通常采用湿式洗气吸收塔处理后排入大气。近年来，由于大气排放标准越来越严格，含有碱性物质（或酸性物质）浓度较低的排气也应进行净化处理才能达到排放标准。为此，可采用专用吸附剂对碱性排气（或酸性排气）进行处理达标后再排入大气。此种吸附剂一般为一次性的，使用后应进行集中处理，通常作为固体废弃物在城市垃圾场集中处理。

（5）**热气体排风系统**　生产过程中的各种炉子、高温灭菌设备等均有热气排出，由于排气温度较高，有时可采用热回收等方式进行处理，若排气量较小或不便进行处理时，可在采取必要的隔热措施后直接排入大气。

（6）**含粉尘的排风系统**　产品品种不同，生产工艺过程不同，排气中的粉尘性质也不同。应根据排气中的粉尘性质、浓度选用不同类型的除尘装置，一般采用布袋除尘器或带过滤元件的过滤除尘装置。如图 5-15 所示是一种带过滤元件的过滤除尘装置，此类装置都可以采取拍打反吹或更换过滤元件的方式，使除尘装置能较长期地使用。对于某些含尘浓度很高的排风系统，根据工艺具体情况，有时尚需设置二级除尘装置，先将大部分粉尘去除后再送入前述的布袋除尘

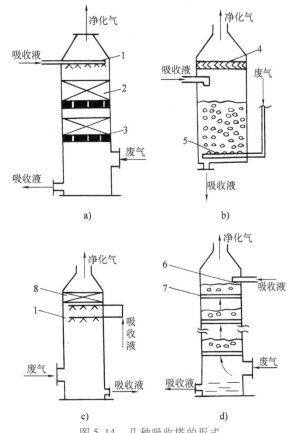

图 5-14　几种吸收塔的形式

a）填料吸收塔　b）鼓泡吸收塔
c）喷淋吸收塔　d）筛板式吸收塔

1—喷淋装置　2—填料　3—填料支撑板　4—雾沫分离器
5—气体分布器　6—进液管　7—筛板　8—除雾器

或过滤除尘装置，才能满足大气排放标准的要求，从而保证系统稳定、经济地运行。

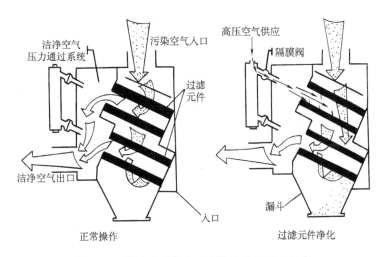

图 5-15　带过滤元件的过滤除尘装置原理示意

（7）特殊气体排放系统 在半导体集成电路生产中常常需要使用一些特殊气体，其中许多特殊气体属于易燃易爆、或有毒甚至剧毒、或有腐蚀性的气体，对于这类气体的排放系统，首先应按特殊气体的品种、性质进行划分，以防止在排放系统中产生化学反应；其次选用专用的废气处理装置，特殊气体排放的处理方法通常有稀释法、吸收法、催化燃烧法和吸附法等。排放系统的设备、管道的材料选用必须根据排气中的特殊气体性质选择相应的材质，以

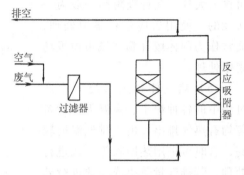

图5-16 特殊气体排气处理设备

防止与特殊气体发生反应。图5-16所示是一种特殊气体处理设备，首先在催化反应段中，将有害成分催化反应（燃烧）后，再送入吸附段吸附去除各类催化反应生成物，达到排放标准后排入大气。吸附剂应按设计要求定期再生、活化恢复吸附能力。

（8）药品生产中有害、有毒物质的排风系统 在生产或分装青霉素等强致敏性药物、某些甾体药物以及高活性、有毒药物的房间和二类危险度以上病原体操作区的排风口，应安装高效过滤器，将这些药物引起的污染危险降低至最低限度。此类排风系统的排风口与其他药品生产用净化空调系统的新风口应相隔一定距离。

3. 排风系统用材料

洁净室内排风系统的处理设备、风管及附件（如密闭阀、调节阀和止回阀等）的制作材料、保温材料和涂料，应根据排出气体的性质所处的空气环境等确定。GB 50073—2013《洁净厂房设计规范》中明确规定，洁净室的排风管、附件以及辅助材料的选择应符合以下要求：

1）排风系统的风管应采用不燃材料。这里所说的不燃材料是各种类型的金属板材，包括碳钢、不锈钢和有色金属板材，具体选用应按排气的性质确定。

2）排除腐蚀性气体的风管，应采用耐腐蚀的难烧材料或难燃材料。这里所说的难烧材料主要是氧指数≥32的玻璃钢等。

3）附件、保温材料、消声材料和涂料等均采用不燃材料或难燃材料。这里所指的不燃材料主要是岩棉、玻璃棉等；难燃材料主要是氧指数≥32的橡塑海绵、聚氨酯等。

5.2.5 新风处理系统

当有多套洁净空调系统同时运行时，可以采用新风集中处理，再分别供给各套洁净空调系统的送风方式。一般情况下，净化空调系统的新风比不会很高，若每个系统均设新风预处理段，投资较大。集中处理新风不仅节省设备投资和空调机房面积，而且还可能根据产品生产要求集中去除室外新鲜空气中的化学污染物。新风集中处理的净化空调系统如图5-17所示。由于新风是洁净室主要污染源之一，新风处理不好，会降低表冷器的传热系数和高效空气过滤器的使用寿命，因此对新风进行多级过滤处理是很有必要的。目前常用的是新风三级过滤，即新风经粗效、中效和亚高效过滤处理，有些地方新风还需经过水喷淋或化学过滤器处理。

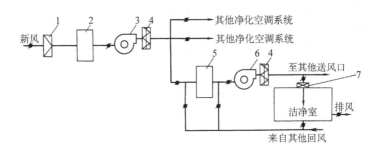

图 5-17　新风集中处理净化空调系统示意图
1—粗效空气过滤器　2—新风温湿度处理室　3—新风风机　4—中效空气过滤器
5—混合风温湿度处理室　6—送风机　7—高效空气过滤器

5.2.6　洁净室的防排烟

GB 50073—2013《洁净厂房设计规范》规定：洁净厂房疏散走廊应设置机械防排烟设施。洁净室机械防排烟系统可与通风、洁净空调系统合用，但必须采取可靠的防火安全措施，并应符合国家标准 GB 50016—2014《建筑设计防火规范》的要求。

（1）排烟量的确定　设置机械排烟设施的场所，其排烟风机的排烟量，当担负一个防烟分区排烟时，应按每平方米不小于 $60m^3/h$ 计算；当担负两个或两个以上的防烟分区的排烟系统时，应按最大的防烟分区的面积每平方米不小于 $120m^3/h$ 计算。单台排烟风机的最小排烟量不应小于 $7200m^3/h$，当负担两个或两个以上防烟分区时最大排烟量不超过 $60000m^3/h$。

（2）排烟风机的选型　排烟风机可采用离心风机或排烟专用风机，应考虑 10% ~ 20% 的漏风量，其风压应满足排烟系统的最不利环路的要求。在风机入口总管上设置当烟气温度超过 280℃能自动关闭的防火阀，且应与排烟风机连锁。

（3）排烟口的设置　排烟口或排烟阀应设置在顶棚内的墙面上，且与邻近安全出口相邻边缘之间的水平距离不应小于 1.5m，距可燃物体的距离不应小于 1m；排烟口或排烟阀平时应关闭，并应设有自动或手动开启装置，排烟口与该防烟分区内最远的水平距离不应超过 30m。

5.3　洁净室设计的一般步骤

5.3.1　洁净空调系统的划分

洁净空调系统应按其所生产产品的工艺要求确定，一般不应按区域或简单地按空气洁净度等级划分。洁净空调系统划分的原则如下：

1）一般空调系统、两级过滤的送风系统与洁净空调系统要分开设置。

2）运行班次、运行规律或使用时间不同的洁净空调系统要分开设置。

3）产品生产工艺中某一工序或某一房间散发的有毒、有害或易燃易爆物质可能会对其他工序或房间产生有害影响，或危害人员健康或产生交叉污染时，应分别设置洁净空调系统。

4）温度、湿度的控制要求或精度要求差别较大的系统宜分开设置。

5）单向流系统与非单向流系统要分开设置。

6）洁净空调系统的划分宜照顾送、回风和排风管道的布置，尽量做到布置合理、使用方便，力求减少各种风管管道交叉重叠，必要时，对系统中个别房间可按要求配置温度、湿度调节装置。

5.3.2 洁净空调设计计算的一般步骤

1）根据工艺要求确定洁净室的洁净度等级，选择气流流型，并决定采用全室空气净化还是局部空气净化。相对来说，非单向流和局部空气净化投资较小，应尽量避免采用全室空气净化。设置空气净化范围的原则：

a. 全室空气净化是采用集中净化空调系统在整个房间内造成具有相同洁净度环境的净化处理方式，这种方式适用于工艺设备高大，数量多，且室内要求相同洁净度的场所。全室空气净化投资大、运行管理复杂、建设周期长，因此采用时必须谨慎，应尽量避免采用。

b. 局部空气净化是采用净化空调器或局部净化设备（如洁净工作台、棚式垂直层流单元、层流罩等），在一般空调环境中造成局部区域具有一定洁净度环境的净化处理方式。这种方式适用于生产批量较小或利用原有厂房进行技术改造的场合。

c. 采用全室净化与局部净化相结合的净化处理方式，既能保证室内具有一定洁净度，又能在局部区域实现高洁净度环境，从而达到满足生产对高洁净度环境的要求和节约能源的双重目的。

2）计算新风量，取下列两项中的大者：

a. 补偿室内排风量和保持室内正压值所需新鲜空气量之和。

b. 保证供给洁净室内的新鲜空气量不小于 $40m^3/(h \cdot 人)$。

3）计算洁净室的冷、热和湿负荷。

4）计算送风量，取下列三项中的最大值：

a. 为保证空气洁净度等级的送风量。

b. 根据冷、热和湿负荷计算确定的送风量。

c. 向洁净室内供给的新风量。

5）根据送风量、冷热负荷和选择的气流组织形式，计算气流组织各参数。

6）确定空气加热、冷却、加湿、减湿等处理方案及回风方式（一次或二次回风）。

7）根据工艺要求或气流组织计算时确定的送风温差及室内外计算参数，在 $h\text{-}d$ 图上确定各状态点，计算空调器处理风量及洁净室循环风量。

8）计算总的冷、热负荷，选择空气处理设备。

9）校核洁净室内的微粒浓度和细菌浓度。

5.3.3 室内的温度和湿度

洁净室内的温湿度应满足以下要求：

1）舒适性要求。室内的温湿度要满足工作人员的舒适性要求。

2）工艺要求。我国 GMP 规定：洁净室（区）的温度和相对湿度应与药品生产工艺要求相适应，温、湿度范围可参见表 5-4。无特殊要求时，温度控制在 18～26℃为宜。不同的产品、物品以及生产工艺、工序，对生产环境温度、湿度的要求各不相同，有的需要恒温恒湿环境，通常温度波动范围不超过 ±0.5℃，湿度波动范围不超过 ±5%。不同行业各工艺对温度、湿度的要求可查阅相关资料。

表 5-4　洁净室的温、湿度范围（GB 50073—2013）

房间性质	温度/℃		湿度(%)	
	冬季	夏季	冬季	夏季
生产工艺有温湿度要求的洁净室	按生产工艺要求确定			
生产工艺无温湿度要求的洁净室	20 ~ 22	24 ~ 26	30 ~ 50	50 ~ 70
人员净化及生活用室	16 ~ 20	26 ~ 30		

5.4　洁净室负荷计算

洁净室空调负荷包括夏季的空调冷负荷和冬季的空调热负荷，冷、热负荷的计算方法在有关的空调设计手册中有详细介绍，这里不再赘述。洁净空调的空调负荷的计算可采用冷负荷系数法。空调冷负荷包括围护结构传热形式的冷负荷（含日射得热）和室内工艺设备（含循环风机、净化设备内的风机等）、人员、照明等形成的负荷。对洁净空调系统而言，还包括新风负荷和二次加热负荷。

洁净室的冷负荷与一般建筑物不同，有其特殊性。一般情况下，洁净室处于内区，围护结构引起的冷负荷可按稳定传热计算。对于正压洁净室，不考虑冷风渗透引起的热负荷，但应考虑局部排风引起的补风负荷（包含在新风负荷中）。

一般来说，对一些高级别的洁净室，室内工艺设备的散热负荷和设备排风所引起的新风负荷占主要部分，其次是空调系统中循环风机的动力负荷，围护结构传热、照明、人体散热等传统的空调负荷只占总负荷的 10% 左右。根据业主或工艺设计方提出的设备清单，并考虑一定的负荷系数和设备运行系数以及设备的冷却水和排风所带走的热量，就可以计算出工艺设备的空调负荷。

由于高级别洁净室的洁净区一般布置在建筑物的中央部位，因此区内只存在冷负荷，在正常运行状态下，洁净区长期供冷。由于室内负荷的主要部分是工艺设备负荷，因此当工艺设备刚起动时，室内没有设备负荷，和正常运行时有很大的不同，不但供冷量差别很大，而且在特定的气候条件下，有可能刚起动时出现供热状态，然后再逐步切换到正常运行的供冷状态。在这种情况下，对洁净厂房的空调系统设置两套可以方便转换的工作模式是必需的，即"起动状态"和"运行状态"，并考虑起动状态的热负荷。

有些情况下，需要首先知道设备容量的大小，并对造价进行估算，若是不具备冷负荷计算条件，就要对冷负荷进行估算。洁净室的负荷估算指标见表 5-5。

表 5-5　洁净室的负荷估算指标

分类	冷负荷/(W/m²)	热负荷/(W/m²)	电负荷/(kW/m²)
半导体器件	60 ~ 2770	40 ~ 1630	0.6 ~ 1.3
半导体材料	70 ~ 1200	170 ~ 1580	0.13 ~ 0.69
电真空	220 ~ 580	280 ~ 590	0.04 ~ 0.29
精密仪器	310 ~ 1330	250 ~ 880	0.11 ~ 0.31
医疗	160 ~ 400	160 ~ 600	0.15 ~ 0.26

（续）

分类	冷负荷/(W/m²)	热负荷/(W/m²)	电负荷/(kW/m²)
制药	320 ~ 1280	270 ~ 1780	0.003 ~ 0.089
电算中心	230 ~ 290		
医院(全部)	100 ~ 130		

5.5 洁净室新风量、送排风量计算

5.5.1 洁净室新风量计算

1. 满足卫生标准的新风量

满足卫生标准的新风量分两种情况：

1）对于室内无明显有害气体发生的一般情况，根据 GB 50073—2013《洁净厂房设计规范》规定，保证供给洁净室内的新鲜空气量不小于 40m³/(h·人)；

2）对于室内存在有害气体发生的情况，需根据室内有害气体的允许浓度计算稀释室内有害气体的新风量。

比较上述计算得出的新风量，取其中大者为满足卫生标准的新风量。

2. 补偿室内排风量和保持室内正压值所需新风量

为了防止外界环境空气（室外的或相邻的洁净要求较低的房间）渗入洁净室内，干扰室内的温度、湿度，破坏室内清洁度，需要在空调系统中用一定量的新风来保持房间的正压。当系统中的送、回风系统调节阀调节到送风量大于房间回风量时，房间即呈正压状态，而送、回风量差（即需补充的新风量）就通过门窗的不严密处（包括门的开启）渗出。室内的正压值正好相当于空气从缝隙渗出时的阻力。一般情况下，室内正压在 5 ~ 10Pa 即可满足要求，过大的正压不但没有必要，而且还降低了系统运行的经济性。洁净室正压（负压）计算详见第 4 章。

当洁净室内有排风柜等局部排风装置时，为了不使室内产生负压并保持正压，在系统中必须有相应的新风量来补充排风量，排风量可根据排风罩口的面积和罩口排风风速确定。

由于洁净室的净高、换气次数取值不同等因素，使得总送风量相差很大。故 GB 50073—2013《洁净厂房设计规范》规定新风量取满足卫生要求和保证室内正压（同时保证局部排风）两项之间的最大值。对于手术室来说，新风量按表 5-6 所示的数据选取。

表 5-6 手术室新风量最小值

手术室级别	每间最小新风量/(m³/h)
I	1000（眼科专用 800）
II、III	800
IV	600

5.5.2 洁净室送风量计算

洁净室的送风量计算不同于一般的空调房间。因为经过过滤处理送入洁净室的清洁空气除了要保证室内的温、湿度的送风量外，还要排除、稀释室内的污染物，以维持室内的空气

洁净度。

1. 非单向流洁净室的送风量按洁净室的换气次数计算

非单向流洁净室的洁净原理是利用送入清洁空气稀释冲淡室内的污染物，从而达到所要求的空气洁净度等级。其洁净度的计算，即洁净室内含尘浓度的计算理论和方法有多种，如按均匀分布理论计算或不均匀分布理论计算或在此基础上引入修正系数（不均匀系数）等。由于洁净室内的产尘量很难进行准确的计算，且室内微粒的分布是不均匀的，所以现有的各种计算方法得出的计算结果与实测值均有差异，只能是理论上的近似计算。一些学者做了大量的实验研究工作，取得了许多研究成果，但要运用到工程中还有一定的距离，现只介绍有关的计算方法作参考。

非单向流洁净度稳定的含尘浓度可按下式计算：

$$N = \frac{60G \times 10^{-3} + MK(1-S)(1-\eta_X)}{K[1-S(1-\eta_H)]} \tag{5-1}$$

式中　N——非单向流洁净室稳定含尘浓度（pc/L）；

　　　G——洁净室内单位体积发尘量 [pc/(min·m³)]；

　　　M——室外空气含尘浓度（pc/L）；

　　　K——换气次数（次/h）；

　　　S——回风量与送风量之比；

　　　η_X——新风通路上过滤器的总效率；

　　　η_H——回风通路上过滤器的总效率。

非单向流洁净室内冲淡稀释微粒所需送风量 L_S 可按下式计算：

$$L_S = KV \tag{5-2}$$

$$K = \frac{60G \times 10^{-3}}{N[1-S(1-\eta_H)] - M(1-S)(1-\eta_X)} \tag{5-3}$$

式中　L_S——非单向流洁净室稀释微粒所需送风量（m³/h）；

　　　K——换气次数（次/h）；

　　　V——洁净室的体积（m³）。

如前所述，实际洁净室工程设计中很难应用式（5-3）进行换气次数计算，一般均采用经验换气次数。在各国的洁净室标准中，相同级别的非单向流洁净室的经验换气次数并不相同。我国 GB 50073—2013《洁净厂房设计规范》中明确规定了不同级别的非单向流洁净室洁净送风量计算所需的经验换气次数，详见表5-7。

表 5-7　洁净室的换气次数　　　　　　　　　（单位：次/h）

空气洁净度等级	GB 50073—2013	ISO/DIS 14644—1	医药洁净厂房设计规范 GB 50457—2008
A 级（6 级）	50 ~ 60	25 ~ 56	
B 级（7 级）	15 ~ 25	11 ~ 25	15 ~ 25
C 级（8 级）	10 ~ 15	3.5 ~ 7	10 ~ 25
D 级（9 级）	10 ~ 15	3.5 ~ 7	8 ~ 12

注：1. 换气次数适用于层高小于 4.0m 的洁净室。

　　2. 室内人员少、热源小时，宜采用下限值。

　　3. 大于 9 级（1000000 级）的洁净室不小于 12 次。

非单向流洁净室内消除余热、余湿的送风量可按下面两式计算：

$$L_Q = \frac{3600 \sum Q}{\rho \Delta h} \tag{5-4}$$

式中　L_Q——消除室内余热的送风量（m^3/h）；

　　　$\sum Q$——洁净室的总冷负荷（kW）；

　　　ρ——空气密度（kg/m^3），在标准大气压，20℃情况下 $\rho = 1.2kg/m^3$；

　　　Δh——送风焓差（kJ/kg），$\Delta h = h_N - h_O$。

$$L_W = \frac{1000 \sum W}{\rho \Delta d} \tag{5-5}$$

式中　L_W——消除室内余湿的送风量（m^3/h）；

　　　$\sum W$——夏季洁净室的最大总湿负荷（kg/h）；

　　　Δd——送风含湿量差（g/kg），$\Delta d = d_N - d_O$。

2. 单向流洁净室的送风量按与气流垂直方向的洁净室断面及气流的平均速度计算

$$L_D = 3600vF \tag{5-6}$$

式中　L_D——单向流洁净室洁净送风量（m^3/h）；

　　　v——断面平均风速（m/s）；

　　　F——垂直气流方向的洁净室断面积（m^2）。

单向流洁净室的洁净送风量与断面气流平均风速有关，断面气流平均风速的取值大小将直接关系到洁净空调系统的初投资和运行费用，以及洁净室内的空气洁净度。在国内外有关标准中对断面风速都有规定，GB 50073—2013《洁净厂房设计规范》中明确规定了不同级别的单向流洁净室洁净送风量计算所需的断面气流平均风速，相关标准规定的断面气流平均风速如表 5-8 所示；洁净室的断面气流平均风速与换气次数的相关性见表 5-9。

表 5-8　洁净室的断面气流平均风速　　　　　　　　（单位：m/s）

空气洁净度等级	GB 50073—2013	ISO 14644—1
1~3 级	0.3~0.5	0.3~0.5
4 级、5 级	0.2~0.4	0.2~0.5
6 级		0.1~0.3

混合流洁净室是非单向流洁净室与单向流洁净室的组合，其洁净送风量的计算可按照不同的净化要求分别进行计算。

除需满足换气次数外，洁净室送风量还需满足洁净室温、湿度要求所需的风量及消除室内有毒、有害物质所需排风量的补充风量等，最后选用的设计送风量应是其中的最大值。

表 5-9　洁净室的断面气流平均风速与换气次数

等　级	气流流型	平均风速/(m/s)	换气次数/(次/h)
ISO 8(100000)	N/M	0.005~0.04	5~48
ISO 7(10000)	N/M	0.005~0.07	60~90
ISO 6(1000)	N/M	0.125~0.2	150~240
ISO 5(100)	U/N/M	0.2~0.4	240~480
ISO 4(10)	U	0.25~0.45	300~540
ISO 3(1)	U	0.3~0.45	360~540
高于 ISO 3(1)	U	0.3~0.5	360~600

5.5.3　计算实例分析

如图 5-18 所示，由 6 间洁净室组成的净化空调系统，每间洁净室的送风量均为 1000m³/h，洁净走廊的送风量也为 1000m³/h，相对静压用"＋"表示，每一个"＋"代表 5Pa，而 6 间洁净室周围为 0Pa 的建筑内环境，各洁净室及洁净走廊的渗透风量如图 5-18 所示。洁净室 1、3、5 排风均为 500m³/h，洁净室内的人员数量如图 5-18 所示，供给每人 40m³/h 新风。

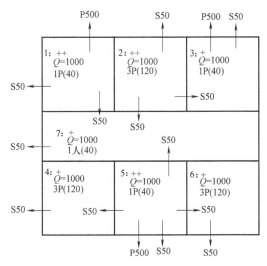

图 5-18　6 间洁净室组成的净化空调系统

求系统送风量 Q_S，系统回风量 Q_H，系统新风量 Q_X，系统排风量 Q_P。为了使问题简单化，假定送、回风管漏风率为零。

解：（1）系统送风量

$$Q_S = 7 \times 1000 \text{m}^3/\text{h} = 7000 \text{m}^3/\text{h}$$

（2）系统新风量 Q_X

$$Q_X = \sum_{i=1}^{7} \max\{Q_{1i}, Q_{2i}\} = 2230 \text{m}^3/\text{h}$$

如果按 $Q_X = \max\left\{\sum_{i=1}^{7} Q_{1i}, \sum_{i=1}^{7} Q_{2i}\right\} = 1850 \text{m}^3/\text{h}$，很显然洁净室 4、6、7 供给量为 0m³/h，而实际上这 3 间洁净室分别需要 120m³/h、120m³/h、40m³/h 新风量（见表 5-10）。

表 5-10　新风量计算表

洁净室序号	1	2	3	4	5	6	7	小计
卫生要求 Q_1	40	120	40	120	40	120	40	520
补偿排风量和保持正压 Q_2	600	150	500	0	700	0	−100	1850
$\max\{Q_1, Q_2\}$	600	150	500	120	700	120	40	2230

（3）系统回风量 Q_H

先求每间洁净室的回风量 Q_{Hi}（i = 1、2、3、4、5、6、7）

$$Q_{H1} = (1000 - 500 - 50 - 50)\,m^3/h = 400\,m^3/h$$

$$Q_{H2} = (1000 - 50 - 50 - 50)\,m^3/h = 850\,m^3/h$$

$$Q_{H3} = (1000 + 50 - 50 - 500)\,m^3/h = 500\,m^3/h$$

$$Q_{H4} = (1000 - 120)\,m^3/h = 880\,m^3/h$$

$$Q_{H5} = (1000 - 50 - 50 - 50 - 500)\,m^3/h = 300\,m^3/h$$

$$Q_{H6} = (1000 - 120)\,m^3/h = 880\,m^3/h$$

$$Q_{H7} = (1000 - 40)\,m^3/h = 960\,m^3/h$$

系统回风量 $Q_H = \sum\limits_{i=1}^{7} Q_{Hi} = (400 + 850 + 500 + 800 + 300 + 800 + 960)\,m^3/h = 4770\,m^3/h$

（4）系统排风量 Q_P

1）洁净室的排风量 $Q_{P1} = (500 + 500 + 500)\,m^3/h = 1500\,m^3/h$，该例中直接给出洁净室1、3、5的排风量各为$500\,m^3/h$，在工程设计时，按工艺要求确定排风设计方案（排风罩排风、密封室排风、排风口排风等），如果确定为排风罩排风，那么就按设计的罩面积乘以罩口风速来确定排风量。

2）系统排风量 Q_P。根据空气平衡原理，如图 5-19 所示。

$$Q_X = Q_P + Q_{ST}$$

式中　Q_X——系统的新风量（m^3/h）；

　　　Q_P——系统的排风量（m^3/h）；

　　　Q_{ST}——系统的渗透风量（m^3/h），$Q_{ST} = 7 \times 50\,m^3/h = 350\,m^3/h$（图 5-19）。

代入数据得：$2230 = Q_P + 350$，$Q_P = 1880\,m^3/h > Q_{P1} = 1500\,m^3/h$

所以从理论上讲在系统中应设置排风管，排风量 $Q_{P2} = Q_P - Q_{P1} = 380\,m^3/h$，但在工程设计中，这么小的排风量就不必设置专门的排风管，适当加大洁净室的排风量，可使系统简化且洁净室的排风罩罩口风速提高，控制污染的效果得到增强。

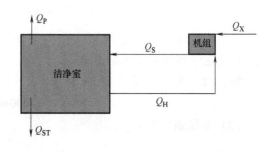

图 5-19　洁净室空气平衡原理

前面通过实例分析了净化空调系统新风量（Q_X）的计算。计算时，应先求出系统中每间洁净室需要的新风量（从满足卫生要求的新风量 Q_1 和补充排风保持正压的新风量 Q_2 中选大者），然后再相加得出系统中所有洁净室需要的新风量 Q_X'，若忽略风管中新风的泄漏率 ε，则 Q_X' 就是系统的新风量 Q_X。洁净空调系统都是全空气系统，以一次回风为例，空气流向为：新、回风混合，经过滤加压、热湿处理等过程后送入每间洁净室，然后由每间洁净室的回风口经回风管道进入组合式空调机组的新回风混合段，有一部分空气从排风口及缝隙流出洁净室。可见，每间洁净室的新风不是由新风管单独送入的，而是伴随部分回风由送风口送入的。而洁净室的送风量、人员数量各不相同，按前述的二者取其大值的方法计算出的新风量进入组合式空调机组，经送风管送入洁净室后是否能满足卫生要求（即每人 $40\,m^3/h$）？

该系统中连同洁净走廊共 7 间洁净室，洁净室 1~7 分别有 1 人、3 人、1 人、3 人、1

人、3 人、1 人。所需新风量分别为 40m³/h、120m³/h、40m³/h、120m³/h、40m³/h、120m³/h、40m³/h。系统的送风量 $Q_S = 7000$m³/h，新风量 $Q_X = 2230$m³/h。则新风量占送风量的比例为 2230/7000，而每间洁净室的送风量均为 1000m³/h，所以每间洁净室得到的新风量（含在送风中）为 $(1000 \times 2230 \div 7000)$m³/h = 319m³/h，能满足人员对新风的需求。这是由于排风量较大而使系统新风总量增加的缘故。如果上例中无排风量，则系统新风量为 730m³/h，其他条件不变，每间洁净室得到的新风量为 $(1000 \times 730 \div 7000)$m³/h = 104m³/h。对于洁净室 1、3、5、7 来说供给的新风量（104m³/h）大于需求的新风量（40m³/h），而对于洁净室 2、4、6 来说，供给的新风量（104m³/h）小于需要新风量（120m³/h），当每间洁净室人员数量悬殊而送风量相差较大时，这种供需矛盾更为明显。也就是说，当某间洁净室送风量较小，而由于工艺要求，操作人员较多，这时这间洁净室有可能每人得到的新风量小于标准要求，空气品质得不到保证，在工程设计中，经常遇到这种情况。这就是这种新风供应方式的缺陷。

应对措施：校核系统中送风量小、操作人员多的洁净室所得到的新风量，若与标准相差较多，可适当加大该洁净室的送风量来提高新风供应量，该洁净室的洁净度相应也会提高，这种措施比较节能。也可按下式计算、调整新风量。

$$Y = X / (1 + X - Z)$$

$$Y = \sum q'_{m,w} / \sum q_m$$

$$X = \sum q_{m,w} / \sum q_m$$

$$Z = q_{m,w,\max} / q_{m,\max}$$

式中　Y——修正后的系统新风量占送风量的比例；

$\sum q'_{m,w}$——修正后的总新风量（m³/h）；

$\sum q_m$——系统总送风量（m³/h）；

X——未修正的系统新风量占送风量的比例；

$\sum q_{m,w}$——系统中所有房间所需新风量之和（m³/h）；

Z——需求新风最大的房间新风比；

$q_{m,w,\max}$——需求新风最大的房间新风量（m³/h）；

$q_{m,\max}$——需求新风最大的房间送风量（m³/h）。

5.6　净化空调设备及系统的选择

5.6.1　空调设备的选择

净化空调设备可分为自带冷源和不带冷源两种。目前净化空调系统中，空调设备一般均由风冷或水冷空调柜（柜式空调机）承担。其优点是设备结构紧凑，占地面积小，安装、运行简便，但是因风机一般是用低噪声风机，机组出口可利用的余压不多。为了达到系统总阻力的需要，设计时均采用增加加压风机箱或末端净化机组来提高总风压，因此在设计中对机组串联后的组合工况要认真分析，因为两风机串联的总风压比两风机风压之和小，选型时要保证两串联机组的额定风量接近，这样才不会在运行中出现总风压不足的现象。同样两台风机并联时，总风量比两风机风量之和要小，设计时应进行组合工况分析，两风机的风压应基本接近。

1. 柜式空调机的选择

（1）空调机负荷的确定　空调机的负荷并不等于空调负荷，应根据空气处理过程的总冷量或总热量来确定。它们之间有如下关系：

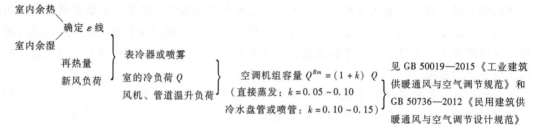

直接蒸发式空调机是最常见的一种机组，空调机组的铭牌冷量：在铭牌风量下，蒸发温度 $t_Z = 5℃$，冷凝温度 $t_K = 40℃$ 的标准工况下的冷量。但各厂标准工况并无统一标准，一般有以下几种情况：

恒温恒湿机组——一般指在铭牌风量下，蒸发器进风干球温度23℃，湿球温度17℃（相对湿度65%）时的冷量；或进风干球温度24.8℃，湿球温度19.3℃（相对湿度60%）状况下的冷量。

降温去湿机组——一般指在铭牌风量下，蒸发器进风干球温度27℃，湿球温度19.5℃（相对湿度50%）时的冷量。

空调机标准冷量：在铭牌风量下，蒸发温度5℃，冷凝温度40℃时的冷量；或进风干球温度28.2℃，湿球温度22℃（相对湿度58%）状况下的冷量。

前面计算得到的空调机组负荷，不能简单地用来选择与其相同的铭牌冷量，因为设计工况和铭牌工况可能不同。当处理后的进风温度低于铭牌工况值时，制冷量将减少，所以应该注意设计工况与样本工况相当，否则应从样本给出的换算曲线查出设计工况下空调机组的实际负荷。

如果样本上没有给出换算图，可按其给出的标准冷量进行换算，详见 GB 50019—2015《工业建筑供暖通风与空气调节规范》和 GB 50736—2012《民用建筑供暖通风与空气调节设计规范》。

（2）选择柜式空调机组注意事项　选择柜式空调机组时应着重考虑以下几点：

1）风量在几千至 3 万 m³/h 范围内最合适，最大风量可达 5 万 ~ 6 万 m³/h。

2）不需再建制冷机系统和冷冻机房。如有用水限制或建冷却水塔不方便情况，则可选择分体风冷型。风冷型又有两种形式：一种是压缩机在室内，室外机组为风冷式冷凝器；另一种是室内只有换热器盘管和风机，压缩机和风冷冷凝器均在室外，这种分体式空调运转平稳、噪声小。

3）要选有一定机外余压的型号，如果余压不够则需加接力风机。

2. 组合式空气处理机组选择

组合式空气处理机组（组合式空调器）本身不带冷热源，由制冷机房供给冷媒。洁净空调的空气处理箱构造和设置与普通空调系统差不多，不同之处是在箱内做了防污染的处理。一般也将空气处理箱放在负压段，这是因为考虑到负压段的气流比较均匀，有利于空气进行热交换，同时也可以避免空气向外渗漏，尤其是淋水式空调箱更是如此。另外也可利用处于负压的空调箱兼做回风混合箱，便于一次或二次回风，使系统更为紧凑。但对于洁净空调系统来说，当系统采用一次回风时，可以将空气处理箱设置在空气的出口段（即正压段），常见于用表面式换热器作热湿处理的系统。有的还采用独立的回风混合箱来保证回风。

可以根据需要选用不同的功能段，在选择组合式空气处理机组各功能段时应注意：

1）根据洁净空调房间的冷负荷选择表冷器的排数，在表冷器凝水盘下应接存水弯，以防止外界空气进入系统。

2）根据洁净室的级别选择过滤器类型。一般情况下，粗效空气过滤器可以满足一般空调房间的净化要求；粗效和中效空气过滤器联合使用，可以满足使用中效空气净化系统的洁净室净化要求；而粗效、中效和高效空气过滤器联合使用则可满足洁净室洁净度要求。空气过滤器应按额定风量选用，考虑到负压段易漏气和便于更换清洗，中效空气过滤器宜设计在系统的正压段；对可能产生有害气体或有害微生物的洁净室，其高效空气过滤器应尽量靠近洁净室，以防止污染管道或由于管道漏风使未经过滤的污染空气污染环境，同时阻力、效率接近的高效空气过滤器宜安装在同一洁净区，以使阻力容易平衡、风量便于分配及室内流场的调整。

3）根据洁净空调房间的加热量选择加热器的排数。

4）若需要加湿，根据加湿量选择加湿器的大小。

5）根据系统最不利环路的阻力选择风机型号，最不利环路包括送、回风管路的沿程阻力和局部阻力以及各过滤器、表冷器、加热器的阻力等。

5.6.2　洁净空调系统选择

为了便于管理，保证洁净空调系统正常运行，除特殊情况外，一般宜先考虑采用集中式空气净化系统。在一些特殊场合，通过分析、比较，可考虑其他系统形式，如分散式系统。

在划分洁净空调系统时，可以根据室内参数、使用时间、直流式与非直流式等因素来划分，同时，应充分考虑根据洁净度等级与容量大小来划分。集中式净化空调系统与普通空调系统具有共性。

1. 循环系统

（1）系统划分　中效空气净化系统与高效空气净化系统、单向流洁净室系统与非单向流洁净室系统应分开设置。

考虑到系统平衡，一个系统内的末级过滤器的效率应相近。如果高效与中效空气净化系统两者阻力相差太大，合为一个系统时阻力难以平衡。

如果各过滤器实际风量相差很大，随着系统运行，则各过滤器阻力增加速度也不同，有可能导致系统失调。单向流洁净室中的工艺要求精密，室内人员少，工艺本身往往没有多大的发热量，为了达到很高的洁净度，换气次数很大，这样单向流洁净室送风温差就很小。非单向流洁净室中的工艺一般不太精密，人员相对多，工艺发热量和散湿量也大，其换气次数因为洁净度不高而变小，故送风温差大。若把两者划分为一个系统，夏季空气处理箱若按送风温差大的要求（即送风温度低）处理空气，送风温差小的（送风温度高）就须二次加热（即用加热量去抵消冷量），因单向流洁净室送风量大，其热量消耗也大，不经济。若按温差小的要求处理空气，则不能满足送风温差大的要求，在运行上不经济，在管理上也十分麻烦。除此之外，单向流洁净室系统中，送风墙或送风顶棚上满布高效空气过滤器，洁净室断面风速为 $0.3 \sim 0.5 \text{m/s}$，每台高效空气过滤器至多只用到额定风量的一半，其阻力低于额定阻力。而非单向流洁净室的送风口中高效过滤器却往往达到额定风量的 80% 以上，阻力大于前者。这样两者阻力相差 100Pa 以上，系统也难以平衡。对高效空气过滤器来说，同样也存在着阻力增长速率的不一致。若想始终维持系统初状态的阻力平衡（即维持设计要求风量分配比），势必增设许多调节阀，并在运行过程中不断调节，既麻烦也不经济。若两者阻力相差太大，单靠调节阀不一定能平衡，因此一般在集中式净化空调系统中，不允许两者划为一个系统。若生产工艺要求或经分析比较后宜划为一个系统（例如，只有一间单向流洁净室，其他均为非单向流洁净室）时，可增设带风机的混合室，使单向流洁净室形成小循环；或者采用半集中式净化空调系统，用末端装置满足各洁净室洁净度要求，与集中风系统无关，系统运行就极为方便。

对于某些单位（例如科研单位）用的洁净空调系统，系统中各洁净室同时使用系数不高，要特别考虑以运行班次和使用时间不同来划分系统，否则就会在运行中造成很大的浪费。

洁净室内正压是靠送、回风间差值风量在室内无组织渗漏来保持的，室内正压值相当于这些风量从室内缝隙渗漏时的阻力。从整个空气系统平衡角度上讲，这些无组织渗漏风量与系统排风量之和，等于进入系统的新风量。对同一系统而言，所维持的正压值越高，所需新风量也越多，加上有些行业（如电子元件等）有较大的排风量，这样系统需要补充很大新风量，一般都大大超过卫生要求所需新风量，这就增加了新风过滤和处理负担。如果选用半集中式净化空调系统，可采用全新风集中送风；如果采用集中式净化空调系统，可根据上述原则划分为几个小系统。

（2）新风集中处理系统　若生产工艺需要各小系统同时运行，这时可以将各系统的新风量集中处理，然后送到各小系统空气处理箱再进行处理，这样经过集中处理过的新风，参数稳定，减轻了各小系统空气处理负担，有利于稳定洁净室内空气参数，也便于集中管理新风过滤器。

新风集中处理系统一般只经过粗效和中效空气过滤器过滤（最好采用三级过滤），如图5-20 所示。根据所处地区及能源情况，可以同时进行预热或预冷处理。新风集中处理系统往往采用独立的新风机，压入式供给各小系统，这样各小系统新风量得以保证，有利于各系统间新风量分配和调节，也不会因系统一、二次回风量调节等原因而引起新风量的变化。如果需要，新风机也可兼做值班风机用，这样既可维持室内一定正压，又可防止室内夏季因室外空气渗入引起结露，冬季也可进行值班供暖。如果生产工艺并不要求各小系统同时运行（即同时使用系数不高），就不必强调新风集中处理。若对各小系统间新风量调整等问题考虑不全，往往会因某个系统停或开而影响其他系统之间原有的新风量平衡。由以上分析可知，各系统的新风量变化，会引起系统内正压的变化，破坏原有的洁净室之间、洁净室与外界之间的阶梯式正压差，从而引起整个系统的参数波动。这时若各系统分别单独处理新风，

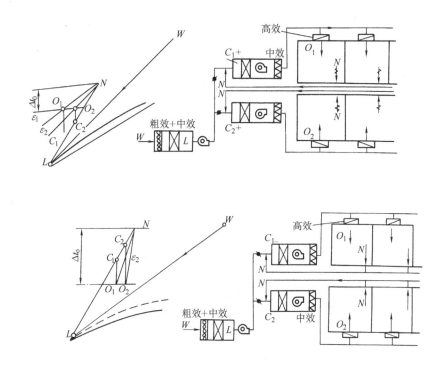

图 5-20　新风集中处理后与回风混合处理的系统

则更有好处。如某系统新风量过大，可单独设置新风处理箱，专送该系统。

（3）新风量和排风量的控制　洁净空调系统的新风量是很大的，而且这些被空调热湿处理和净化处理过的新风几乎是不能回收的。维持新风量正压的风量是必须保证的，但是实际运行的排风量与设计排风量往往差异很大，随着实际运行时排风装置停、开或风量变化，往往引起室内正压值的变化。为维持室内合适的正压，多余风量靠压力控制装置（如余压阀）排放，其浪费是很大的。因此，如在系统设计时，考虑系统的新风量通过中央控制装置与排风装置连锁，则可根据排风装置实际排风量，调节新风引入量，以降低新风负荷。如果设置余压阀，则其应布置在洁净气流的下风侧。

洁净空调系统的空气处理流程与一般空调系统大同小异。由于其处理的风量很大，相对来说送风温差小，如果生产工艺流程中不产生有害物，或有害物能通过排风装置有效排走，应该在保证新鲜空气量及正压的条件下，尽量利用回风。尤其是单向流洁净室的系统送风量更大，其流程必定是采用二次回风系统，而且二次回风量很大。如果采用半集中式系统或全分散式系统，虽可以避免大量送回风量往返输送，但这些风量却要靠安放在室内或邻室的大风机或多台风机提供，其噪声和振动必须处理好。

（4）带"短循环"的系统　"短循环"或"小循环"的方案，是一种比较经济的方法，即在洁净室附近增设一台风机，使大量的二次回风不经空调箱直接循环。这一方案使一次回风和新风负担热湿负荷，而使大量的对消除热湿负荷不起作用的二次回风就近循环。这样不但节约了输送能耗，而且降低了用来抵消这部分风机输送动力所转化的热量的冷负荷。这种方案多用于洁净室距集中机房较远，输送风道较长，或各洁净室洁净度、含菌量要求不一，差别较大的系统。因风机离洁净室近，对洁净室噪声和隔振处理不利。

如果系统中各洁净室的热、湿及尘负荷不大，也不产生有害气体，或有害气体能有效排走，即在高级别洁净室的污染物对低级别洁净室无污染的场合，可以采用串联送风方式（图 5-21）。洁净空气先送入高级别的洁净室，高级别洁净室排出的气流直接进入低级别的洁净室，对低级别洁净室内的污染物进行稀释净化，各室之间的间隔采用多孔板壁，各室逐个串联，最后污染空气通过回风回到空调机房进行处理重复利用，另一部分排出室外；排出室外部分，由新风系统补充。这种系统可以缩小空调设备、空调机房及风道断面，降低成本，节约能源和降低运行费用。

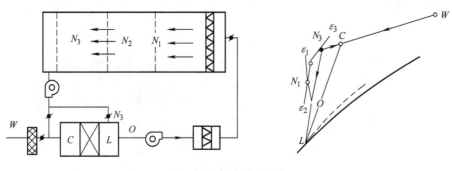

图 5-21　串联送风系统

（5）分散式空调系统　如果是对原有建筑进行洁净系统改造，则应根据生产工艺要求和现有建筑的具体情况，因地制宜，不必强求正规的空气处理流程。由于集中式净化空调系统的管道截面大，占用空间大，还需要一个面积较大的专用机房，现有的建筑难以适应，而且改造工程中土建工作量很大，施工周期长。因此，大多数改造工程采用半集中式和全分散式净化空调系统。如原有厂房内有空调系统时，可在原空调系统内增设过滤设备，并通过提高风机转速，增设不同局部净化设备来满足洁净系统改造要求。

（6）直流式系统　如果生产工艺过程中散发出大量有害物，又无法用局部排风有效排走时，洁净空调系统不能利用其回风，只能采用直流式系统。大量经空调热湿处理和净化处理过的空气，随排风排到室外，浪费了大量的冷量或热量，在有条件的地方，应在排风口处设置热回收装置，回收排气中的能量。如室内产生危害性很大的污染物质（如放射性尘埃），为防止对室外空气造成污染，向室外排风需经高效过滤器过滤。对于高放射性尘埃，必须采用双级高效过滤器串联排风。工业洁净厂房生产工艺过程中产生的气体如果是有害气体，排放处理要根据有害气体的性质，对其进行水浴、吸收、吸附或其他化学处理。总之，只有在万不得已的情况下才采用直流式系统，应尽量采用局部排风。不仅要能使有害物尽快有效地排走，而且还要通过减少局部排风的操作口面积或采用密闭罩等措施来减少排风量。

2. 排风系统

对洁净空调系统来说，减少排风，尽量利用回风，比普通空调系统具有更大的技术经济意义。需排风的工艺设备宜布置在洁净室下风侧。

应根据不同的排风对象选择排风系统，具体如下：

（1）无机排风湿式处理　以使用无机药品的化学通风的排风为主，平时仅排出空气，混有药品气体的特殊作业环境排风时用这种系统。强腐蚀性、强酸性气体混合时要用聚氯乙烯板材制作风道，末端用湿式处理（洗涤器）将有害气体溶于溶液再排到空气中，风道中途水平管上要设排水口。

（2）有机排风干式处理　用于乙醇、三氯乙烯等溶剂或光刻胶处理等，管材用聚氯乙烯会被溶解，故用不锈钢。末端为干式处理，通过活性炭过滤器，吸附有机溶剂。

（3）特殊排风湿式处理　用于氢、甲烷等爆炸性气体的排风，末端是湿式排风，溶于水再排出。管材用聚氯乙烯或不锈钢。甲烷和空气接触有燃烧危险，所以即使用聚氯乙烯管，其末端还必须用金属管；制膜（也包括外延）工序用氯气很多，不锈钢管长期使用也会腐蚀。

（4）泵的排风湿处理　工艺装置内的排风和泵的排风，由于会积油，不要和可产生火星的排风连在一起。

（5）热排风湿处理　氧化装置、烧结炉的散热排风属该类型，可热回收。

3. 单风机和双风机的选择

集中式净化空调系统大多采用单风机系统，这是因为大多数洁净空调系统的新风量是全年固定不变的。为了维持系统内各洁净室不同洁净度所需的不同正压，采用单风机系统无论在控制上还是管理上均比较方便。只要系统新风量不变，系统内正压就有保证。另外，两台以上风机串联使用，其效率比单台风机单独使用时总要低些。同时为了节省机房面积和初投资，一般情况多采用单风机系统。

如果整个系统阻力较大，势必采用高压头风机，这时系统的噪声、漏风量也随之上升。如果系统回风管路较长，或回风道阻力较大，为使洁净室回风能回到回风箱，需增大风机风压，洁净室就容易出现正压过大。如果风机压头不够，洁净室大量回风中只有一小部分到达空调箱，大部分回风则通过各种途径逃逸。如果系统全年需要变动新风量，则单风机系统就难以保证各洁净室的合适正压值。在诸如此类的场合，通过技术经济比较，认为合理时，可在系统中增设回风机，组成双风机系统。在设计双风机时，应将送风机、回风机和排风机进行联锁控制，当系统开启时，应先起动送风机，再起动回风机和排风机；关闭时，程序相反，以避免系统出现负压。另外，须加强洁净室正压控制，因为双风机系统与单风机系统不同，送、回风通路上的压头分别由送风机和回风机担负。由于送风通路上安装有含高效过滤的三级过滤器，回风通路上为控制洁净室内正压，至多设置粗效过滤器作为阻尼层，因此在运行过程中，回风通路和送风通路上的过滤器积尘速率不同，造成送、回风通路上阻力的增加不同步，使系统原调试好的各级正压值被破坏。

洁净空调系统比较见表 5-11。

表 5-11　洁净空调系统比较

项　目	集中式洁净空调系统	分散式洁净空调系统	
		半集中式洁净空调系统	全分散式洁净空调系统
生产工艺性质	生产工艺连续，各室无独立性，适宜大规模生产工艺	生产工艺可连续，各洁净室具有一定独立性，避免室间相互污染	生产工艺单一，各室独立，适宜改造工程
洁净室特点	洁净室面积较大，间数多，位置集中，但各室洁净度不宜相差太大	洁净室位置集中，可以将不同等级洁净室合为一个系统	洁净室单一，或各洁净室位置分散
气流组织	通过送回风口形式及布置，可实行多种气流组织形式，统一送风，统一回风，集中管理	气流组织主要靠末端装置类型及布置来控制，可实现的气流组织形式不多，集中送风，就地回风	可实现多种气流组织形式，但噪声和振动需加以控制

（续）

项　目	集中式洁净空调系统	分散式洁净空调系统	
		半集中式洁净空调系统	全分散式洁净空调系统
使用时间	同时使用系数高	使用时间可以不一	使用时间自定
新风量	保证	保证，便于调节	难以保证
辅助面积	机房面积大，管道截面大，占用空间多	机房面积小，管道截面小，占有空间小，末端装置占室内部分面积	无独立机房和长管道
噪声及振动控制	要求严格控制的场合，可以处理得较为理想	风量集中容易处理，室内噪声和振动主要取决于末端装置的制造质量	较难处理
维修及操作	需要专门训练操作工，但维修量小，系统处理较复杂	介于二者之间，如末端装置具有热湿处理能力，各室可自行调节	操作简便，室内工作人员可自行操作，调节、管理简单
施工周期	施工周期较长，现场工作量大	介于两者之间	建设周期短
单位洁净面积设备费用	较低	目前末端装置价格较高，费用介于两者之间	较高

5.7　洁净室净化系统设计

为了保证生产环境或其他用途的洁净室所要求的空气洁净度，要采取多方面的综合措施才能达到目标。这些综合措施包括：

1）尽量采用产生污染物少的工艺及设备，或采取必要的隔离和负压措施防止生产工艺产生的污染物向周围扩散。

2）采用产尘少、不易滋生微生物的室内装修材料及家具。

3）减少人员及物料带入室内的污染物。

4）维持生产环境相对于室外或洁净等级要求低的邻室有一定的压差，防止室外或邻室的空气携带污染物通过门窗或其他缝隙、孔洞侵入。

除采取上述相应措施之外，为使生产环境或其他用途的洁净室内空气环境控制在所要求的洁净度范围内，需要送入足够量的经过处理的清洁空气，以置换或稀释室内在正常工作时所产生的污染物。

根据房间不同的洁净度要求，用不同的方式送入经过不同处理的、数量不等的清洁空气，同时排走相应量的携带有室内所产生的污染物的空气，依靠这样一种动态平衡，使室内空气维持在要求的洁净度水平。由此可见对送入空气的净化处理是十分关键的一环。

如前所述，通常所指的空气污染物主要有以下三类：

1）悬浮在空气中的固态、液态粒子。

2）霉菌、致病菌等悬浮在空气中的微生物。

3）各种对人体或生产过程有害的气体。

污染物不同，相应的净化方式不同，空气中主要污染的净化方式如表 5-12 所示。

表 5-12　空气中主要污染物的净化方式

污染物类别	主要净化方法
悬浮颗粒	过滤法、洗涤分离法、静电沉积法、重力沉降法、离心力和惯性力分离法等
细菌等微生物	过滤法、紫外线杀菌法、消毒剂喷雾法、加热灭菌法、臭氧杀菌法、焚烧法
有害气体	吸附法、吸收法、溶解法、焚烧法、氧化剂催化法

制药厂生产工艺中，悬浮颗粒和微生物是空气净化的主要对象。制药厂生产工艺过程中散发的乙醇、甲醇、乙醚等挥发性溶剂的蒸气或气体，主要是采取新风、排风配合使其稀释到允许浓度以下，以防止爆炸等情况发生，一般不另采取净化措施。

前两类空气净化方法，在制药工业都可能用到。例如，固体制剂的许多工艺中，粉体在干燥状态下进行处理，必然会产生粉尘。为防止扩散和污染空气，产尘部位常采用局部排风措施。为了回收排风带走的物料及防止污染室外大气，通常排风要经过重力沉降室、靠离心力和惯性力使固气分离的旋风除尘器和多管除尘器。有的还要设置布袋过滤器或其他形式的过滤器以阻留排风中更小的尘粒。空调送风系统及车间内要定期采用甲醛等消毒剂熏蒸或喷洒，可在非工作班车间采用紫外线灯照射等方式灭菌。

就洁净空调而言，最重要和使用最广泛的方式是空气过滤法。送入洁净室的清洁空气，主要是靠送风系统各部位设置的不同性能的空气过滤器去除空气中的悬浮粒子和微生物。

根据在空调净化系统中所设置的位置不同，空气过滤器可分为预过滤器、中间过滤器或主过滤器及末级或终端过滤器。

预过滤器一般设计在新风入口或新回风混合处。主要过滤空气中较大颗粒，如 $2\mu m$ 以上的微粒。空气通过滤材的风速较大，一般在 $1m/s$ 以上。因以过滤大颗粒和浓度略大的空气为主，又习惯称之为初效或粗效过滤器；中间过滤器或主过滤器一般设置在净化空调机组的最后部位。对空调送风进入输配系统前进行再次净化处理，用于阻留空气中较小粒径（$1\mu m$ 以上），在数量上也是相对较多的微粒。对于洁净度级别不高的场所，选择过滤性能较好的主过滤器，也就是说只有两级过滤，通常也可满足要求。如果洁净级别要求高，可在其后设性能更高的过滤器，那么中间过滤器将起到保护终端过滤器和延长其使用寿命的作用。相对后面的过滤器，中间过滤器又被称为前置过滤器，根据其过滤性能的特点，滤速一般在 $1m/s$ 以下。就过滤效能而言，习惯上还称这一级过滤器为中效过滤器。

终端过滤器作为送入室内空气的最后净化屏障，它通常设在送风口位置，也有的系统把它设在空调机组的末端。为避免管道输配系统的二次污染，对于高级别洁净室，终端过滤器设置在出风位置较合理。终端过滤器的过滤性能应是洁净空调系统中所设置的各级过滤器中最高的，它的主要任务是阻留从前面空气过滤器穿透过来的微小粒子，以保证送风的高洁净度。

5.8　电子行业 FFU 设计

5.8.1　电子行业洁净室的特点

电子行业洁净室除了要具有高效的净化空气特点和功能外，还需考虑以下几点：

（1）气流分布要求很均匀　洁净空调室为维持室内高洁净度，必须去除室内所产生的微尘粒子，因此对气流组织有严格的要求。对于 ISO 3 ~ ISO 6 级（1 ~ 1000 级）的洁净室目前采用上顶棚送风、下地板回风的垂直单向流气流组织。对于 ISO 7 ~ ISO 8 级（10000 ~ 100000 级）的洁净室常采用上顶棚送风、下侧回风口的非单向流气流组织。

（2）恒温恒湿控制精度高　由于电子产品的制造工艺对温、湿度变化极为敏感，所以在洁净室工艺区域的空气参数须严格控制在极小的范围内。洁净空调系统目前普遍采用了控制灵活、性能可靠的直接数字控制（Direct Digital Control，DDC）系统，当室内空气参数达不到设计要求时，可通过 DDC 控制系统来自动调节各阀门开大或关小。这样就不至于使房间温、湿度波动太大，影响产品质量和成品率。

（3）新风量大，换气次数高　在电子产品制造过程中需使用有毒的化学品，会产生有毒的废气，必须排出室外。为保持洁净室内正压和满足卫生条件，必须补充大量新风。为了保持高洁净度，洁净室应有较高的换气次数，同时室内的空气流速不能太大，一般在 0.4m/s 以下。

（4）洁净室空调冷负荷大但湿负荷很小，热湿比值接近无限大　电子行业的洁净室一般都置于建筑物的中部，虽然通过围护结构的得热量较小，但洁净室内工艺设备的发热量相当大，即全年需要排除室内余热量。如 6in 晶圆厂的单位面积耗电量约为 1.35kW/m^2，而 8in 晶圆厂的单位面积耗电量则约达到了 1.9kW/m^2。洁净室内一般无散湿源，工作人员也是密封在防尘服中。为了减少静电现象，空气不能太干燥，这就要求空调系统处理室内回风时不能是减湿过程。

5.8.2　FFU 洁净空调系统

图 5-22 所示是电子行业洁净室目前最常用的 FFU 洁净空调系统示意图。大循环量的回风的冷却由排数少、迎面风速低、水温为 12 ~ 17℃ 的换热盘管承担，回风从回风道到顶棚时经换热盘管除去湿热。由于该换热器的盘管温度高于回风的露点温度，换热器的表面没有液体水析出，故称其为干盘管（Dry Coil）。室外新风经新风机组（Make-up Air Unit，MAU）、粗中效过滤、预热、降焓、减湿、再热、高效过滤后送入顶棚。模块化小型 FFU 安装在顶棚框架上，空气由 FFU 的风机加压后经过 HEPA 或 ULPA 过滤送入室内。

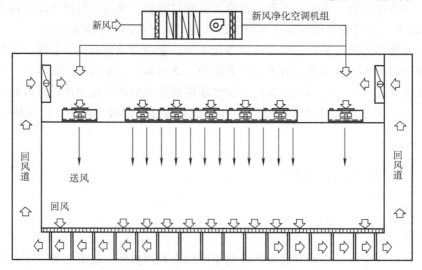

图 5-22　FFU 系统洁净室

FFU 系统与其他方式相比有以下优点：

（1）灵活性大，满布率高　对 IC 工厂而言洁净空调系统的灵活性是很重要的。如果车间内洁净度随工艺变化而需作区域性调整时，可通过改变 FFU 风量或置换盲板来改变局部地区的洁净度。当密集布满时，满布率可达 85.5%。

（2）FFU 上部顶棚为负压，可起负压密封作用　顶棚内呈负压，洁净室内空气压力大于顶棚内空间的压力。如果 FFU 与支架密封处有缝隙，负压使得未经高效过滤的空气不能进入室内，对保证洁净室的洁净度有利。

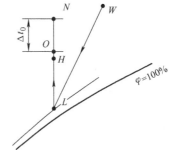

图 5-23　FFU 洁净空调系统空气处理过程

（3）风系统阻力小，出风口风速低　FFU 的迎风面积较大，空气流动阻力在 50Pa 左右；回风道截面积大，回风道阻力小于 15Pa；多孔地板及隔栅等的阻力较小。回风全部阻力（包括多孔地板、隔栅风道）、FFU 阻力及末级过滤器的阻力，总和小于 250Pa。FFU 出口风速一般为 0.38 ~ 0.45m/s。

（4）单位风量能耗低　采用 FFU 后不需要增设加压风机，不需专设机房，同时避免了送风管路的阻力。当 FFU 采用 DC/EC（电子整流）电动机时，电动机的效率可达 75% ~ 80%，每台可根据过滤器压降进行调速控制以节约能耗。所以单位风量的能耗一般比大型离心风机的集中系统低。

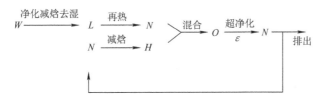

图 5-24　FFU 系统空气处理过程流程图

FFU 洁净空调系统的空气处理过程如图 5-23 所示。室外新风 W 经新风机组净化、降温、减湿、再热处理后送入顶棚。为使洁净室的温湿度控制得更平稳，通常将处理后的新风调整到洁净室的要求状态 N，由 DDC 实现净化新风的精确控制。由于新风机组采用了喷淋洁净水的喷淋段和再热段，所以 L 点应是新风机器露点，位于 N 点的垂直下方。经过安装在回风道上的干盘管处理后的 H 状态回风在顶棚内与经过新风机组处理的新风混合，形成 O 状态的送风，再由 FFU 加压过滤送入洁净室内。送入室内的洁净空气吸收显热后变为室内状态 N，一部分由工艺设备的排风装置排到室外，另一部分再经干盘管处理后回用。整个空气处理过程如图 5-24 所示。

5.8.3　FFU 洁净空调系统设计

FFU 洁净空调系统设计的核心是确定换气次数。由于按室内空调冷负荷计算得出的风量一般与按室内允许含尘浓度计算得出的总风量不同，所以对应于换气次数也就有两个不同的值。在设计 FFU 洁净空调系统时，应分别计算出这两个换气次数，然后取较大值。如果最终确定的换气次数对于空调冷负荷来说有较多的富余量，则可由 DDC 调整干盘管的进水温度和出风参数来实现室内温、湿度参数的稳定。

1. 确定空气处理过程中的各状态点

W 点为室外空气状态点，取决于工程所在地的气象条件。电子行业洁净空调室的室内 N 点空气参数的取值可参考表 5-13 和表 5-14 中的数据。

表 5-13 晶圆厂洁净室空气参数

集成度	洁净度	温、湿度
16K	$0.3 \sim 0.5\mu m, 3500pc/m^3$ 以内	$21 \sim 25℃ \pm 0.5℃, 35\% \sim 60\%$
64K	$0.2 \sim 0.3\mu m, 3500pc/m^3$ 以内	$21 \sim 25℃ \pm 0.2℃, 45\% \pm 5\%$
256K	$0.1 \sim 0.2\mu m, 1750 \sim 3500pc/m^3$ 以内	$21 \sim 25℃ \pm 0.1℃, 45\% \pm 5\%$
1M	$0.1 \sim 0.2\mu m, 350pc/m^3$ 以内	$21 \sim 25℃ \pm 0.1℃, 45\% \pm 3\%$
4M	$0.05 \sim 0.1\mu m, 35pc/m^3$ 以内	$22℃ \pm 0.2℃, 43\% \pm 2\%$
16M	$0.05 \sim 0.1\mu m, 35pc/m^3$ 以内	$22℃ \pm 0.1℃, 43\% \pm 1.5\%$
64M	$0.05 \sim 0.1\mu m, 35pc/m^3$ 以内	$22℃ \pm 0.1℃, 43\% \pm 1\%$

工程设计时 Δt_0 可根据具体情况试算，一般情况下可在 $6 \sim 8℃$ 范围内确定一个 Δt_0 初算值。根据 Δt_0 就可以确定送风状态 O 点。L 点为新风机组的机器露点。

表 5-14 洁净室各区域空气参数

区域	粒数/(pc/m³)	粒径/μm	温度/℃	湿度(%)
工艺区	≤35	0.1	22 ± 0.3	43 ± 3
工作人员区	≤350	0.1	22 ± 0.3	43 ± 3
黄光室区	≤35	0.1	22 ± 0.1	43 ± 2
走道区	≤350	0.1	22 ± 0.3	43 ± 3
维修区	≤35000	0.3	22 ± 2	43 ± 5
参观区	≤350000	0.5	22 ± 2	43 ± 10

2. 根据洁净室空调冷负荷计算总风量和换气次数

由空调冷负荷要求的总风量为

$$L_1 = \frac{Q}{h_N - h_0} \times \frac{3600}{1.2} \tag{5-7}$$

式中　L_1——空调冷负荷要求的总风量（m^3/h）；

　　　Q——洁净室空调冷负荷（kW）；

　　　h_N——室内空气焓值（kJ/kg）；

　　　h_0——送风焓值（kJ/kg）。

选用的 FFU 台数为

$$A_{FFU} = \frac{L_1}{l_{FFU} \times 60} \tag{5-8}$$

式中　A_{FFU}——FFU 台数（台）；

　　　l_{FFU}——单台 FFU 的风量（m^3/min）。

由于 FFU 电动机的发热量较大，相当于增加了室内空调冷负荷，所以必须增加一部分风量用于排除 FFU 产生的热量。因此，在初步计算出通风量和 FFU 台数后，还要根据 FFU

产生的热量用式（5-7）和式（5-8）修正确定总风量和 FFU 台数。选定 FFU 的过滤器型号后，就可以从产品性能表中查到 FFU 对粒径 $\geqslant 0.5\mu\mathrm{m}$ 尘粒的计数总效率。

空调冷负荷要求的换气次数为

$$n_1 = \frac{L_1}{V} \tag{5-9}$$

式中　n_1——空调冷负荷要求的换气次数（次/h）；

V——洁净室体积（m^3）。

3. 根据新风量选择新风机组

对于电子行业洁净室来说，室内日工作人员较少，一般可以根据正压和补充排风的要求确定最大的新风量，即

$$L_\mathrm{x} = (2 \sim 3)V + L_\mathrm{p} \tag{5-10}$$

式中　L_x——新风量（m^3/h）；

L_p——工艺设备的排风量（m^3/h）。

新风机组的制冷量为

$$Q_\mathrm{x} = L_\mathrm{x}(h_\mathrm{W} - h_\mathrm{L}) \times \frac{1.2}{3600} \tag{5-11}$$

式中　Q_x——新风机组的制冷量（kW）；

h_W——室外空气焓值（kJ/kg）；

h_L——新风机组的机器露点焓值（kJ/kg）。

根据计算得出的新风量和负荷选择新风机组，并确定新风机组的初效、中效、高效滤网的过滤效率。

4. 根据回风风量计算干盘管的负荷

送风量减去新风量即是回风量，由此得到回风的比例，然后确定回风经过干盘管的状态点 H，回风比与其他状态点参数的关系式为

$$S = \frac{h_\mathrm{N} - h_\mathrm{O}}{h_\mathrm{N} - h_\mathrm{H}} \tag{5-12}$$

式中　S——循环风（回风）的比例；

h_H——经过干盘管处理后的空气焓值（kJ/kg）。

FFU 的负荷为

$$Q_\mathrm{g} = L_\mathrm{h}(h_\mathrm{N} - h_\mathrm{H}) \times \frac{1.2}{3600} \tag{5-13}$$

式中　Q_g——干盘管的负荷（kW）；

L_h——洁净室的回风量（m^3/h）。

根据干盘管的负荷和洁净室的回风量选择干盘管的型号、台数，并进一步算出干盘管的风压损失、水量、冷量、回水温度。干盘管的进水温度一般高于室内空气状态点 N 的露点温度。

5. 室内单位体积发尘量计算

室内发尘源主要包括人和建筑表面、设备表面以及工艺过程。洁净室内的灰尘主要来自于人，一般占总量的 80% ~ 90%。

设洁净室净高为 H，若每平方米面积的空间中只有 1 个人时的发尘量为 $\beta \times 10^5 \mathrm{pc}/(\min \cdot \text{人})$，则单位体积发尘量为

$$G' = \frac{\beta \times 10^5}{H \times 1} = \frac{\beta \times 10^5}{H} \tag{5-14}$$

式中　G'——单位体积发尘量 $[\mathrm{pc}/(\mathrm{m}^3 \cdot \min \cdot \text{人})]$；

β——劳动强度系数，一般取 5，强度高取 7，强度低取 3，人静止（或基本静止）时取 1；

H——洁净室净高（m）。

把室内各表面发尘量折合为人的发尘量，即把 α（m^2）地面代表的室内表面看成是 1 个人静止（或基本静止）时的发尘量，整个表面看成是一定数量的人，一般取 $\alpha = 8$，则当量人员密度为

$$q' = \frac{\dfrac{F}{8} + P}{F} = \frac{1}{8} + \frac{p}{F} = \frac{1}{8} + q \tag{5-15}$$

式中　P——人数（人）；

F——洁净室面积（m^2）；

q——实际人员密度（人/m^2）。

所以，当每平方米有 q' 个人时，室内单位体积发尘量 G 为

$$G = \frac{\beta \times 10^5}{H} q' = \frac{\beta \times 10^5}{H} \left(\frac{1}{8\beta} + q \right) \tag{5-16}$$

式中　G——室内单位体积发尘量 $[\mathrm{pc}/(\mathrm{m}^3 \cdot \min \cdot \text{人})]$。

一个人在室内的活动不可能都是激烈活动，如果取动作的平均，可以认为一个人在室内活动时的发尘量为其静止（或基本静止）时的 5 倍，即 $\beta = 5$，则室内单位体积发尘量可按下式计算

$$G = \frac{5 \times 10^5}{H} \left(\frac{1}{40} + q \right) \tag{5-17}$$

若洁净室净高为 2.5m，则式（5-17）变为

$$G = 2 \times 10^5 \left(\frac{1}{40} + q \right) \tag{5-18}$$

6. FFU 的送风含尘浓度

确定了 FFU 的过滤效率和新风机组的过滤效率后，可以由下式计算 FFU 的送风含尘浓度。

$$N_\mathrm{s} = N_\mathrm{r} S (1 - \alpha_\mathrm{FFU}) + M (1 - S)(1 - \alpha_\mathrm{c})(1 - \alpha_\mathrm{z})(1 - \alpha_\mathrm{m})(1 - \alpha_\mathrm{FFU}) \tag{5-19}$$

式中　N_s——FFU 的送风含尘浓度（pc/L）；

S——循环风（回风）的比例；

α_FFU——FFU 对粒径 $\geqslant 0.5\mu\mathrm{m}$ 尘粒的计数总效率；

α_c——新风机组粗效空气过滤器对粒径 $\geqslant 0.5\mu\mathrm{m}$ 尘粒的计数总效率；

α_z——新风机组中效空气过滤器对粒径 $\geqslant 0.5\mu\mathrm{m}$ 尘粒的计数总效率；

α_m——新风机组末级空气过滤器对粒径 $\geqslant 0.5\mu\mathrm{m}$ 尘粒的计数总效率；

N_r——回风浓度（pc/L），工程设计计算时可采用室内平均含尘浓度 N；

M——大气尘浓度（pc/L）。

7. 根据洁净室含尘浓度计算换气次数

洁净室的换气次数可根据其含尘浓度采用下式计算：

$$n_c = \Psi \frac{60G \times 10^{-3}}{N - N_s} \qquad (5\text{-}20)$$

式中　n_c——洁净室含尘浓度计算的换气次数（次/h）；

　　　N——洁净室要求达到的含尘浓度（pc/L）；

　　　Ψ——洁净室不完全分布系数，可参考表 5-15 确定。

比较 n_c 和 n_1，取其中大值作为最后确定的换气次数。如果选用了 n_c，还要重新确定 FFU 的台数。

表 5-15　洁净室不完全分布系数（顶送风口）

换气次数 /（次/h）	非 单 向 流											单 向 流		
	10	20	40	60	80	100	120	140	160	180	200	送回风过滤器均布满	下部两侧回风	下部两侧不均匀不等面积回风
风口均匀布置	1.5	1.22	1.16	1.06	0.99	0.9	0.86	0.81	0.77	0.73	0.64			
n 在 120 次以上时风口布置集中可按主流区计算							0.65	0.51	0.51	0.43	0.43	0.03	0.05	0.15 ~ 0.2

5.9　值班风机系统及消毒灭菌系统设计

5.9.1　值班风机系统设计

目前，许多洁净厂房的工作班次为单班制，下班后，为防止室外污染物渗入洁净室，或室内危险气体逸至其他房间或室外，应设值班运行系统，维持房间正负压。在潮湿环境下，值班时需供冷水去除空气水分，防止室内表面长霉；在寒冷地区，值班时需供热水，防止室内储水容器或管路冻结。值班系统可采用如下几种方式。

1. 值班风机系统

值班风机系统可采用图 5-25 所示的系统设计。

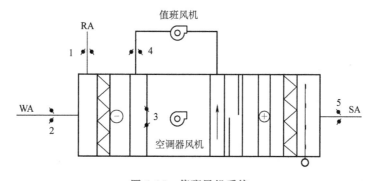

图 5-25　值班风机系统

SA—空调器送风　RA—空调器回风　WA—空调器新风　⧖—风量调节阀

正常运行时，阀1、2、3、5打开，阀4关闭；值班系统运行时，阀2、4、5打开，阀1、3关闭，表冷器或加热器的供水阀仍开启，供给空调器冷水或热水，防止室内结露或保证冬季的值班供暖。

值班风机的风量按维持房间正负压所需要的风量确定，若排风机全天运行或值班时减小风量运行，则值班风机的风量需附加此排风量。

2. 主风机双速或变速系统

为简化管路系统设计，在原净化系统基础上不设值班风机，只需空调器风机配上双速电动机或变频器。

1）双速风机的电动机为双速，工作时电动机高速运行，值班时低速运行；可通过改变电动机线圈的绕组方式来实现。速比一般为3/4、1/2和1/3，速比1/3的电动机市场上较少，但值班风机系统采用此速比较节能，因为采用此速比，值班时系统回风量可以小一些。

2）变速风机的电动机配有变频器，值班时可根据需要的风量，通过变频器使风机变速运行，相当节能。

如厂房内有多套净化空调系统，可采用如图5-26所示的形式，对新风做集中处理后送至各空调器，这样，值班时仅对新风机组供冷（热）水，各空调器停止供冷（热）水，风机变转速运行，新风机组根据各空调器所需的新风量变速运行。

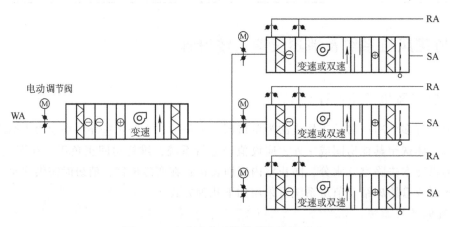

图5-26　多套净化系统的值班设计形式

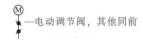

—电动调节阀，其他同前

5.9.2　消毒灭菌系统设计

生物洁净室在墙壁及吊顶等处容易积存细菌，需定期进行灭菌处理。常用的灭菌方式有紫外线灯灭菌和气体灭菌。

由于紫外线灭菌效果有限，所以洁净室也常用气体灭菌，常用的消毒剂有甲醛溶液、洗必泰液、戊二醛等。工作方式可采用擦洗、熏蒸或另设灭菌消毒系统。常用的消毒灭菌系统形式如图5-27所示。

正常运行时，阀3及排风机关闭，阀1、2打开，维持房间洁净度及温湿度。

系统消毒时，将甲醛溶液放在空调器的送风段或房间内，阀1、3及排风机关闭，阀2

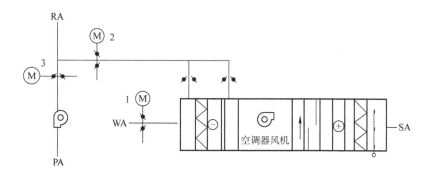

图 5-27　消毒灭菌系统

PA—消毒排风，其他同前　1、2、3—电动调节阀

打开，风机运行使整个系统充满甲醛气体。甲醛溶液俗称福尔马林，能杀灭细菌、病毒、真菌及芽孢。

系统消毒后，阀 1、3 及排风机开启，阀 2 关闭，让空气直流排除室内残余的刺鼻消毒剂。

5.10　人员净化设计

为了在操作过程中尽量减少人活动时产生的污染，人员在进入洁净室之前，必须更换洁净服并吹淋、洗澡、消毒，这些措施即"人身净化"，简称"人净"。

如表 5-16 所示，在众多污染源中，人是主要的污染源之一，因此人员进入洁净厂房时必须采取净化措施。

对于同时设有洁净生产和一般生产的建筑物，人净入口设在洁净区的日常入口；对于整幢建筑物用作洁净生产的情况，人净入口往往也就是厂房的主要入口。

表 5-16　洁净室微粒来源

发生源	占百分比（%）	发生源	占百分比（%）
从空气中漏入	7	从生产过程中产生	25
从原料中带入	8	由人员因素造成	35
从设备运转中产生	25		

洁净生产部分需要的生活用室，包括休息、卫生、杂物和雨具存放等房间，往往与人净用室结合起来布置，但一般是在穿洁净工作服区段内；有人把这两部分区域又统一划分为"非洁净区""过渡区""准洁净区"三块。靠近厂房入口处宜布置污染大的房间，如门厅、净鞋、存放外衣和雨具杂物等，视为非洁净区。靠近洁净室的则布置一些有洁净要求的房间如洁净服室、吹淋室等，视为入口处的准洁净区。介于上述二者之间的宜布置盥洗室、厕所和休息室等，构成过渡区。人员净化用室和生活用室的布置应符合如图 5-28 所示的人员净化程序。准洁净区示意图如图 5-29 所示。

人员净化用室和生活用室的设计，应符合下列要求：

1）人员净化用室的入口处，应设净鞋措施。

2）存外衣和更洁净工作服应分别设置。

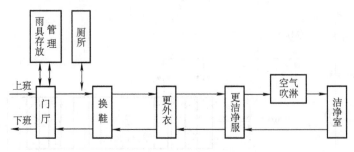

图 5-28 人员净化程序

3）外衣存衣柜应按设计人数每人设一柜，洁净工作服宜集中挂入带有空气吹淋的洁净柜内。

4）盥洗室应设洗手和烘干措施。

5）空气吹淋室应设在洁净区人员入口处，并应与洁净工作服更衣室相邻。

6）当为 5 级以上垂直单向流洁净室时，宜设气闸室。

7）洁净区内不宜设厕所。人员净化用室内的厕所应设前室。

根据不同的空气洁净度等级和工作人员数，洁净厂房内人员净化用室和生活用室的建筑面积一般按洁净区设计人数平均每人 2 ~ 4m² 计算。洁净工作服更衣室的空气洁净度等级宜按低于相邻洁净区空气洁净度等级 1 ~ 2 级设置。洁净工作服洗涤室的空气洁净度等级不宜低于 8 级。

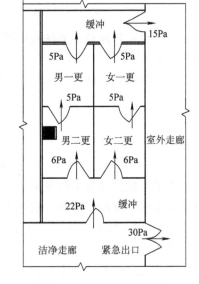

图 5-29 准洁净区示意图

从人净用室进入洁净生产区后，如果是洁净面积较大的厂房，一般先经洁净通道再分散进入各洁净生产用室；厂房面积不大时，人净用室应集中布置在有利于面积使用和日常管理的区域。若厂房的面积较大，或者厂房内有多种洁净度等级的洁净室，或者是厂房中按工艺要求有一般生产和洁净生产时，可以将其中的换鞋、脱存外出服等集中设在厂房总入口附近，而将吹淋室、穿洁净工作服室等分别紧靠所服务的洁净生产区。需要特别指出的是：人净用室中的洁净工作服室、吹淋室或气闸室必须毗邻洁净生产区布置，以避免更换后的工作服受到污染。

多数情况下人净与生活用房的净高同厂房的生产部分比较接近，平面尺寸也较灵活，同生产用室容易结合。洁净生产区为无窗区的情况下，应使人净用室和生活用室在同厂房的组合中，能充分借景于室外的庭园与自然风光，创造良好的劳动条件，提高劳动效率。

药品生产用洁净厂房对人员的净化要求随药品对环境洁净要求的不同而不同。一般药品按使用要求分为非无菌产品和无菌产品两种。按生产工艺，无菌产品又可分为灭菌产品和不可灭菌产品，其中不可灭菌产品的环境洁净度要求最高。为此，《药品生产管理规范（GMP）实施指南》推荐了两种人员净化基本程序："非无菌产品、可灭菌产品生产区人员净化程序"和"不可灭菌产品生产区人员净化程序"。

净化用室宜包括雨具存放室、换鞋室、存外衣室、浴洗室、洁净工作服室和气闸室（或空气吹淋室）等。100 级、10000 级洁净区的人员净化用室中，存放外衣室和洁净工作服室应分别设置，外衣存放柜和洁净工作服柜按最大班人数每人一柜设计。浴洗室应设洗手和消毒设施，并应安装自动烘干器，水龙头的开启方式以不直接用手开启为宜，水龙头个数按最大班人数每 10 人设一个。为了保持洁净生产区的空气洁净度并维持室内正压，在洁净生产区的入口处应设置气闸室或空气吹淋室。气闸室有两个以上的出入门，并且应有防止同时开启的措施，门的连锁可采用自控式、机械式或信号显示等方式。气闸室也可用空气吹淋室代替，同样，空气吹淋室使用时也不能将出入门同时开启。设置单人吹淋室时，宜按最大班人数每 30 人一台设置，当洁净区域工作人员超过 5 人时，空气吹淋室的一侧应设旁通门，供下班或应急时使用。

通常与人员净化用室合并考虑的厕所、浴室，就功能而言属于生活设施，并非人员净化的必要措施，可根据需要设置。由于厕所、浴室本身是污染源之一，因此最好不要设在人员净化程序内。可布置在靠近人员净化设施的同一层上；如果需要将厕所、浴室本身设在人员净化程序内时，厕所、浴室前应增设前室，供入厕前更衣、换鞋用，同时，室内需连续排风，以免臭气、湿气进入洁净区。

人员净化用室和生活用室的洁净要求应由外至内逐步提高，室内可送入经过过滤的洁净空气，其洁净级别可低于相邻生产区 1～2 个等级。

思　考　题

1. 与普通空调相比，洁净空调系统设计有哪些特点？
2. 集中式洁净空调系统是如何工作的？怎样实现各洁净室不同的洁净级别？
3. 洁净室常用的送风方式有哪几种？为什么净化空调通常都采用二次回风系统？
4. 为什么洁净空调系统中常采用新风集中处理？
5. 洁净室排烟风机的选型需要考虑哪些因素？
6. 洁净空调系统的新风口和排风口的位置有什么特殊要求？
7. 洁净室的新风量、送风量如何确定？与舒适性空调的相比，有何不同之处？
8. 洁净室冷负荷计算与舒适性空调的相比，有何不同之处？
9. 为什么在系统划分时，要把单向流洁净室系统与非单向流洁净室系统分开设置？
10. 电子行业洁净室有哪些特点？
11. 电子行业洁净室常用的空调方式有哪几种？各有什么特点？
12. 在电子行业 FFU 洁净系统设计中，空气处理过程各状态点是如何确定的？
13. FFU 洁净空调系统有哪些特点？
14. 人员净化设计基本原则是什么？
15. 人员净化用室和生活用室的设计，应符合哪些要求？
16. 洁净空调系统的划分原则有哪些？

二维码形式客观题

扫描二维码可自行做题，提交后可查看答案。

第5章
客观题

第 6 章

空气洁净系统设计实例

6.1 实例 1 某医疗洁净手术室设计

6.1.1 工程概况

1. 概述

某医院为一地市级中心医院，地处浙江沿海地区。洁净手术部位于大楼裙楼一层，面积 2673m²，有 12 间手术室，技术设备层位于手术层的上一层。洁净手术部设 I 级洁净手术室 1 间，并附设仪器间，II 级洁净手术室两间，其余 9 间为 III 级洁净手术室，院方要求其中 3 间为负压手术室并设独立前室组成有染手术区域。

2. 建筑结构形式

该医院洁净手术室内围护结构全部采用八角形结构，即平面布置为八角形，四角去角的直边为 800mm，在去角的斜面外部布置回风立管，吊顶与内墙交接处用 45°斜面过渡，过渡斜面的直角边为 600mm，送风天花居吊顶中央布置，吊顶四周斜角处布置泛光照明灯带。整个手术室内围护结构无阴角。

3. 洁净室围护结构尺寸

各洁净手术室的围护结构尺寸见表 6-1。

表 6-1 各洁净手术室计算围护结构尺寸

编 号	轴线尺寸		内装修尺寸		面积/m²	体积/m³ (h=3m)
	长/m	宽/m	长/m	宽/m		
1 号手术室	11.70	7.80	10.78	6.55	69.33	207.99
仪器室(与 1 号手术室配套)	8.10(去角)	4.50	6.43	3.91	20.91	62.73
2 号手术室	11.70	7.80	10.93	6.34	68.02	204.06
3 号手术室	8.00	7.20	7.37	6.34	46.11	138.33
4 号手术室	8.00	6.90	7.37	6.10	43.71	131.13
5 号手术室	7.80	6.30	6.76	4.94	32.11	96.33
6 号手术室	7.80	6.30	6.70	4.94	31.82	95.46
7 号手术室	7.80	6.30	6.70	4.94	31.82	95.46
8 号手术室	7.80	6.30	6.62	4.94	31.42	94.26
9 号手术室	7.80	6.30	7.30	4.86	33.85	101.55
10 号手术室	4.50	4.50	4.74	4.00	17.68	53.04
11 号手术室	6.30	4.80	4.74	4.40	19.60	58.80
12 号手术室	9.28	6.30	8.27	5.64	41.59	124.77

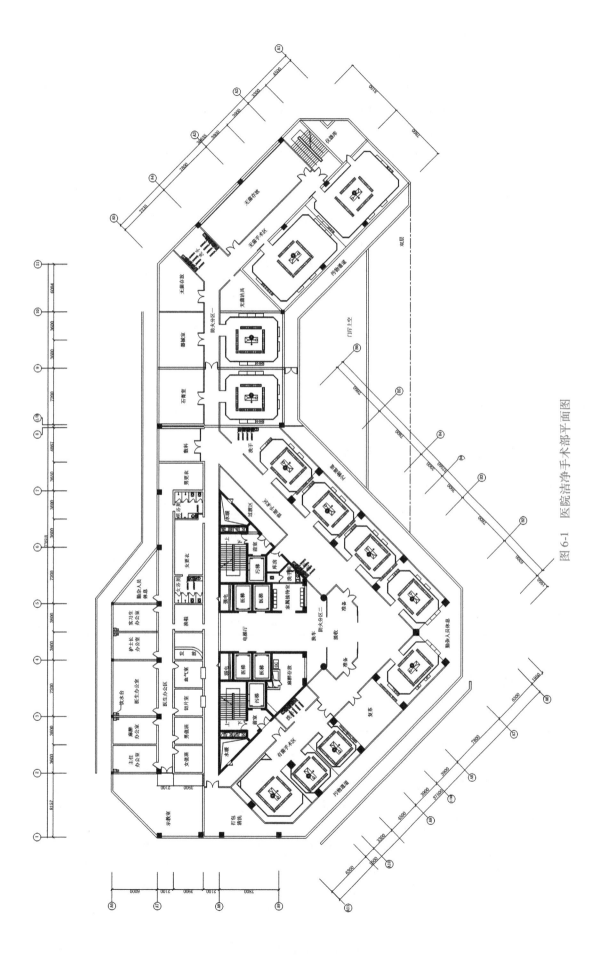

图 6-1　医院洁净手术部平面图

4. 围护结构的热工参数

1）洁净手术室内围护结构选用夹芯复合彩钢板

夹层厚为 50mm，传热系数 $K=0.66W/(m^2 \cdot ℃)$

内围护结构二侧内表面换热系数 $\alpha_n=8.7W/(m^2 \cdot ℃)$

$$换热热阻 \quad R_n=0.115m^2 \cdot ℃/W$$

经计算夹芯复合板换热热阻 $R_0=(0.115 \times 2+1/0.66)m^2 \cdot ℃/W=1.74m^2 \cdot ℃/W$

$$传热系数 \quad K_0=1/1.74W/(m^2 \cdot ℃)=0.58W/(m^2 \cdot ℃)$$

2）与污物走廊相邻的内墙（240墙）　$K=1.76W/(m^2 \cdot ℃)$

3）楼面　　　　　　　　　　　　　$K=3.13W/(m^2 \cdot ℃)$

4）外墙（240墙）　　　　　　　　$K=1.94W/(m^2 \cdot ℃)$

5）吊顶　　　　　　　　　　　　　$K=1.83W/(m^2 \cdot ℃)$

6）内门　　　　　　　　　　　　　$K=5.82W/(m^2 \cdot ℃)$

5. 医院洁净手术室平面图

图6-1所示为该医院洁净手术部的平面图。

6.1.2　主要设计参数

1. 室外设计参数

根据设计规范确定洁净室空调室外设计参数，列于表6-2。

表6-2　室外设计参数

序　　号	设计参数名称	设计参数
1	冬季空气调节室外计算干球温度	1℃
2	夏季空气调节室外计算干球温度	32.8℃
3	夏季空气调节平均计算干球温度	29.6℃
4	夏季空气调节室外计算湿球温度	28.7℃
5	最冷月室外计算月平均相对湿度	75%
6	最热月室外计算月平均相对湿度	84%

2. 室内设计参数

室内设计参数根据规范要求和医疗方面的需求来确定，表6-3列出了主要的室内设计参数值。

表6-3　洁净手术部室内设计参数

房间名称	洁净面积/m²	洁净等级	设计温度/℃ 冬季	设计温度/℃ 夏季	设计相对湿度(%)	送风形式	回风形式	静压
1号手术室	69	手术Ⅰ级	23	26	50~60	送风天花	长边对侧条形风口	正压
仪器室	21	手术Ⅰ级	23	26	50~60	高效保温送风口	对角回风	正压
2号手术室	68	手术Ⅱ级	23	26	50~60	送风天花	长边对侧条形风口	正压
3号手术室	46	手术Ⅱ级	23	26	50~60	送风天花	四角回风	正压
4号手术室	44	手术Ⅲ级	23	26	50~60	送风天花	对角回风	正压
5号手术室	32	手术Ⅲ级	23	26	50~60	送风天花	对角回风	正压
6号手术室	32	手术Ⅲ级	23	26	50~60	送风天花	对角回风	正压

（续）

房间名称	洁净面积/m²	洁净等级	设计温度/℃ 冬季	设计温度/℃ 夏季	设计相对湿度（%）	送风形式	回风形式	静压
7号手术室	32	手术Ⅲ级	23	26	50～60	送风天花	对角回风	正压
8号手术室	31	手术Ⅲ级	23	26	50～60	送风天花	对角回风	正压
9号手术室	34	手术Ⅲ级	23	26	50～60	送风天花	对角回风	正压
10号手术室	18	手术Ⅲ级	23	26	50～60	送风天花	对角回风	负压
11号手术室	20	手术Ⅲ级	23	26	50～60	送风天花	对角回风	负压
12号手术室	42	手术Ⅲ级	23	26	50～60	送风天花	对角回风	负压
麻醉存放	23	辅助Ⅳ级	21	27	≤60	高效保温送风口	对角回风	正压
洁净走廊Ⅰ	176	辅助Ⅳ级	21	27	≤65	高效保温送风口	分段集中回风	正压
男更、男浴	33	辅助Ⅳ级	21	27	30～60	高效保温送风口	对角回风	正压
女更、女浴	39	辅助Ⅳ级	21	27	30～60	高效保温送风口	对角回风	正压
敷料	24	辅助Ⅳ级	21	27	≤60	高效保温送风口	对角回风	正压
洗手	19	辅助Ⅳ级	21	27	≤65	高效保温送风口	随走廊回风	正压
洁净走廊Ⅱ	90	辅助Ⅳ级	21	27	≤65	高效保温送风口	分段集中回风	正压
有菌洗手	10	辅助Ⅳ级	21	27	≤65	高效保温送风口	随走廊回风	负压
有菌走廊	27	辅助Ⅳ级	21	27	≤65	高效保温送风口	分段集中回风	负压
复苏室	41	辅助Ⅳ级	21	27	30～60	高效保温送风口	四角回风	正压
过渡区	30	辅助Ⅳ级	21	27	≤65	高效保温送风口	集中回风	正压
石膏室	34	辅助Ⅳ级	21	27	≤65	高效保温送风口	对角回风	正压
器械室	36	辅助Ⅳ级	21	27	≤65	高效保温送风口	对角回风	正压
无菌存放Ⅰ	73	辅助Ⅳ级	21	27	≤65	高效保温送风口	对角回风	正压
无菌存放Ⅱ	32	辅助Ⅳ级	21	27	≤65	高效保温送风口	对角回风	正压
洗手	23	辅助Ⅳ级	21	27	≤65	高效保温送风口	随走廊回风	正压
洁净走廊Ⅲ	18	辅助Ⅳ级	21	27	≤65	高效保温送风口	分段集中回风	正压
洁净走廊Ⅳ	78	辅助Ⅳ级	21	27	≤65	高效保温送风口	分段集中回风	正压
无菌洁具	21	辅助Ⅳ级	21	27	≤65	高效保温送风口	对角回风	正压

6.1.3 建筑平面布置

1. 防火区的划分

裙房划分为两个防火分区，两个防火分区中的防火门对洁净手术部内交通流线会产生阻挡和不便。结合该层建筑原始平面布置，将高等级手术室1号～3号三间Ⅰ、Ⅱ级洁净手术室和附属的仪器室集中安排在一个防火分区中，配套设置无菌存放、洗手间等辅助房间，以减少穿越防火门的交通流量，尽量减少因防火门的设置对洁净手术部运作的负面影响。

2. 负压手术室设计

10号～12号三间负压手术室安排在同一单元中，在这个负压单元中设置独立前室，在前室中安排专用洗手间，以此沟通三间负压手术室，前室有独立出口与外界联通，并设隔断门与其他手术区分隔。设计时应安排合理的压力梯度，即负压手术室为负压区，前室为次负压或零压区，普通洁净手术区为正压区，确保负压区的空气不向外渗透。

3. 过渡缓冲区设置

在洁净区域与外界联络的通道处应设过渡缓冲区，过渡缓冲区也应保证必要的洁净度等级。过渡缓冲区的做法有多种形式，前室、换车间、更衣室均可作为过渡缓冲区设置。

4. 人流及物流安排

（1）医护人员

电梯厅→走廊	→换鞋→男（女）更衣	→洁净走廊→手术室
非洁净区	过渡缓冲区	洁净区

（2）病人

1）普通病人

电梯厅	→换车	→洁净走廊（术前准备）→手术室
非洁净区	过渡缓冲区	洁净区

2）负压手术室病人

电梯厅→走廊	→前室	→负压手术室
非洁净区	过渡缓冲区	洁净区

（3）物流

电梯厅	→换车	→洁净走廊→器械敷料无菌存放→术前准备→手术室	→传递窗	→污流走廊→清洗打包→走廊→污物梯
非洁净区	过渡缓冲区	洁净区	过渡缓冲区	非洁净区

6.1.4 洁净空调系统设计计算

1. 手术室的冷负荷、热负荷、湿负荷和菌尘负荷计算

1）表6-4为每间手术室夏季围护结构传热形成的冷负荷计算表。

2）表6-5为每间手术室夏季冷负荷计算表。

3）表6-6为每间手术室冬季热负荷计算表。

4）表6-7为每间手术室湿负荷及热湿比线计算表。

5）表6-8为每间手术室菌尘负荷汇总表。

表6-4 手术室夏季围护结构传热形成的冷负荷计算表

手术室 / 分项	1号手术室	仪器室	2号手术室	3号手术室	4号手术室	5号手术室	6号手术室	7号手术室	8号手术室	9号手术室	10号手术室	11号手术室	12号手术室
0.9m 内门数	1	1	0	0	0	0	0	0	0	0	0	0	0
1.6m 内门数	1	0	1	1	1	1	1	1	1	1	1	1	1
内门面积 F_1/m^2	5	1.8	3.20	3.20	3.20	3.20	3.20	3.20	3.20	3.20	3.20	3.20	3.20
$W = 5.82 \times 6^{①} \times F_1$	175	63	112	112	112	112	112	112	112	112	112	112	112
A	10.78	6.43	10.93	7.37	7.37	6.76	6.70	6.70	6.62	7.30	4.74	4.74	8.27
B	6.55	3.91	6.34	6.43	6.10	4.94	4.94	4.94	4.94	4.86	4.00	4.40	5.64
彩版内墙面积 F_2/m^2 周长	32.77	19.83	32.67	25.73	25.08	21.53	21.41	21.41	21.41	22.35	15.61	16.41	24.77
彩版内墙面积 F_2/m^2 面积	93.30	57.70	94.80	73.98	72.03	61.38	61.02	61.02	60.53	63.85	43.62	46.04	71.10
$W = 0.58 \times 6^{①} \times F_2$	325	609②	330	257	251	214	212	212	211	222	152	160	247
屋内地板面积 F_3/m^2	69.33	20.91	68.02	46.11	43.71	32.11	31.83	31.83	31.42	33.85	17.687	19.60	41.59
$W = 3.13 \times 6 \times 2^{③} \times F_3$	2604	785	2555	1732	1642	1206	1195	1195	1180	1271	664	736	1562
围护总负荷/W	3104	1457	2997	2101	2005	1532	1519	1519	1503	1605	928	1008	1921
单位面积负荷/（W/m²）	44.77	69.68	44.06	45.56	45.87	47.71	47.74	47.74	47.84	47.42	52.49	51.43	46.19

① 计算温差为6℃。

② 仪器室墙体负荷不采用前式计算，考虑外墙传热。

③ 因吊顶设置情况较为复杂，在计算空调负荷时略去其影响，按上、下两个楼面传热量计算。

表 6-5　手术室夏季冷负荷计算表

手术室编号	围护结构/W	新风负荷		人体负荷		散湿负荷以 0.7m² 计	室内用电	负荷汇总	单位面积冷负荷
		m³/h	W	人数	W	W	W	W	W/m²
1 号	3104	1248	14452	15	1749	690	2562	22557	325.35
仪器间	1457	376	4354	2	233		1727	7771	371.64
2 号	2997	1224	14174	12	1399	690	1727	20987	308.54
3 号	2101	830	9611	12	1399	690	1727	15528	336.76
4 号	2005	800	9264	12	1399	690	1727	15085	345.12
5 号	1532	800	9264	10	1166	690	1727	14379	447.80
6 号	1519	800	9264	10	1166	690	1727	14366	451.48
7 号	1519	800	9264	10	1166	690	1727	14366	451.48
8 号	1503	800	9264	10	1166	690	1727	14350	456.72
9 号	1605	800	9264	10	1166	690	1727	14452	726.94
10 号	928	1296	15008	8	933	690	1727	18596	1051.81
11 号	1008	1440	16675	8	933	690	1727	20343	1037.91
12 号	1921	2952	34184	10	1166	690	1727	39688	954.27

注：人体负荷以 116.5W/人计。

表 6-6　手术室冬季热负荷计算表

手术室编号	围护/W	新风		热负荷汇总	单位面积热负荷
		m³/h	W	W	W/m²
1 号	11381	1248	16973	28354	408.97
仪器间	5342	376	5114	10456	500.05
2 号	10989	1224	16646	27635	406.28
3 号	7704	830	11288	18992	411.88
4 号	7352	800	10880	18232	417.11
5 号	5617	800	10880	16497	513.77
6 号	5570	800	10880	16450	516.97
7 号	5570	800	10880	16450	516.97
8 号	5511	800	10880	16391	521.67
9 号	5885	800	140880	16765	495.27
10 号	3403	1290	17624	21029	1189.42（全新风）
11 号	3696	1440	19584	23280	1181.76（全新风）
12 号	7044	2952	40147	47191	1134.67（全新风）

表 6-7　手术室湿负荷及热湿比线计算表

手术室编号	湿表面负荷/(g/h)	人体湿负荷		湿汇总/(g/h)	冷负荷/W	ε' W/(g/h)	ε kJ/kg
		人数	g/h				
1 号	1022	15	1296	2318	8105	3.497	12588
仪器间		2	173	173	3417	19.75	71105

（续）

手术室编号	湿表面负荷/(g/h)	人体湿负荷		湿汇总/(g/h)	冷负荷/W	ε' W/(g/h)	ε kJ/kg
		人数	g/h				
2 号	1022	12	1037	2059	6813	3.309	11912
3 号	1022	12	1037	2059	5917	2.874	10345
4 号	1022	12	1037	2059	5821	2.827	10178
5 号	1022	10	864	1886	5115	2.712	9764
6 号	1022	10	864	1886	5102	2.705	9739
7 号	1022	10	864	1886	5102	2.705	9739
8 号	1022	10	864	1886	5086	2.697	9708
9 号	1022	10	864	1886	5188	2.751	9903
10 号	1022	8	691	1713	4278	2.497	8991
11 号	1022	8	691	1713	4358	2.544	9159
12 号	1022	10	864	1886	5504	2.918	10506

注：1. 湿表面负荷以 $0.7m^2$、40℃水面计。

2. 人体湿负荷按轻劳动计 86.4g/(h·人)。

表 6-8　手术室菌尘负荷汇总表

手术室编号	面积	人数/个	发尘量/(pc/min)	单位体积发尘量/[pc/(min·L)]
1 号手术室	69.33	15	8.37×10^6	40.24
2 号手术室	68.02	12	6.85×10^6	33.57
3 号手术室	46.11	12	6.58×10^6	47.57
4 号手术室	43.71	12	6.55×10^6	49.95
5 号手术室	32.11	10	5.40×10^6	56.06
6 号手术室	31.82	10	5.40×10^6	56.06
7 号手术室	31.82	10	5.40×10^6	56.06
8 号手术室	31.42	10	5.39×10^6	57.18
9 号手术室	33.85	10	5.42×10^6	53.37
10 号手术室	17.68	8	4.22×10^6	79.56
11 号手术室	19.60	8	4.25×10^6	72.28
12 号手术室	41.59	10	5.52×10^6	44.24

2. 手术室需要的送风量和新风量

如表 6-9 所示为每间手术室需要的送风量和新风量计算表。

表 6-9　手术室送风量和新风量计算表

手术室编号	净化等级	体积/m³	人数/个	送风量		新风量			
				m³/h	次/h	按规范[①]确定/(m³/h)	按 6 次/h 确定/(m³/h)	按人数确定/(m³/h)	核算值(取最大值)/(m³/h)
1 号	I	207.99	15	14515	69.8	1000	1248	900	1248
仪	I	62.73	2	3795	60.50	(1000)	376	120	376

（续）

手术室编号	净化等级	体积/m^3	人数/个	送风量		新风量			
				m^3/h	次/h	按规范①确定/(m^3/h)	按6次/h确定m^3/h	按人数确定m^3/h	核算值（取最大值）m^3/h
2 号	Ⅱ	204.06	12	7350	36	800	1224	720	1224
3 号	Ⅱ	138.33	12	4980	36	800	830	720	830
4 号	Ⅲ	131.13	12	2885	22	800	787	720	800
5 号	Ⅲ	96.33	10	2120	22	800	578	600	800
6 号	Ⅲ	95.46	10	2100	22	800	573	600	800
7 号	Ⅲ	95.46	10	2100	22	800	573	600	800
8 号	Ⅲ	94.26	10	2074	22	800	566	600	800
9 号	Ⅲ	101.55	10	2235	22	800	609	600	800
10 号	Ⅲ	53.04	8	1167	22	(800)	318	480	1167（全新风）
11 号	Ⅲ	58.80	8	1294	22	(800)	353	480	1294（全新风）
12 号	Ⅲ	124.77	10	2745	22	(800)	749	480	2745（全新风）

① 所指规范为《医院洁净手术部建筑技术规范》（GB 50333—2002）。

3. 新风冷负荷、新风热负荷和新风湿负荷的计算

（1）新风冷负荷　由夏季室外空气状态推算出室外空气的焓值：$t_湿 = 28.7℃$，$h = 22.2kcal/kg$（$1kcal/kg = 4186.8J/kg$）

由室内空气状态推算出室内空气的焓值：$t_干 = 26℃$，$\phi = 60\%$，$h = 13.9kcal/kg$

室内、外空气的焓差：$\Delta h = (22.2 - 13.9)kcal/kg = 8.3kcal/kg$

每 $1m^3/h$ 新风量形成的新风冷负荷：$8.3kcal/kg \times 1.2kg/m^3 \times 1m^3/h = 9.96kcal/h = 11.58W$

（2）新风热负荷　由冬季室外空气状态推算出室外空气的焓值：$t_干 = 1℃$，$\phi = 75\%$，$h = 2.1kcal/kg$

由室内空气状态推算出室内空气的焓值：$t_干 = 23℃$，$\phi = 60\%$，$h = 11.85kcal/kg$

室内、外空气的焓差：$\Delta h = (11.85 - 2.1)kcal/kg = 9.75kcal/kg$

每 $1m^3/h$ 新风量形成的新风冷负荷：$9.75kcal/kg \times 1.2kg/m^3 \times 1m^3/h = 11.7kcal/h = 13.60W$

（3）新风湿负荷　由冬季室外空气状态推算出室外空气含湿量：$t_干 = 1℃$，$\phi = 75\%$，$d = 3.1g/kg$

由室内空气状态推算出室内空气含湿量：$t_干 = 23℃$，$\phi = 60\%$，$d = 10.5g/kg$

室内外空气含湿量差：$\Delta d = (10.5 - 3.1)g/kg = 7.4g/kg$

每 $1m^3/h$ 新风量形成的加湿负荷：$7.4g/kg \times 1.2kg/m^3 \times 1m^3/h = 8.88g/h$

4. 室内含尘浓度和自净时间校核计算

为了确定计算得到的手术室送风量和新风量是否满足洁净室的要求，需要进行手术室含

尘浓度和自净时间校核计算。表 6-10 所示为手术室内含尘浓度和自净时间校核计算表。计算过程中取 Ⅰ、Ⅱ、Ⅲ 级手术室各一间进行分析计算。

表 6-10　手术室含尘浓度及自净时间计算表

手术室编号	净化等级	室内平均含尘浓度/(pc/L)	主流区含尘浓度/(pc/L)	涡流区含尘浓度/(pc/L)	自净时间/s
1 号	Ⅰ	34.56	4.08	41.2	11.7
2 号	Ⅱ	56.02	2.75	64.6	22.0
5 号	Ⅲ	153.04	134.67	224.5	35.9

经校核，1 号手术室主流区含尘浓度不满足规范要求，因其尺寸比较大，需加大送风天花尺寸，加大至 4000mm×2850mm，送风量为 18468m³/h，换气次数为 88.79 次/h。再次校核计算结果为：室内平均含浓度为 27.17pc/L，主流区含尘浓度为 3.2pc/L，涡流区含尘浓度为 32.36pc/L，分别满足手术区 100 级和周边区 1000 级的空间中含尘浓度的要求。

6.1.5　洁净空调系统的划分和设备选择

1. 空调系统的划分

该医院共有 12 间洁净手术室，分成三个区域，高洁净度区（Ⅰ、Ⅱ级手术室，在防火分区一内）；负压手术室区；普通洁净度区（Ⅲ级手术室）。空调系统总共划分为 12 个系统，每个系统的设计参数列于表 6-11 中。

表 6-11　系统配置组成一览表

系　统	服务对象	防火分区	送风量/(m³/h)	新风量/(m³/h)	冷负荷/kW	热负荷/kW
1 号	1 号手术室加仪器室	防火分区一	19975	1786	46.30	42.69
2 号	2 号手术室	防火分区一	9029	1346	29.56	30.40
3 号	3 号手术室	防火分区一	6739	913	20.61	20.89
4 号	4 号手术室、石膏室、器械室、洁净走廊	防火分区二	7017	1210	57.41	59.30
5 号	无菌存放、无菌洁具、洗手间、洁净走廊	防火分区一	8902	1056	93.01	86.54
6 号	5 号、6 号、7 号手术室	防火分区二	8078	2640	53.89	54.34
7 号	8 号、9 号手术室	防火分区二	5227	1760	35.21	36.47
8 号	10 号、11 号手术室洗手间、走廊	防火分区二	4459	4459	66.50	68.88
8 号	10 号、11 号手术室洗手间、走廊	防火分区二	与送风机组配			
9 号	12 号手术室	防火分区二	3247	3247	46.25	51.91
9 号	12 号手术室	防火分区二	与送风机组配			
10 号	复苏室、麻醉室、走廊	防火分区二	10107	660	104.73	112.30
11 号	更衣、敷料、洗手、走廊	防火分区二	9134	660	95.27	101.49
12 号	供应除 8 号、9 号系统外的新风	防火分区二	16748	16748		

2. 风管和设备选择

风管采用镀锌钢板制作，为了确保手术室室内的安静环境，管内风速选用 4 ~ 6m/s，消声器采用双层多孔板消声器。

表 6-12 列出了 12 个洁净空调系统所选用的空气处理机组的类型，以及相应的机组特性。由于每个空调系统服务的对象不同，因此系统要求的功能也不同，组合式空气处理机组的组合段形式也不相同，可分为五种类型：①二次回风空气处理机组；②一次回风空气处理机组；③负压送风机组；④负压排风机组；⑤新风处理机组。

表 6-12 空气处理机组类型及参数

系统号	服务对象	机组形式	机组类型	机组风量/（m³/h）	机组余压/Pa
1 号	1 号手术室加仪器室	①	组合式空气处理机组	19975	600 ~ 650
2 号	2 号手术室	①	组合式空气处理机组	9029	600 ~ 650
3 号	3 号手术室	①	组合式空气处理机组	6739	600 ~ 650
4 号	4 号手术室、石膏室、器械室、洁净走廊	②	组合式空气处理机组	7017	600 ~ 650
5 号	无菌存放、无菌洁具、洗手间、洁净走廊	②	组合式空气处理机组	8902	600 ~ 650
6 号	5 号、6 号、7 号手术室	②	组合式空气处理机组	8078	600 ~ 650
7 号	8 号、9 号手术室	②	组合式空气处理机组	5227	600 ~ 650
8 号	10 号、11 号手术室洗手间、走廊	③	送风机组	4459	600
8 号	10 号、11 号手术室洗手间、走廊	④	排风机组	与送风机组配	150
9 号	12 号手术室	③	送风机组	3247	600
9 号	12 号手术室	④	排风机组	与送风机组配	150
10 号	复苏室、麻醉室、走廊	②	组合式空气处理机组	10107	600 ~ 650
11 号	更衣、敷料、洗手、走廊	②	组合式空气处理机组	9134	600 ~ 650
12 号	供应除 8 号、9 号系统外的新风	⑤	组合式空气处理机组	16748	200

6.1.6 设计图样

该设计实例的部分设计图如下：

1）图 6-2 所示为手术部空调风管平面图。

2）图 6-3 所示为设备层空调风管平面图。

3）图 6-4 所示为 1 号系统手术部空调风管平面图。

4）图 6-5 所示为 1 号系统设备层空调风管平面图。

5）图 6-6 所示为 2 号系统手术部空调风管平面图。

6）图 6-7 所示为 2 号系统设备层空调风管平面图。

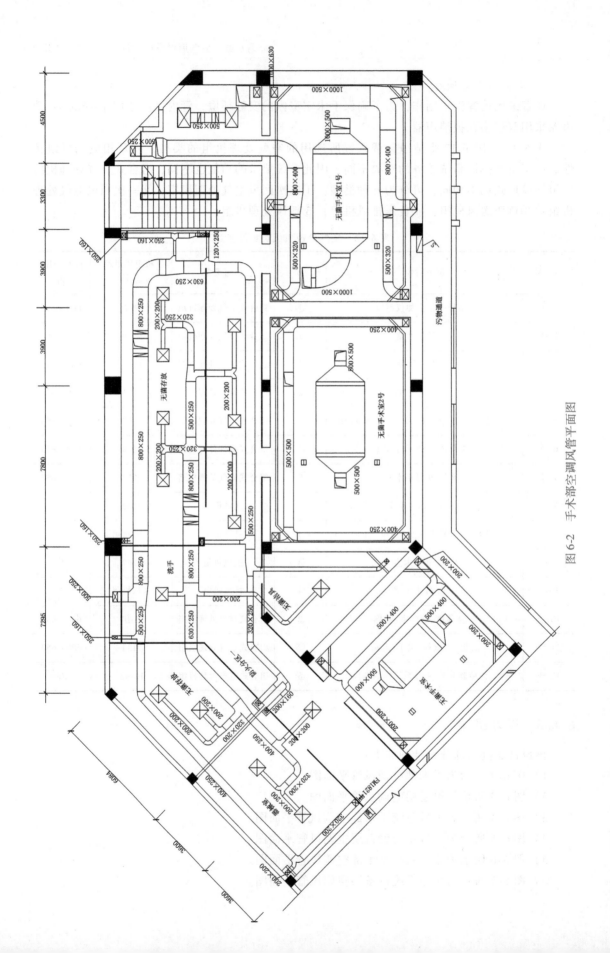

图 6-2 手术部空调风管平面图

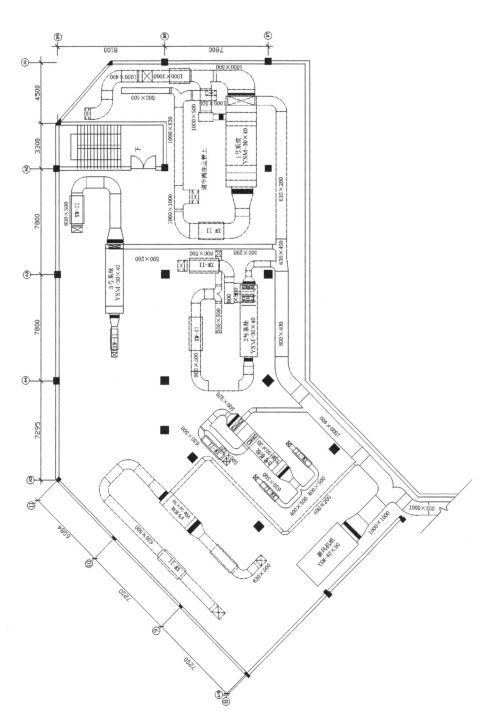

图 6-3 设备层空调风管平面图

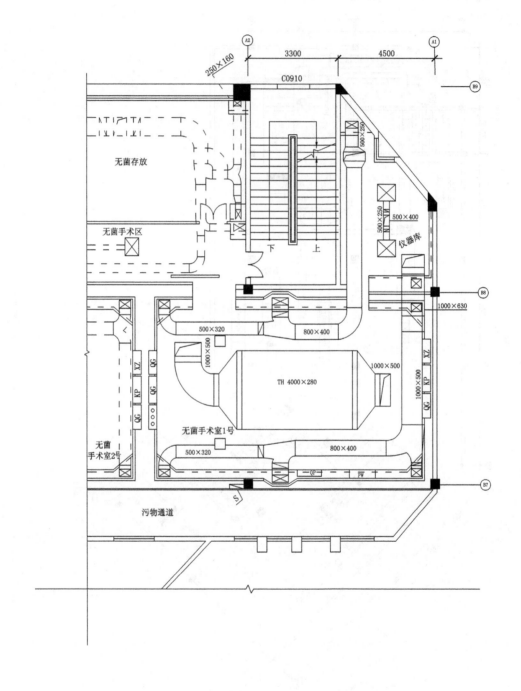

图 6-4　1 号系统手术部空调风管平面图

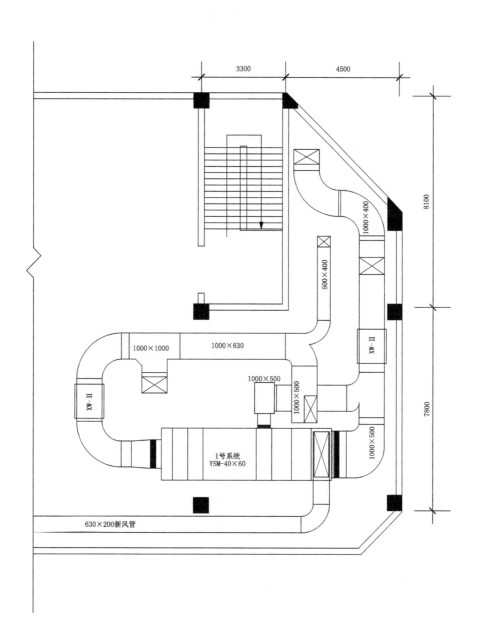

图 6-5 1 号系统设备层空调风管平面图

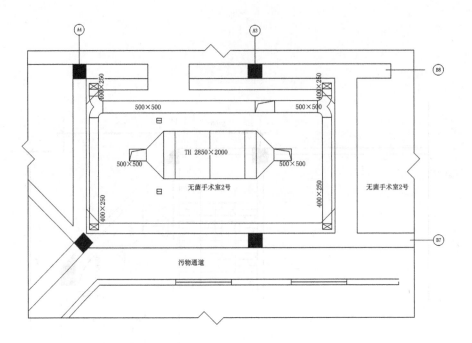

图 6-6　2 号系统手术部空调风管平面图

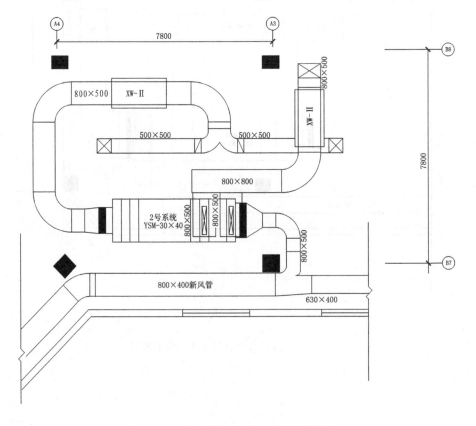

图 6-7　2 号系统设备层空调风管平面图

6.2　实例 2　某制药原料车间洁净空调设计

6.2.1　工程概况

1. 概述

某制药车间为一头孢类无菌原料车间。

2. 围护结构尺寸及房间功能

围护结构尺寸及房间功能可参见车间平面图，如图 6-8 所示。

3. 设计范围

1）头孢类无菌原料车间洁净空调系统。

2）头孢类无菌原料车间部分洁净房间的排风系统。

6.2.2　主要设计参数

1. 空调室外设计参数

表 6-13　空调室外设计参数

	干球温度/℃	湿球温度/℃	日平均温度/℃	大气压力/Pa	相对湿度（%）
夏季	36.5	27.3	32.5	0.9732×10^5	
冬季	2			0.9912×10^5	82

2. 室内设计参数

（1）头孢类无菌原料车间 B 级（10000 级）净化区域

1）设计温度：夏季（23 ±2）℃，冬季（21 ±2）℃。

2）相对湿度：夏季 45% ±5%，冬季 40% ±5%。

3）洁净度：B 级。

（2）头孢类无菌原料车间 C 级（100000 级）净化区域

1）设计温度：夏季（26 ±2）℃，冬季（18 ±2）℃。

2）相对湿度：夏季 55% ±10%，冬季 50% ±10%。

3）洁净度：C 级。

6.2.3　空调设备、方式及系统

1）洁净区均采用全空气系统，设 JK-1 和 JK-2 两个洁净空调系统，JK-1 为 B 级（10000 级），JK-2 为 C 级（100000 级）。两个系统合用一台组合式空气处理机组，集中处理后，采用 DDC 变频控制，自动送入各房间。空气净化采用初、中、高三级过滤，粗效空气过滤器的效率为 70%（粒径 5.0μm），中效空气过滤器的效率为 70%（粒径 1.0μm），高效空气过滤器的效率为 99.99%（钠焰法）。高效空气过滤器置于系统末端房间送风口处。

2）其气流组织形式为：房间空气→回风口→回风管→新回风混合段→空调机组→送风段→送风管→送风口→房间；房间空气→排风口→排风管→排风机→室外；室外空气→空调机房→新回风混合段→空调机组→送风段→送风管→送风口→房间。

3）洁净区设八个排风系统 P-1 ~ 8，设中效、高效空气过滤器二级过滤，排风机采用离

心排风机箱。

4）B 级（10000 级）洁净区另设七个局部百级层流罩 CLZ-1～7，其中 CLZ-1 为无风机的层流罩，其余为自循环式层流罩。

6.2.4　车间主要设备表及设计图样

1. 车间主要设备表

头孢类无菌原料车间主要设备及材料编号见表 6-14。

表 6-14　头孢类无菌原料车间主要设备及材料

编号	名称	型号规格	材质	数量	单位
01	组合式空气处理机组	额定风量 40000m³/h		1	套
02	卡式嵌入型风机盘管	FP8		2	台
03	吊顶风机盘管	FP10		2	台
04	低噪声离心风机箱	额定风量 1000m³/h		3	台
05	低噪声离心风机箱	额定风量 3000m³/h		4	台
06	低噪声离心风机箱	额定风量 18000m³/h		2	台
07	低噪声离心风机箱	额定风量 1500m³/h		2	台
08	层流罩	无风机 CLZ-1		1	台
		有风机 CLZ-2～7		6	台
09	空气风幕	长度:1500mm		2	台
1-1	高效送风口 + 对开多叶调节阀	GB-02	钢	15	套
1-2	高效送风口 + 对开多叶调节阀	GB-01	钢	25	套
1-3	高效送风口 + 对开多叶调节阀	GB-03	钢	8	套
1-4	高效送风口 + 对开多叶调节阀	2GB-01	钢	5	套
2-1～2-4	70℃防火阀		钢		
3-1～3-6	电动调节阀			5	套
4-1～4-3	袋式中效空气过滤器			3	套
5-1～5-3	高效空气过滤器			3	套
6-1～6-4	固定单层百叶风口 + 调节阀		铝合金	6	套
7-1～7-3	可开式的单层百叶风口 + 风口过滤器			35	套
8-1～8-3	防雨百叶送风口			8	个
9-1、9-2	粗效空气过滤器			7	套
10-1～10-11	对开多叶调节阀			11	个
11-1、11-2	静压箱			2	个
12	微量压差计	0～300Pa	钢	9	个
13	风量测定孔		钢		
14-1、14-2	方形散流器			6	个
15	单层百叶风口	800mm×250mm		3	个

2. 设计图样

该设计实例的部分设计图如下：

1）图 6-8 为头孢类无菌原料药车间标准层平面图。

2）图 6-9 为头孢类无菌原料药车间送风平面布置图。

3）图 6-10 为头孢类无菌原料药车间回风、排风平面布置图。

4）图 6-11 为头孢类无菌原料药车间送风系统图。

5）图 6-12 为头孢类无菌原料药车间百级层流罩平面布置图。

6）图 6-13 为百级层流罩安装详图。

7）图 6-14 为头孢类无菌原料药车间送风口平面布置图。

8）图 6-15 为头孢类无菌原料药车间回风系统图。

9）图 6-16 为头孢类无菌原料药车间技术参数。

10）图 6-17 为头孢类无菌原料药车间回、排风口平面布置图。

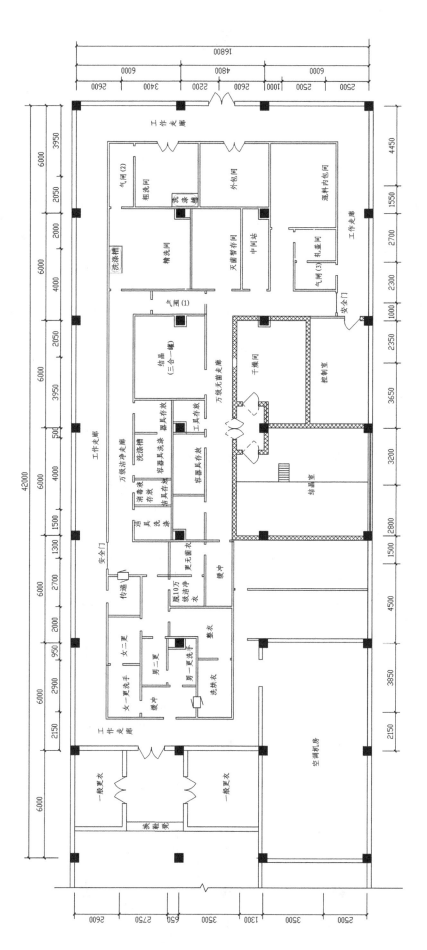

图 6-8 头孢类无菌原料药车间标准层平面图

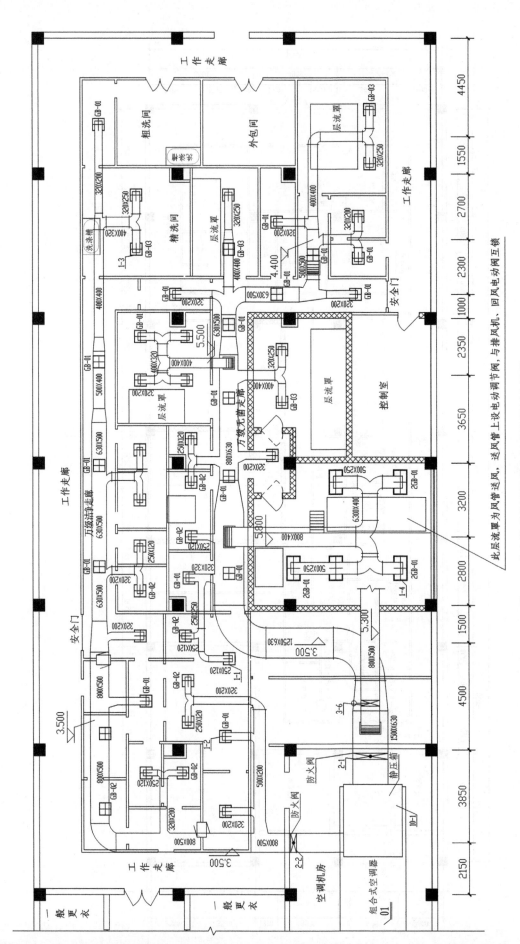

此层流罩为风管送风，送风管上设电动调节阀，与排风机、回风电动阀互锁

图 6-9 头孢类无菌原料药车间送风平面布置图

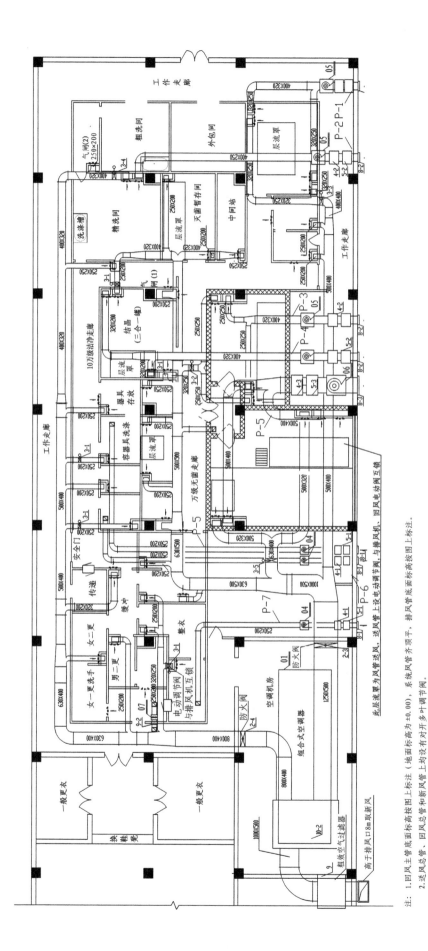

图 6-10 头孢类无菌原料药车间回风、排风平面布置图

注：1. 回风主管底面应按图上标注（地面标高为±0.00），系统风管上均没有设对开多叶调节阀。
2. 送风总管、回风总管和新风管上均没有设对开多叶调节阀。
3. 房间回风支管上均没有设对开多叶调节阀。

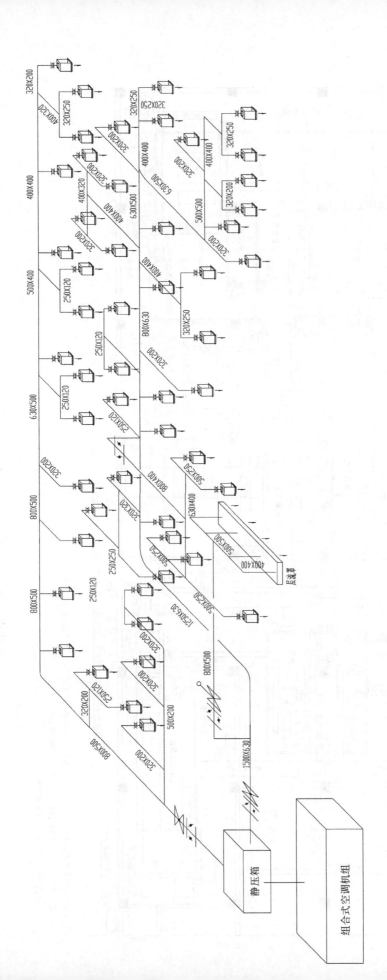

图 6-11 头孢类无菌原料药车间送风系统图

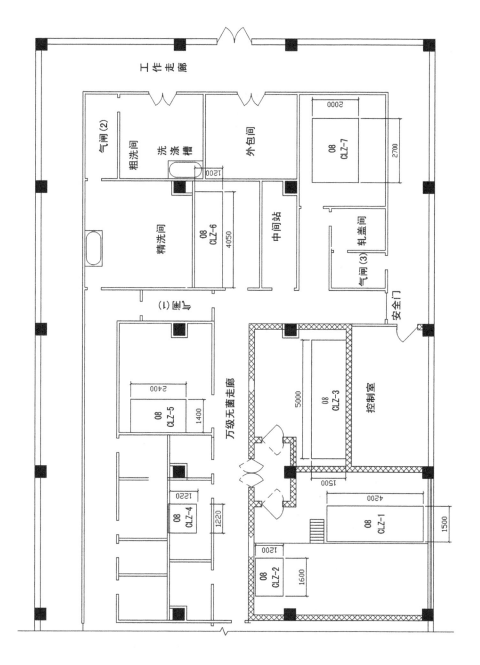

图 6-12 头孢类无菌原料药车间百级层流罩平面布置图

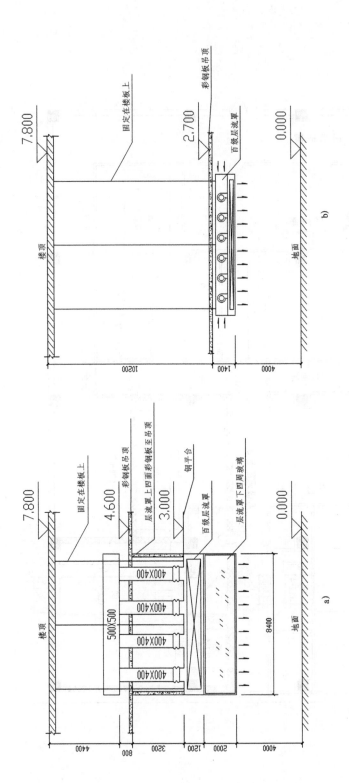

图 6-13　百级层流罩安装详图

a) 结晶室百级层流罩（CLZ-1）的安装详图　b) 结晶室百级层流罩（CLZ-2～7）的安装详图

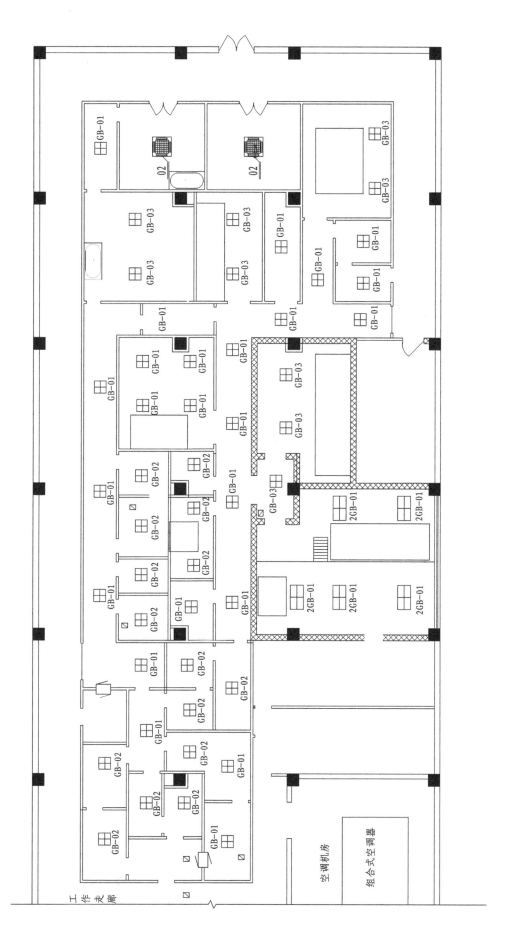

图 6-14 头孢类无菌原料药车间送风口平面布置图

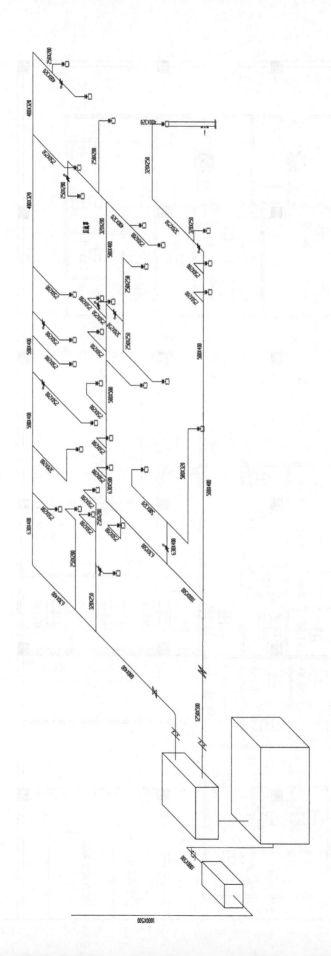

图 6-15　头孢类无菌原料药车间回回风系统图

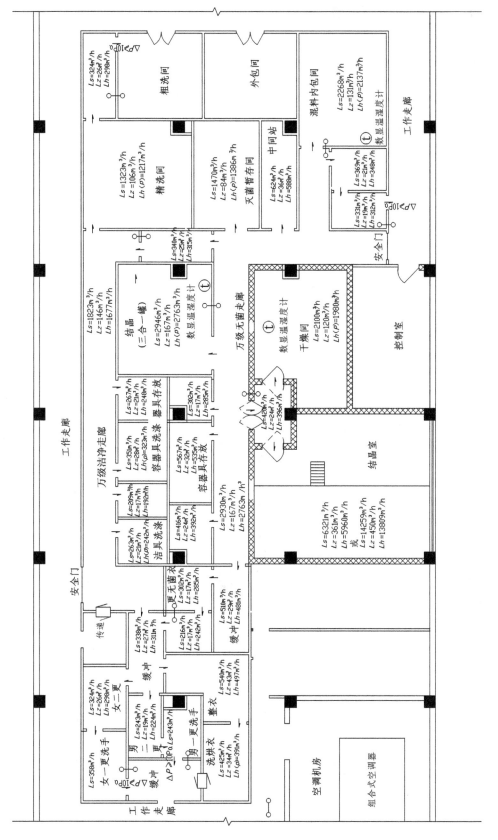

图 6-16　头孢类无菌原料药车间技术参数

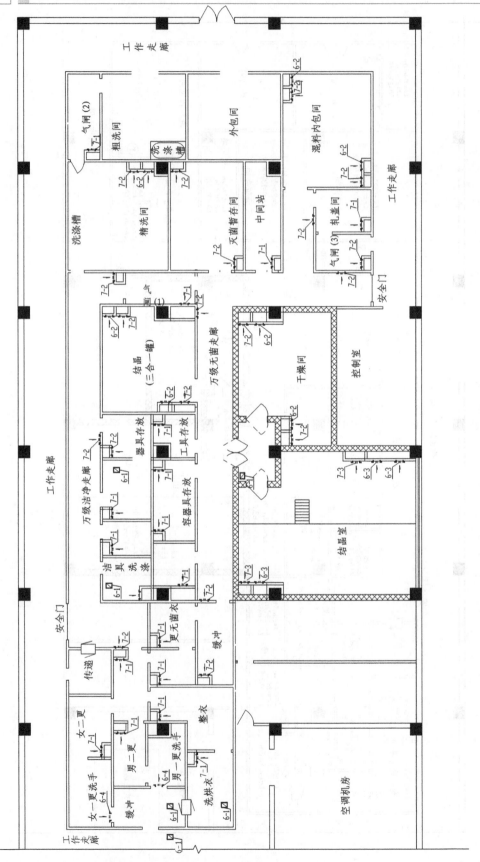

图6-17　头孢类无菌原料药车间回、排风口平面布置图

6.3　实例 3　某磁头生产线洁净空调系统设计

6.3.1　工程概况

某高科技电子厂，生产用房两层，局部三层，建筑面积 10700m²。设备楼与生产厂房相连，设备楼一层有发电机房、变压器房、高低压配电房，层高 6.5m；二层为制冷机房，层高 5.5m。厂房一层有洁净车间、更衣室、小清洗房、大堂、鞋柜房、仓库、空调机房、工艺用纯水房等，层高 6.5m，其中洁净区面积 1760m²；二层有洁净车间、清洗房、鞋柜房、办公室、空调机房等，层高 6.5m，其中洁净区面积 2370m²。洁净车间内设有磁头装配生产线、清洗生产线、检查测试生产线等。局部三层为空气压缩机房、仓库等。

洁净区总面积 4130m²，其中 5 级（100 级）洁净区面积 3040m²，6 级（1000 级）洁净区面积 890m²，7 级（10000 级）洁净区面积 200m²。图 6-18 和图 6-19 所示为洁净厂房一、二层平面图。

6.3.2　主要设计参数

表 6-15 所示为洁净室及其辅助用房的室内设计参数。

表 6-15　主要设计参数

序号	房间名称	面积/m²	洁净等级	温度/℃	相对湿度（%）	照度/lx
1	一楼主洁净室	1200	5	21 ± 2	60 ± 5	800
2	一楼清洁房	110	6/5	21 ± 2	< 70	800
3	一楼更衣室	280	6	21 ± 2	< 70	400
4	二楼主洁净室	1700	5	21 ± 2	60 ± 5	800
5	二楼清洗室	140	5	21 ± 2	60 ± 5	800
6	二楼更衣室	400	6	21 ± 2	< 70	400

6.3.3　洁净空调系统设计

1. 洁净空调换气次数

1）5 级（100 级）：换气次数为 400 次/h（断面风速 0.36m/s）。

2）6 级（1000 级）：换气次数为 80 次/h。

3）7 级（10000 级）：换气次数为 40 次/h。

4）8 级（100000 级）：换气次数为 25 次/h。

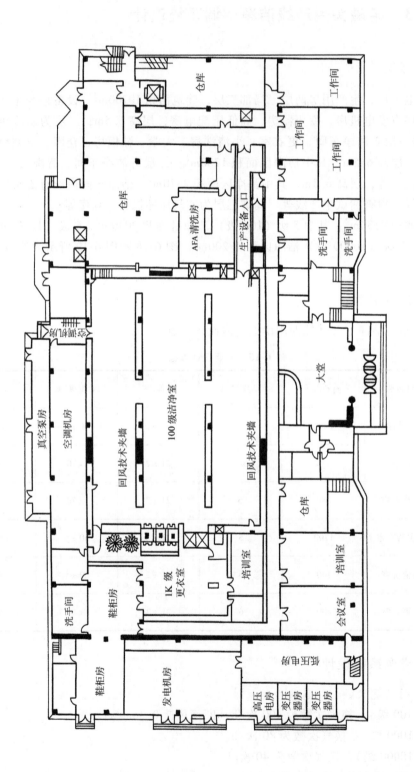

图 6-18 洁净厂房一层平面图

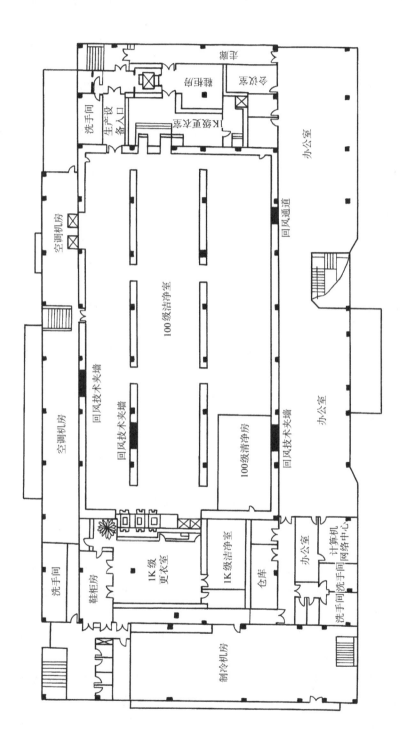

图 6-19　洁净厂房二层平面图

2. 洁净室冷负荷

夏季冷负荷包括围护结构负荷、人员负荷、照明负荷、生产设备负荷、空调机组内风机负荷、新风负荷。其中，生产设备一项由甲方提供设备功率和设备的排气量。

该建筑中空调面积7100m²，夏季总计算冷负荷4560kW。洁净区冷负荷4040kW，非洁净区冷负荷520kW。非洁净区包括办公室、鞋柜房、大堂、仓库等。平均空调面积指标669W/m²，其中主洁净室面积指标为1170W/m²，清洗房面积指标1220W/m²。

3. 洁净室的新风量和送风量

1）新风量综合考虑人员卫生所需风量、生产设备排风量、维持洁净室正压所需风量，经计算得出。

2）5级（100级）洁净室空调送风量由冷负荷和焓差经计算得出。

3）6级（1000级）以下洁净室的空调送风量除由冷负荷和焓差计算得出外，还需考虑洁净换气次数，取其中的最大值。

4. 洁净空调系统形式

（1）5级（100级）主洁净室（包括清洗房）的空调方式　采用新风处理机组＋空气处理机组＋带风机的高效过滤器的空调方式，如图6-20所示。

新风机组内设置变频风机，既可以控制洁净室的正压，同时也可以减小室外环境变化对洁净室的影响，对洁净室的温、湿度控制有利。一楼主洁净室共设有3台新风处理机组，新风处理总量为30000m³/h，新风处理到低于室内空气含湿量的状态点；空气处理机组5台，空气处理总量为394000m³/h。

二楼主洁净室共设新风处理机组3台，新风处理总量为39500m³/h；空气处理机组10台，空气处理总量为616000m³/h。

每个车间均为独立空调系统，净化空调机组将回风与新风机组处理过的新风混合，经过滤、冷却、加湿等处理后，送至洁净室吊顶内与回风混合，然后经带风机的高效空气过滤器送到室内；生产设备的局部排风由排风机排至室外。

洁净室气流组织为上送下回式单向流，顶棚上基本满布高效空气过滤器送风，地板采用开孔率为18%的架空地板，部分地板有调节阀，以调节气流的流型。

（2）6级（1000级）更衣室和小清洗房　更衣室和小清洁房属于洁净厂房的辅助车间，采用净化空气处理机组加末端高效过滤器的空调方式。当由冷负荷和焓差计算的空调送风量比由换气次数计算的值小很多时，采用二次回风，这样便于洁净室的温、湿度控制，同时也可以减小空调机组的初投资。

（3）空气处理　主洁净室的新风经新风处理机组的粗、中效空气过滤器过滤后，再经冷却盘管处理后送给净化空调机组。新风与回风混合，经净化空调机组进行过滤、冷却、加热、加湿处理。流经表面式冷却器的冷冻水由中央冷水机组提供。净化空调机组内设置粗效空气过滤器和中效空气过滤器，高效空气过滤器置于空调系统的末端，空气经过粗效、中效和高效空气过滤器三级过滤后送至室内；空气加热器为电加热器，安装在送风管中，电热器在该系统中只起辅助作用；空气加湿器采用干蒸汽加湿器，安装于送风管中，通过蒸汽喷管向空气中喷蒸汽，对空气进行加湿；加湿器为电热式加湿器。

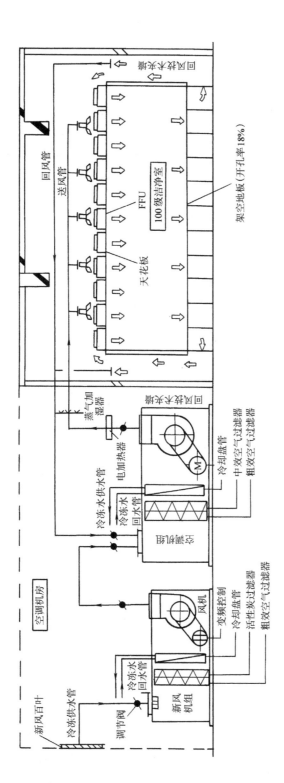

图 6-20　100 级主洁净室空调方式原理图

6.4 实例4　某硅晶片厂洁净空调系统设计

6.4.1　设计概况

硅晶片是由硅材料加工而成的一片片像镜子一样光亮的圆片，是生产半导体集成电路芯片的原材料。硅晶片生产包括硅单晶棒生产和硅晶片生产两大部分，主要工序为：单晶棒生长→单晶棒裁切和检测→外径磨削→切片→倒角（圆边）→研磨/研磨片检查→蚀刻（化学蚀刻、PC-CVD、AP-CVD等工艺）→PTA热处理→背面损伤处理→抛光（ML粗抛、ML精抛）→洗净→品质检查→洁净包装。

从单晶棒生长到外径磨削为硅单晶棒生产工序，切片以后的流程为硅晶片生产工序。

6.4.2　生产工序环境控制要求

该硅片厂生产4~6in硅晶片，年产量为480万片。硅晶片用于分立器件、功率元件和特种集成电路的制作。生产工序环境控制要求见表6-16。

表 6-16　生产工序环境控制要求

序号	房间名称	面积/m²	吊顶高度/m	夏季温度/℃	冬季温度/℃	相对湿度（%）	净化级别（0.5μm）	设化学过滤器/过滤对象	室内噪声/dB(A)
1	切片室	522	4.4	≤26	≥20		防尘		≤70
2	倾角室	236	4.4	≤26	≥20		防尘		≤70
3	研磨片室	212	4.4	≤26	≥20		防尘		≤70
4	磨片检查室	161	3.2	24±2	24±2	45±10	防尘		≤65
5	蚀刻（CP室）	140	4.1	24±2	24±2	45±10	7级		≤65
6	炉室（DK炉、JG炉）	50	3.2	22~26	22~26		防尘		≤65
7	BSD室	50	3.2	22~26	22~26		防尘		≤65
8	蚀刻（LP-CVD、CP/CVD）	578	3.2	24±2	24±2	45±10	6级		≤65
9	抛光（ML室）	1013	3.2	24±2	24±2	45±10	7级		≤65
10	洗净室	330	3.2	24±2	24±2	45±10	5级		≤65
11	品质检查	200	3.2	24±1	24±1	45±5	5级	NH_4^+、SO_x	≤65
12	洁净包装	180	3.2	24±2	24±2	45±10	6级		≤65

6.4.3　洁净空调系统

1. 空调系统

1）切片室、倒角室、研磨片室仅有温度控制要求，设风冷热泵分体柜式空调机（PAC）来保证房间温度要求。室内机就近放置在车间内，采用双层百叶风口侧送风方式；室外机放置在屋面上。切片室的排风量较大，新风采用直接蒸发式热泵型屋顶空调机S1-1和S1-2来补充。因车间有防尘要求，风冷热泵分体柜式空调机回风口处设中效空气过滤器（大气尘计数效率：对于≥1μm 粒子应≥60%），屋顶式空调机需设两级过滤器，如图 6-21 所示。

2）炉室、BSD 室仅有温度控制要求，设风冷电热分体柜式空调机（PAC）来保证房间温度要求。室内机就近放置在车间内，采用方形散流器顶送风方式；室外机放置在屋面上。新风由相邻洁净室的正压作用渗透而来。车间有防尘要求，于风冷电热分体柜式空调机回风口处设中效空气过滤器（大气尘计数效率：对于≥1μm 粒子应≥60%）。

3）磨片检查室有温度和湿度控制要求，设风冷电热分体柜式空调机（PAC）来保证房间温度要求，室内机就近放置在车间内，采用方形散流器顶送风方式；室外机放置在屋面上。新风经新风机组（MAU-1、2）处理后，送到室内，相对湿度由新风机组保证，新风机组与净化系统共用。车间有防尘要求，于风冷电热分体柜式空调机回风口处设中效空气过滤器（大气尘计数效率：对于≥1μm 粒子应≥60%），新风机组内设粗、中效空气过滤器。

2. 净化系统

净化系统用的新风空调机组（MAU）和循环空调机组（AHU）的冷媒采用 6～11℃ 的冷冻水，加热采用 0.2MPa 的蒸汽，加湿采用 0.1MPa 的洁净蒸汽，洁净蒸汽由纯水经洁净蒸汽发生器产生。

1）CP 室洁净级别为 7 级，换气次数取为 30 次/h，CP 室工艺设备用酸量较大，采用全新风空调机组（MAU-3）+ 高效空气过滤器送风口（HEPABOX）的空调方式。其气流流程为：新风入口→粗效空气过滤器→中效空气过滤器→预加热器→表冷器→加热器→洁净蒸汽加湿→送风机→送风管→高效空气过滤器送风口→洁净区，如图 6-22 所示。

2）ML 室洁净级别为 7 级，换气次数取为 30 次/h，采用新风机组（MAU）+ 循环机组（AHU）+ 高效空气过滤器送风口（HEPABOX）的空调方式。新风来自共用 MAU-1、2 新风组。

3）CP/CVD 室、LP-CVD 室、洁净包装间洁净级别为 6 级，换气次数取为 50 次/h，采用新风机组（MAU）+ 循环机组（AHU）+ 高效空气过滤器送风口（HEPABOX）的空调方式。新风来自 MAU-1、2 新风组。

4）7 级、6 级洁净室采用的气流形式为顶部高效空气过滤器送风，房间下侧回风。其气流流程为：新回风混合→中效空气过滤器→表冷器→送风机→送风管→高效空气过滤器送风口→洁净区→房间侧下百叶回风口→回风管→新回风混合，如图 6-23 所示。

5）洗净室、品质检查室洁净级别为 5 级，采用新风机组（MAU）+ 循环机组（AHU）+ 风机过滤器单元（FFU）的空调方式。采用的气流形式为顶部 FFU 送风，房间下侧百叶风口回风，FFU 满布率为 33%。洗净室、品质检查室对 NH_4^+、SO_x 浓度有要求，需在循环机组（AHU）内增设化学过滤器。5 级洁净室的气流流程为：新回风混合→化学过滤器（NH_4^+）→化学过滤器（SO_x）→中效空气过滤器→表冷器→送风机→送风管→送风静压箱→风机过滤器单元（FFU）→洁净区→房间侧下百叶回风口→回风管→新回风混合。新风来自 MAU-1、2 新风组，如图 6-24 所示。

6）除 CP 室外的洁净室所需新风采用 2 台新风机组（MAU-1、2 并联）集中处理，新风集中处理后送至各循环机组（AHU）。其气流流程为：新风入口→粗效空气过滤器→中效空气过滤器→预加热器→表冷器→加热器→洁净蒸汽加湿→送风机→送风管→各循环空调机组（AHU）。

7）CP 室、ML 室、洗净室用酸量相对较多，CP 室、ML 室内的高效空气过滤器送风口的扩散板及洗净室内的 FFU 的网板需采用不锈钢板制作。

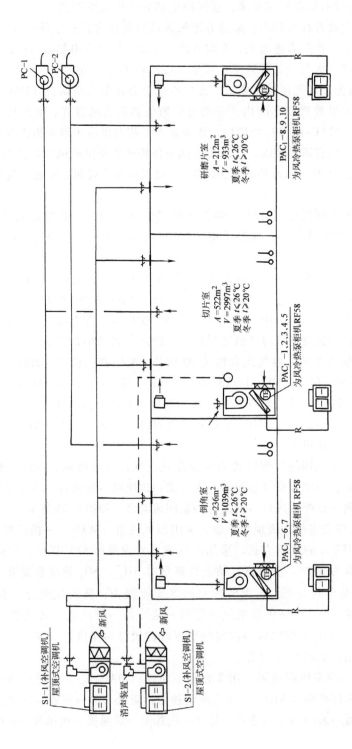

图 6-21　风冷热泵柜式空调机 + 屋顶式空调机系统

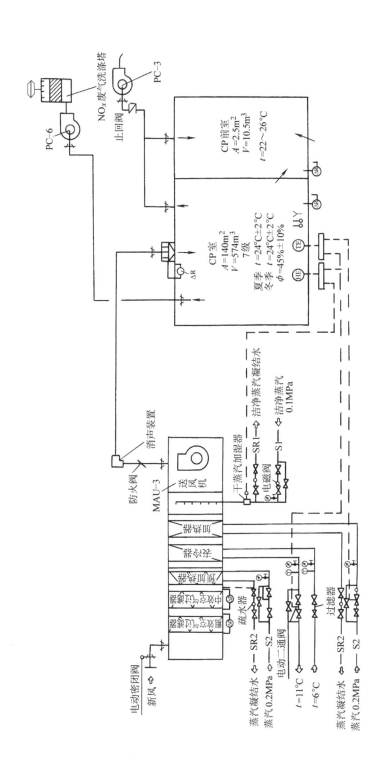

图 6-22　CP 室洁净空调原理

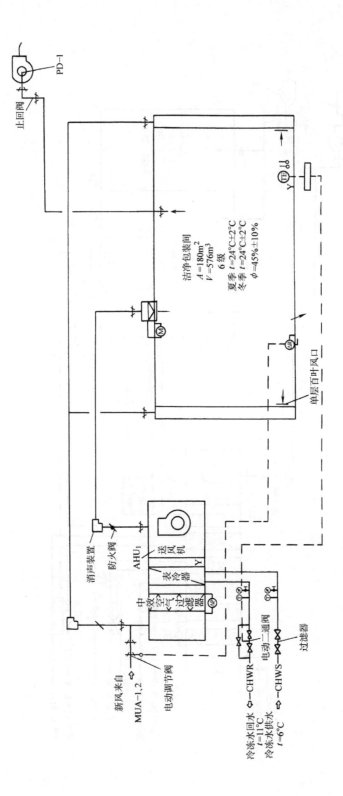

图 6-23　6、7 级洁净室洁净空调系统

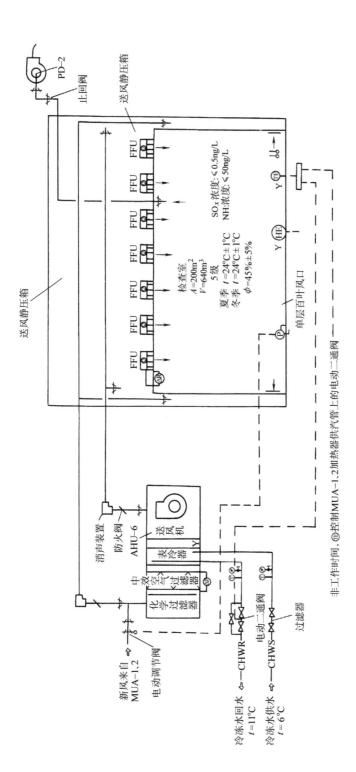

图 6-24　5 级洁净室洁净空调系统

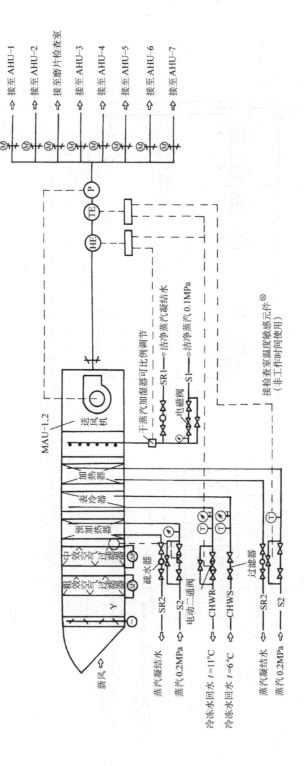

图 6-25 MAU 新风机组原理图

8）品质检查室根据工艺要求需采用黑色墙板、黑色顶板，相应采用黑色回风口，FFU 的网板需采用黑色网板。

6.4.4　洁净系统的空调自动控制

新风机组（MAU-1、2）采用变频风机，由总送风管上的静压传感器控制变频器。在接入每个风量及正压控制循环机组（AHU）的新风管上均设置电动调节阀，由各洁净室的正压值来调节电动调节阀的开度，使洁净室的正压值不随生产设备的排风量的变化而变化，电动调节阀的开度变化引起总送风管上的静压变化，根据其设定值调节 MAU-1、2 的风机频率，以达到控制目的，如图 6-25 所示。

1. 洁净车间的温湿度控制

洁净生产车间的湿度由新风机组 MAU-1、2 保证，控制新风机组送风状态点，根据送风状态设定值来调节干蒸汽加湿器的电动执行机构和表冷器及加热器回水管上的电动二通阀的开度（其原理如图 6-25 所示）。露点温度 DPT 由检查室内湿度敏感元件 HE 连续整定。

洁净生产车间的温度是由循环机组 AHU 来保证的，根据室内温度来调节表冷器回水管上的电动二通阀的开度，如图 6-24 所示。

2. 供冷系统控制

冷冻水系统采用一级泵，用负荷控制的方法来确定冷水机组及相应水泵、冷却塔的开启台数。根据设定供、回水压差来自动控制供、回水主管之间的压差流量旁通阀。

第 7 章
空气洁净系统安装

7.1 施工安装要求

洁净空调系统的施工安装是洁净厂房施工建造的重要组成部分，必须按照洁净厂房工程的整体施工要求、计划进度和洁净室特有的施工程序组织安排。洁净空调系统的施工安装要求如下：

1）承担洁净室洁净空调系统施工的企业，应具备相应的工程施工安装的资质，符合相应的质量管理体系。

2）承担洁净室洁净空调系统施工安装的施工企业，应按洁净室工程的整体施工程序、计划进度组织安排施工，并应注意与土建工程施工及其他专业工种的相互配合。施工过程中应按规定做好与各专业工程之间的交接，并相互保护好已施工完的"成品"，认真办理必要的交接手续和签署记录文件，有的还需业主、监理共同签署。

3）洁净室洁净空调系统的施工安装以及风管及附件的制作、设备和管道的安装、检查验收、测试等均应符合 GB 50591—2010《洁净室施工及验收规范》和 GB 50243—2002《通风与空调工程施工质量验收规范》的有关规定。

4）不同的洁净室其洁净空调系统的施工安装方案和程序也不同，因此，必须严格按设计图的各项要求进行。施工过程中由于各种原因需进行修改时，应得到工程监理和设计方的认可，必要时应得到业主的同意。在施工过程中，需由施工企业承担必要的深化设计时，其设计文件应得到设计方确认。

5）施工过程中所使用的材料、附件或半成品等，必须按规范和设计图的有关规定和要求进行验收，要得到工程监理的认可，并作质量记录。

6）隐蔽工程。在进行隐蔽前必须经工程监理的验收和认可，并作质量记录。

7）洁净空调系统的分项工程一般有：风管及配件制作、风管系统安装、消声设备和附件安装、风机安装、空调设备安装、系统检测、高效空气过滤器安装、局部净化设备安装、风管和设备的绝热保温等。

8）风管系统按其系统的工作压力分为三类，见表 7-1。

表 7-1 风管系统的类别

系统类别	系统工作压力/Pa	密封要求
低压系统	$p \leqslant 500$	接缝和接管连接处严密
中压系统	$500 < p \leqslant 1500$	接缝和接管增加密封措施
高压系统	$p > 1500$	所有的拼接缝和接管连接处,均应采取密封措施

注：洁净室洁净空调系统的风管密封均应按表中高压系统进行。

7.2　洁净风管制作及质量要求

7.2.1　制作质量要求

1）风管的规格、尺寸必须符合设计要求。

2）风管外观质量应达到折角平直、圆弧均匀、两端面平行、无翘角。

3）风管的内表面应平整光滑，严禁有横向拼缝和在管内设加固筋或采用凸棱加固方法。尽量减少底部的纵向拼缝。矩形风管底边≤800mm时，底边不得有纵向拼缝。所有的螺栓、螺母、垫圈和铆钉均应与管材性能匹配，采用不会产生电化学腐蚀的材料或镀锌。

4）洁净风管的咬口缝必须连接紧密，宽度均匀，无孔洞，无半咬口及胀裂现象。空气洁净度等级为1~5级的洁净空调系统风管不得采用按扣式咬口。

5）风管的咬口缝，铆钉孔及翻边的四个角，必须用对金属不产生腐蚀、流动性好、固化快、富于弹性及遇到潮湿不易脱落的密封胶进行密封。

6）风管制作完成后，再次用白绸布擦拭风管内表面，必须保证无油污和浮尘，然后用塑料薄膜将开口封闭。

风管加工完成后，不得露天堆放或长期搁置；成品风管的堆放场地要平整，堆放层数要按风管的壁厚和风管的口径尺寸而定，不能堆放过高造成受压变形；同时要注意不被其他坚硬物体冲撞造成凹凸及变形。

7）风管连接法兰的垫料应用闭孔海绵橡胶，其厚度不能小于5mm；连接时应尽量减少接头，接头必须采用榫形或楔形连接，并涂胶粘牢；法兰均匀压紧后的垫料宽度应与风管内壁齐平；注意垫料不能渗入管内，以免增大空气流动的阻力、减少风管的有效面积而形成涡流及增加风管内灰尘的积聚；连接法兰螺栓的螺母应在同一侧。

7.2.2　风管的漏光检查

洁净空调系统用风管的漏光检查是检查风管制作质量的重要工序，应引起高度重视，通常是在风管清洗后进行。

1）风管漏光检查宜在夜间进行，一定要采取必要的安全技术措施防止事故发生。

2）风管漏光检查应采用专用的碘钨灯、电缆等，详见表7-2。所有机具、工具外表必须清洁，无油污，无尘，无破损划伤现象，绝缘良好，并配置剩余电流断路器保护。

表7-2　风管漏光检查用具

机具设备名称	规格型号	备　　注
桶	15L	
碘钨灯	1000W	配置隔离变压器或剩余电流断路器
吸尘器	600~1500W	
活动脚手架（车）	高约12m	数量根据需要确定

3）风管漏光检查可利用风管清洗用场地进行，检查场地的要求与风管清洗用场地相同。

4）风管漏光检查一般步骤（此方法也适应于系统分段检漏）：

a. 揭开被剪断的一端密封薄膜，将碘钨灯具置入管内，灯具及线缆置入前应先揩擦干净，确保无尘埃。

b. 将风管两端用聚苯乙烯板封堵遮光。

c. 接通电源进行检查，有漏处做出标志。

d. 补胶堵漏，一般宜采用边检查边补胶的操作方法。

e. 检查完毕将密封保护恢复至原来状态，并做好检验记录。

5）风管漏光检查的质量要求：

a. 风管所有孔洞（包括铆钉孔）接缝、接头、翻边处涂胶无漏涂、流淌现象。

检验方法：目测观察有无遗漏孔洞或因密封胶未压实而产生的虚贴现象。

b. 用灯光检查是否有漏光现象。

检验方法：在黑暗环境中将强光源置入风管内，观察其有无漏光现象，不漏光为合格。

7.2.3 风管的强度和严密性要求

1）风管强度应能满足在 1.5 倍工作压力下接缝处无开裂。

2）风管的漏风量 $\leqslant 0.0117p^{0.65}$ $[m^3/(h \cdot m^2)]$，其中 p 为风管工作压力（Pa）。

7.3 风管及附件的清洗

洁净空调系统的风管及其附件的清洗是施工过程中的一个重要工序，做好风管的清洗，不仅可以控制系统的洁净度，还可以保证高效空气过滤器的使用寿命及系统运行的洁净度。

7.3.1 对清洗用材料的要求

1）洁净空调风管清洗工作所使用的清洗剂、溶剂和抹布应符合表7-3所示的要求。

2）用自来水清洗风管及零部件外表面时，应保持水质清洁，无杂质和泥沙。

表 7-3 清洗用材料

材料名称	规　格	备　注
三氯乙烯	工业纯	
乙醇	工业纯	
洗洁精	家用	
活性清洗剂		适用于清洗洁净厂房
绸布		
塑料薄膜	厚 0.1mm	
封箱带	宽 50mm，厚 0.1mm	
纯水	10MΩ	
其他过滤水	无残留杂质、中性	

7.3.2 对清洗用具的要求

1）清洗风管用的机具设备应专管专用，不得使用清洗风管的容器盛装其他溶剂、油类及污水，并应保持容器的清洁干净。

2）清洗用具不得对人体和风管材质产生危害，并应保证不带尘、不产尘（如掉渣、掉毛、使用后产生残迹等）。

7.3.3　作业条件

1）清洗场地要求封闭隔离。清洗场地地面应铺设干净不产尘的地面保护材料（如橡胶板、塑料板等），每天至少清扫擦拭 2～3 次，保持场内干净无尘。

2）清洗场地应建立完善的卫生管理制度，对进出人员及机具、材料、零部件进行检查，符合洁净要求方可入内。

3）清洗、漏光检验场地可使用厂房进行间壁隔离设置，但应符合清洁无尘源的要求和漏光检验时遮光的要求，并便于管理和成品的运输。

4）清洗场地应配备良好的通风设施，保持良好的通风状态，在风管清洗时（包括槽、罐内清洗）应具有良好的通风方可施工。

7.3.4　作业过程

1）风管及部件的清洗步骤：

a. 检查涂胶密封是否合格，如不合格应补涂，直至合格。

b. 用半干抹布擦拭外表面。

c. 用清洁半干抹布擦拭内表面浮尘。

d. 用三氯乙烯或经稀释的乙醇、活性清洗剂擦拭内表面，去掉所有的油层、油渍。

e. 将擦净的产品进行干燥处理（风干或吹干）。

f. 用白绸布检查内表面清洗质量，白绸布揩擦不留任何灰迹、油渍即为清洗合格。

g. 立即将产品两端用塑料薄膜及粘胶带（50mm 宽）进行封闭保护，防止外界不净空气渗入，严禁使用捆扎方法封口。

2）专业技术人员应根据空气洁净度等级采用的清洗剂、清洗部件等要求向操作人员进行技术交底和操作培训。

7.3.5　成品保护

1）凡清洗后的产品，两端应用塑料薄膜进行封闭保护，如工作需要揭开保护膜，在操作后应立即恢复密封，非工作需要不得擅自揭开保护膜。

2）保护膜遭破坏应及时修复，以保证管内洁净度，否则应重新清洗，重新密封处理。

3）凡经检验合格者应加检验合格标志，并妥善存放保管，防止混用。存放场地应清扫干净，铺设橡胶板加以保护。

7.4　风管及附件安装

7.4.1　作业条件

1）送排风系统和空调系统的安装，要在建筑物围护结构施工完成、安装部位的障碍物已清理、地面无杂物的条件下进行。

2）空调系统风管的安装，应在建筑物内部安装部位的地面已做好、墙面已抹灰完毕、室内无灰尘飞扬或有防尘措施的条件下进行。

3）检查现场结构预留孔洞的位置、尺寸是否符合图样要求，有无遗漏现象，预留的孔洞应比风管实际截面每边尺寸大 100mm。

4）作业地点要有相应辅助设施，如梯子、架子及电源和安全防护装置、消防器材等。

5）风管、附件以及各类成品、半成品，应有出厂合格或质量保证文件。

6）支吊架安装前必须经镀锌处理。

7）安装应按设计图或大样图进行，并应有施工技术、质量和安全保证。

7.4.2 作业工艺

1）首先应根据现场定位尺寸和具体情况，在梁柱上选择两个可靠的吊点，然后挂好倒链或滑轮，用绳索将风管捆绑结实。

2）起吊时，当风管离地 200～300mm 时，应停止起吊，仔细检查手拉葫芦或滑轮受力点和捆绑风管的绳索、绳扣是否牢靠，风管的重心是否正确。确认无误后，再继续起吊。

3）风管放上支、吊架后，将所有托盘和吊杆连接好，确认风管稳固好后，才可以解开绳扣。

4）安装支吊架方法：①按风管的中心线找出吊杆敷设位置；②风管支、吊杆均采用膨胀螺栓安装形式；③立管管卡安装时，应先把最上面的一个管件固定好，再用线锤在中心处吊线，下面的管卡即可按垂线进行固定；④当风管较长需要安装一排支架时，可先把两端的安装好，然后以两端的支架为基准，用拉线法找出中间支架的标高以便进行安装。

5）洁净风管连接必须密封。法兰垫料应为不产尘、不易老化和具有一定强度、柔性的材料，厚度为 5～8mm，不得采用乳胶海绵。严禁在垫料表面刷涂料。法兰密封垫及接头方法必须符合设计要求和施工规范规定。法兰密封垫应尽量减少接头，且接头须采用阶梯形或楔形。

6）经清洗密封的洁净空调系统风管及附件安装前不得拆卸，安装时打开端口封膜后，随即连接好接头；若中途停顿，应把端口重新封好。风管静压箱安装后内壁必须进行清洁，要求无浮尘、油污、锈蚀及杂物等。

7）风管的法兰连接应平行、严密、螺栓紧固。螺栓露出长度应一致，同一管段的法兰螺母在同一侧。

8）调节阀、消声器等部件安装时必须清除内表面的油污和尘土。调节阀的轴与阀体连接处缝隙应有密封措施。

9）安装必须牢固，位置、标高和走向应符合设计要求，部件方向正确，操作方便。防火阀检查孔的位置必须设在便于操作的部位。

10）支、吊、托架的形式、规格、位置、间距及固定必须符合设计要求和施工规范的规定，严禁设在风口、阀门及检视门处。不锈钢、铝板风管采用碳素钢支架时，必须进行防腐绝缘及隔离处理。

11）风管与洁净室吊顶、隔墙等围护结构的穿越处应严密，可设密封填料或密封胶，密封后不得有渗漏现象发生。

12）风管系统中应在适当位置设清扫孔及风量、风压测定用孔，孔口安装时应除尘土和油污，安装后必须将孔口封闭。

13）风管保温层外表面应平整、密封，无振裂和松弛现象。若洁净室内的风管有保温要求时，保温层外应加金属保护壳，其外表面应当光滑不积尘，便于擦拭，接缝必须密封。

7.4.3 质量检查

风管系统安装完毕后，保温之前应进行严密性试验，当设计对漏风量检查和评定标准有具体要求时，应按设计要求进行；设计无要求时，按前述规定检查。

7.5 空调机组的安装

7.5.1 作业流程

空调机组安装的作业流程如下：

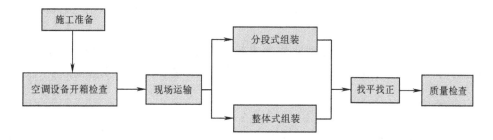

7.5.2 作业过程

1）空调机组安装前的准备如下：

a. 安装前认真熟悉图样、设备说明书以及有关的技术资料，进行施工前准备。并认真核对空调机组是否符合设计的规格、性能参数以及方向的要求。

b. 设备安装前应将设备基础与设计图核对，并对尺寸进行仔细检查。

2）放线就位和找平找正。设备就位前，应按施工图和有关建筑物的轴线或边缘线及标高线，划定安装的基准线。设备找正、调平的定位基准面、线或点确定后，设备的找正、调平均应在给定的测量位置上进行检验。

3）空调机组如需安装减振器，应严格按设计要求的减振器型号、数量和位置进行找平找正、安装。

4）安装空调箱时应对内部进行清洁擦拭，做到无浮尘、无油污。

5）空气过滤器的安装应平正、牢固；过滤器与框架间缝隙封堵要严密，且过滤器便于拆卸。过滤器前后应装压差计，其测定管应畅通、严密、无裂缝。

6）设备检查门的门框平整，密封垫应符合要求。表冷器的冷凝水排出立管上应设水封装置，确保空调机组密闭不漏风。

7）现场组装的空调机，应作漏风量检测，其漏风量必须符合现行国家标准 GB/T 14294—2008《组合式空调机组》的规定。检查数量，对空气洁净度等级 1～5 级为全数检查，6~9级抽查50%。

7.6 高效空气过滤器安装

7.6.1 高效空气过滤器安装条件

1）洁净室内的装修、安装工程全部完成，并对洁净室进行全面清扫、擦净。

2）洁净空调系统内部必须进行全面清洁、擦拭，并进行认真检查，若发现有积尘现象，应再次进行清扫、擦净，以达到清洁要求。

3）若在技术夹层或吊顶内安装高效空气过滤器，则要求对夹层或吊顶内进行全面清扫、擦净，以达到清洁要求。

4）高效空气过滤器在安装现场拆开进行外观检查，检查内容包括框架、滤材、密封胶有无损伤；各种尺寸是否符合图样要求；框架有无毛刺和锈斑（金属框）；有无产品合格证，其技术性能是否符合工程设计要求。

对于空气洁净度等级等于和严于5级（100级）洁净室所用的高效空气过滤器，应按规定进行检漏，检漏合格后方可安装。

5）洁净室和洁净空调系统达到清洁要求后，洁净空调系统必须进行试运转（空吹），连续试运行时间为12~24h，空吹后再次清扫、擦净洁净室，并立即安装高效空气过滤器。

7.6.2 高效空气过滤器安装要求

1）高效空气过滤器安装形式有洁净室内安装和更换方式，吊顶或技术夹层安装和更换方式（图7-1）；按高效空气过滤器与框架之间的密封方法有密封垫、负压密封、液槽密封等，液槽密封是往密封槽中灌注封液，利用该密封液实现洁净室内、外的密封，如图7-2所示。

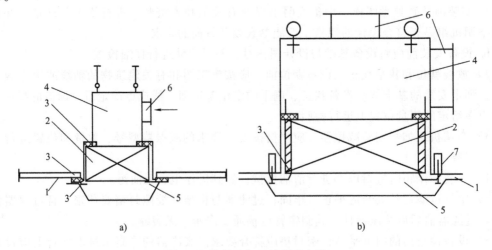

a)   b)

图7-1 高效空气过滤器的安装

a）在洁净室内安装和更换 b）在技术夹层或吊顶内安装和更换

1—顶棚 2—高效空气过滤器 3—密封垫 4—静压箱 5—扩散板 6—连接风管 7—压框

2）高效空气过滤器的运输、存放应按制造厂标注的方向放置。搬运过程中应轻拿轻放，避免剧烈振动和碰撞。

3）安装过程应根据各台过滤器的阻力大小进行合理调配。高效空气过滤器安装时，外框上箭头和气流方向应一致。

4）安装高效空气过滤器的框架应平整，每个高效空气过滤器的安装框架平整度允许偏差应小于 1mm。

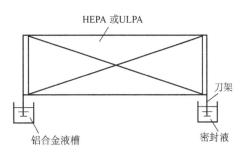

图 7-2　高效过滤器的液槽密封示意图

5）高效空气过滤器不论采用何种密封方式，都必须将填料表面、过滤器边框表面、框架表面以及液槽擦净。采用密封垫时，其垫片厚度不宜超过 8mm，其接头形式和材质可与洁净风管法兰密封垫相同。采用液槽密封时，液槽的液面高度要符合设计要求，一般为 2/3 槽深，密封液的熔点宜高于 50℃，框架各接缝处不得有渗液现象。采用双环密封条时，粘贴密封条不能堵住孔眼；双环密封、负压密封时都必须保持负压管道畅通。

7.7　净化设备安装

1）根据洁净厂房中产品生产的需要和人员净化、物料化等要求，一般设置有各种类型的净化设备。各类净化设备与洁净室的围护结构相连时，其接缝必须密封。

2）风机过滤单元（FFU）、空气净化设备（FMU）的安装，一般应做到如下要求：

a. FFU 或 FMU 装置应在清洁的现场进行外观检查，目测不得有变形、锈蚀、漆膜脱落、拼接板破损等现象。

b. 在风机过滤单元的高效空气过滤器安装前应进行检漏，合格后才能进行安装。安装方向必须正确，安装后的风机过滤单元应便于检修。

c. 安装后的风机过滤单元，应保持整体平整，与吊顶衔接良好。风机箱与过滤器之间的连接、风机过滤器单元与吊顶框架连接之间均应设有可靠的密封措施。

d. 风机过滤单元在进行系统试运转时，必须在进风口加装临时中效空气过滤器。

3）带有风机的气闸室、风淋室与地面间应设置隔振垫，安装时应按产品说明要求，做到平整并与洁净室围护结构间配合适当，其接缝应进行密封。

4）机械式余压阀的安装，阀体、阀板的转轴均应水平，允许偏差为 2/1000。余压阀的安装位置应符合设计要求，一般设在室内气流的下风侧，并不应在工作面高度的范围内。

5）传递窗的安装应符合设计图样和产品说明书的要求，安装应牢固、垂直，与墙体的连接处应进行密封。

6）洁净层流罩的安装应做到如下要求：

a. 应设有独立的吊杆，并设有防晃动的固定措施。

b. 层流罩安装的水平度的允许偏差为 1/1000，高度的允许偏差为 ±1.0mm。

c. 当层流罩安装在吊顶上时，其四周与顶棚之间应设有密封和隔振措施。

思 考 题

1. 洁净空调系统的施工安装有什么要求？
2. 洁净风管和普通风管相比，其制作和质量要求有什么不同？
3. 对洁净空调系统风管及其附件的清洗、安装有什么特殊要求？
4. 洁净系统中空调机组安装的作业过程有哪些？
5. 高效空气过滤器有哪些安装条件和安装要求？

二维码形式客观题

扫描二维码可自行做题，提交后可查看答案。

第 8 章
洁净室的检测与认证

8.1 检测程序及要求

8.1.1 检测程序

洁净室的检测主要是指对洁净室或洁净区域的空气洁净度等级进行测定，生物洁净室还要进行浮游菌、沉降菌的测试。在工程建设过程中的检测主要包括工程竣工验收和洁净室综合性能评定两个阶段的检测。在洁净厂房使用过程中，应对洁净室或洁净区域进行监测，并定期进行综合性能测试，以认证该洁净室或洁净区域是否始终符合要求。

1）洁净室的检测首先应明确洁净室或洁净区域的占用状态，按照 GB 50073—2013《洁净厂房设计规范》规定，洁净室检测状态分为空态、静态和动态三种：

a. 空态检测。设施已建成，其服务动力共用设施区接通并运行，但在无生产设备、材料和人员的状态下所进行的测试称为空态检测。

b. 静态检测。设施已建成，生产设备已经安装好，并按供需双方商定的状态运行，但无生产人员的状态下所进行的测试称为静态检测。

c. 动态检测。设施以规定的方式运行，并在商定的状态下进行工作，在此情况下进行的测试称为动态检测。

2）洁净室的检测可分为洁净室工程竣工验收的检测、综合性能评定的检测和运行中的监测及定期综合性能检测，目的是认证该洁净室（区）是否始终符合设计要求，确保工厂的生产环境满足产品质量需求，达到稳定的产品质量、成品率，创造较好的经济效益。

3）建设单位最关心运行状态下的洁净室空气洁净度等级，即生产设备运转及操作人员在场的工作状态时的测试结果，即动态的测试结果。而施工者通常希望在空态下测试的结果作为工程竣工验收结果。

我国 GB 50591—2010《洁净室施工及验收规范》中明确规定，工程竣工验收及综合性能全面评定主要由建设单位负责，设计和施工单位配合，且竣工验收的检测和调整应在空态下进行，综合性能全面评定的检测状态应由建设单位、设计单位和施工单位三方协商确定。主要原因是洁净室动态测试一般超出了洁净室施工单位的控制范围，而且以空态或静态作为检测状态的规定更能及时客观地评价工程的质量。

8.1.2 检测内容

（1）竣工验收　GB 50591—2010《洁净室施工及验收规范》中明确规定，竣工验收在对各分部工程作外观检查、单机试运转、系统联合试运转，空态或静态条件下的洁净室性能检测和调整以及对有关的施工检查记录合格后进行。

（2）综合性能全面评定 综合性能全面评定的检测工作必须由有经验的第三方承担，而且所用仪表必须合格有效。检测工作须在系统调整符合设计要求并运行至少 24h 后进行，而且在检测之前，必须对洁净室及净化空调系统再次进行全面彻底的清扫。

（3）洁净室（区）性能测试和认证 洁净室（区）投入运行后，为了检测其综合性能是否可以始终符合设计要求、标准规范的规定和满足业主的产品生产质量要求，需对洁净室（区）进行监测和定期性能测试认证，测试认证工作应由专门的洁净室检测认证单位承担。

上述三种不同阶段、不同时序的洁净室（区）的检测内容及要求，有相同也有差异，表 8-1 列出了它们的各自检测项目的情况。

表 8-1 洁净室（区）各阶段测试要求

序号	项　目	工程竣工验收	综合性能验收	性能测试认证
1	室内送风量,系统总新风量(必要时系统总送风量),有排风时的室内排风量	√	√	√
2	静压差	√	√	√
3	截面平均风速	√	√	Δ
4	截面风速不均匀度	√	√	Δ
5	空气洁净度等级	√	√	√
6	浮游菌和沉降菌	O	O	O
7	室内温度和相对湿度	√	√	Δ
8	室内温度(或相对湿度)波动范围和区域温差	O	O	Δ
9	室内噪声级	√	√	Δ
10	室内倍频程声压级	O	O	Δ
11	室内照度和照度均匀度	√	√	Δ
12	室内微振	O	O	Δ
13	表面导电性能	O	O	Δ
14	室内气流流型	O	O	Δ
15	流线平行性	O	O	Δ
16	自净时间	O	O	Δ
17	通风机风量、转数	√	×	×
18	高效空气过滤器检测	√	×	Δ
19	污染泄漏		×	Δ

注：√—检测；O—必要时测；Δ—洽商选测；×—不检测。

8.2 检测方法及评定标准

8.2.1 高效空气过滤器检漏

高效空气过滤器本体在进入现场前，生产厂家应按规定进行性能实验检测（如 DOP 实验等），并提供合格证（性能实验结果）。对于 5 级（100 级）以上洁净室所使用的高效空气过滤器，在现场应再次进行高效空气过滤器本体的性能检测，同时进行检漏试验以确认高效空气过滤器是否正确安装。在大规模集成电路生产的超洁净技术中（如 $0.1\mu m$，1 级），由于新风量往往仅是循环风量的百分之几，经过稀释上风侧也变成 6 级（1000 级）的程度。在这种情况下，就必须重新考虑采用 DOP 检漏试验。

1. 检测要求

1）一般采取粒子计数器法进行检漏，被检高效空气过滤器必须已检测过风量，并在设计风速的 80% ~120% 进行。

2）对于被检高效空气过滤器上风侧的微粒浓度符合下列要求：

对受控微粒 $\geqslant 0.5\mu m$ 的浓度，必须大于等于 $3.5\times10^4 pc/L$。

对受控微粒 $\geqslant 0.1\mu m$ 的浓度，必须大于等于 $3.5\times10^6 \sim 3.5\times10^7 pc/L$。

2. 检测方法

采用扫描法对高效空气过滤器安装接缝和主断面进行检测，检测点应距被测表面 20 ~30mm，测头以 5 ~20mm/s 的速度移动，对被检过滤器整个断面、封胶头和安装框架处进行扫描，如图 8-1 所示。粒子计数器的最小采样量大于 1L/min。

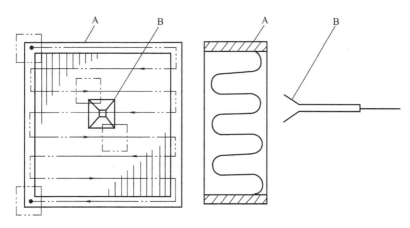

图 8-1　扫描方法示意图

A—高效空气过滤器　B—粒子计数器检测口

3. 检测设备

（1）光散射粒子计数器　其工作原理是利用空气中的微粒对光线的散射现象，将采样空气中微粒的光脉冲信号转换为相应的电脉冲信号来测定微粒的颗粒数，利用微粒的光散射强度与微粒粒径的平方成正比的关系，测量微粒粒径大小。光散射粒子计数器的工作原理如图 8-2 所示，仪器一般由气路系统、光学系统、电路系统和电源等部分组成。国产的 Y09 等系列粒子计数器，进口的 Royco-245 粒子计数器均属于此类粒子计数器。

（2）激光粒子计数器　其工作原理与光散射粒子计数器基本相同，但因采用了比光散射粒子计数器强 100 倍的氦-氖激光光源，所以微粒粒径的检测范围达 $0.1\mu m$。图 8-3 所示是该类计数器光学系统简图。

（3）凝聚核粒子计数器　它是利用饱和蒸汽让微小粒子凝聚为大粒径粒子，进行微粒粒子浓度测定，图 8-4 所示是凝聚核计数器工作原理简图。采样空气中的微粒，经过温度为

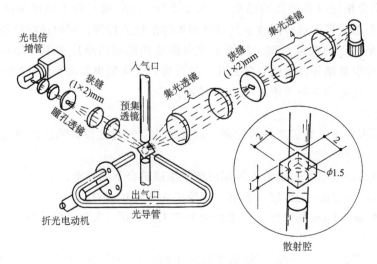

图 8-2 光散射粒子计数器的工作原理

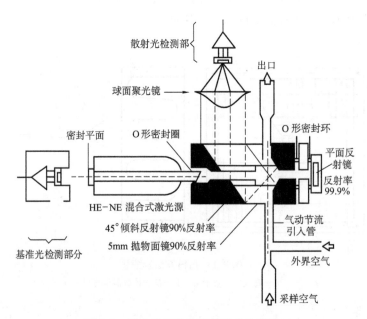

图 8-3 激光粒子计数器光学系统简图

35℃的饱和管，然后在温度为10℃的凝聚管内由媒介液进行凝聚，直至增大到能够检测到散射光的粒径为止，其他部分与一般光散射粒子计数器相同。

4. 合格标准

GB 50591—2010《洁净室施工及验收规范》中规定，由高效空气过滤器下风侧泄漏浓度换算成的透过率来衡量其是否合格，其合格标准如下：

对于高效空气过滤器
$$K' = \frac{c_2}{c_1} \times 100\% \leqslant 2K \tag{8-1}$$

对于超高效空气过滤器
$$K' = \frac{c_2}{c_1} \times 100\% \leqslant 3K \tag{8-2}$$

式中　K——过滤器出厂时检测合格的透过率；

　　　K'——过滤器的泄漏浓度换算成的透过率；

　　　c_1——过滤器上风侧含尘浓度；

　　　c_2——过滤器下风侧含尘浓度。

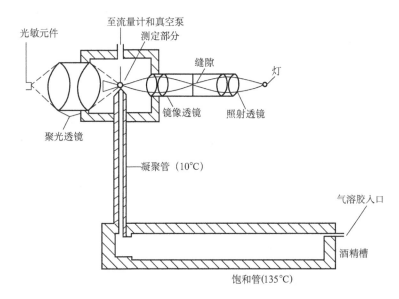

图 8-4　凝聚核粒子计数器原理简图

8.2.2　静压差

此项检测的目的是为了测定洁净室的静压差，它可以是正压或负压，以防止洁净室内（外）气流被污染。

1. 检测要求

1）静压差的测定要求在洁净区内所有的门全部关闭的情况下进行。

2）在洁净室平面上应从洁净度由高到低的顺序依次进行，一直检测到直通室外的房间。

3）测管口设在室内没有气流影响的任何地方均可，测管口面与气流流线平行。

4）所测定记录的数据应精确到 0.1Pa。

2. 检测方法

1）先关闭所有的门。

2）用微压差计测量各洁净室之间、洁净室走廊之间、走廊与外界之间的压差。

3）记录所有数据。

3. 测量仪器

采用 YJB—150 补偿微压差计，量程为 0～1500Pa，或采用其他压差计。仪表灵敏度要求小于 0.1Pa。

4. 合格标准

按照洁净室设计或工艺要求决定维持被测洁净室的正压或负压值。

1）不同级别的洁净室或洁净区与非洁净室（区）之间的静压差，应不小于 4.9Pa。

2）洁净室（区）与室外的静压差，应不小于 9.8Pa。

3）对于空气洁净度等级高于 5 级（100 级）的单向流洁净室在开门时，门内 0.6m 处的室内工作面含尘浓度应不大于相应级别的含尘浓度限值。

4）若达不到以上标准的要求，应重新调整新风量、排风量，至合格为止。

8.2.3　风速、风量的测定

1. 检测要求

1）风量、风速应首先检测。

2）风量检测前，必须检查风机运行是否正常，系统各部件安装是否正确，有无障碍，所有阀门应固定在一定的开启位置上，并应检查实测风管、风口的尺寸是否符合设计要求。

2. 检测方法

1）对于单向流洁净室，风量利用下式计算：

$$Q = \bar{v}F \times 3600 \tag{8-3}$$

式中　Q——洁净室送风量（m^3/h）；

F——洁净室的测定截面面积（m^2）；

$\bar{v}$——洁净室截面平均风速（m/s）。

对于垂直单向流洁净室，测定截面取距高效空气过滤器 0.3m 且垂直于气流的水平截面；对水平单向流洁净室，测定截面取距送风面 0.3m 的垂直截面。测点间距不应大于 0.6m，测点数不应少于 5 个，并均匀布置，取所有测定值的算术平均值作为平均风速。

2）对非单向流洁净室，风量的测量有风管法和风口法两种。

a. 风管法测定风量。对于风口上风侧有较长的支管段，且已经或可以钻孔时，可用风管法测定风量。测定截面位置原则上选择在气流比较稳定均匀的地方；距局部阻力部件的距离，在局部阻力部件前不少于 3 倍风管管径或长边长度；在局部阻力部件后不少于 5 倍风管管径或长边长度。

对于矩形风管，将测定截面分成若干个相等的小截面，尽可能接近正方形，边长最好不大于 200mm，其截面积不大于 $0.05m^2$，测点位于各个小截面的中心处，整个截面测点数不少于 3 个，测点布置见图 8-5。

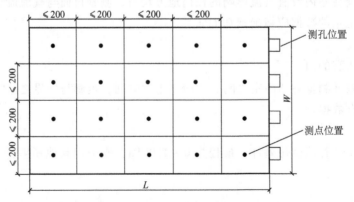

图 8-5　矩形风管测点位置示意图

对于圆形风管截面，应按等面积圆环法确定测定截面和截面测点数，即根据管径大小将圆管截面分成若干个面积相等的同心圆环，每个圆环上有四个测点，四个测点必须在相互垂直的两个直径上，圆环的中心设一个测点，测点的布置见图 8-6。

等面积同心圆环和同心圆半径按下面两式确定：

圆环的面积 $\quad F_m = \dfrac{\pi D^2}{4n}$ $\qquad$ (8-4)

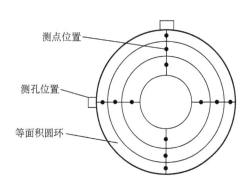

图 8-6 圆形风管测点位置示意图

圆环半径 $\quad R_m = \dfrac{D}{2} \times \sqrt{\dfrac{m}{n}}$ $\qquad$ (8-5)

式中 $\quad D$——测量风管截面直径（mm）；

$\quad m$——圆环的序数（由中心算起）；

$\quad n$——圆环的数量。

圆环划分数按表 8-2 确定。

表 8-2 圆环划分表

风管直径/mm	< 200	200 ~ 400	400 ~ 700	> 700
圆环个数	3	4	5	> 6

各测点距风管中心的距离 R'_m 按下式计算：

$$R'_m = \frac{D}{4} \times \sqrt{\frac{2m-1}{2n}} \qquad (8-6)$$

式中 $\quad R'_m$——从圆风管中心至第 m 个测点的距离（mm）；

$\quad D$——风管直径（mm）；

$\quad m$——圆环的序数（由中心算起）；

$\quad n$——圆环的总数。

各测点距测孔（即风管壁）的距离 L_1、L_2（图 8-7）按以下两式计算：

$$L_1 = \frac{D}{2} - R'_m \qquad (8-7)$$

$$L_2 = \frac{D}{2} + R'_m \qquad (8-8)$$

式中 $\quad L_1$——由风管内壁到某一圆环上最近的测点之距离（mm）；

$\quad L_2$——由风管内壁到某一圆环上最远的测点之距离（mm）。

风管内送风量按下式计算：

$$Q = \bar{v}F \times 3600 \qquad (8-9)$$

式中 $\quad Q$——风管内送风量（m³/h）；

$\quad F$——风管的测定截面面积（m²）；

$\quad \bar{v}$——风管截面平均风速（m/s）。

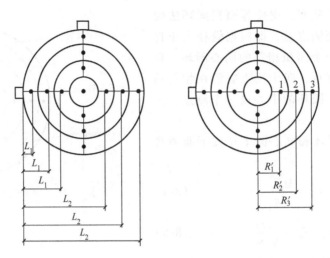

图 8-7　圆形风管测点距离

风速可以通过热球风速仪直接测量，然后取平均值；也可以利用皮托管和微压计测量风管上的平均动压，通过计算求出平均风速。当风管的风速超过 2m/s 时，用动压法测量比较准确。取算术平均动压值或均方根动压值作为计算风管截面平均风速的依据。通常测定值读数应在 2 次以上取平均值，各点动压值相差较大时，用均方根法比较准确。

b. 风口法测量风量。对于管路比较复杂，在管段上测量困难时，也可以用风口法测量送风量。对安装有高效过滤器的风口，可采用辅助风管测量风量，即用硬质板材做成与风口截面积相同，长度等于 2 倍风口边长的直管段，连接于过滤器风口处，在辅助风管出口平面上测量。

测定时将平面划分为等面积的网络，测量并记录每个网格点的风速；每次测试至少进行 5s，取此时间内的平均值为测量结果。为取得稳定数据，应将风速计放在适当的支架上。将所有读数的算术平均值作为平均气流速度，以此计算出风量。

3. 测量设备

热球风速仪、皮托管和微压计等。热球风速仪的量程宜采用 0.05 ~ 5m/s，精度 < ±3%。常用的皮托管有 500mm、1000mm、1500mm。

4. 合格标准

1）实测室内平均风速应为设计风速的 1 ~ 1.2 倍，且为正偏差；单向流洁净室的截面风速不均匀度不应大于 0.25。风速不均匀度按下式计算：

$$\beta_v = \frac{\sqrt{\dfrac{\sum (v_i - \bar{v})^2}{n-1}}}{v} \tag{8-10}$$

式中　β_v——风速不均匀度；

　　　v_i——任一点实测风速（m/s）；

　　　$\bar{v}$——平均风速（m/s）；

　　　n——测点数。

2）实测新风量与设计新风量之差不应超过设计风量的 10%。

3）洁净室系统总风量与设计风量的允许偏差为 0 ~ 20%，室内各风口风量与各自设计的风量之差不应超过设计风量的 15%。

8.2.4　洁净度的测定

1. 检测要求

1）测定之前，净化空调系统已经经过反复清洗，并连续稳定运行在 24h 以上。

2）必须在空气流量、流速、压差以及过滤器检漏、维护结构泄漏测试之后进行。

3）所用测试仪器必须经过有效标定，并在有效期范围内。粒子计数器的采样量必须在 1L/min 以上。

2. 检测方法

最小采样点数目按下式计算：

$$N_L = A^{0.5} \tag{8-11}$$

式中　N_L——最小采样点数目（四舍五入为整数）；

　　　A——洁净室或洁净区的面积（m^2）。

在水平单向流时，面积 A 可以看成是与气流方向垂直的空气的截面积，采样点应均匀分布在整个洁净室或洁净区内，并位于工作区的高度（距地坪 0.8m 的水平面）或业主、设计单位指定的位置。

各采样点的每次采样量应符合 GB 50073—2013《洁净厂房设计规范》规定，在指定的空气洁净度等级下考虑粒径的最大浓度限值时，每个采样点要采集能保证检测出至少 20 个粒子的空气量，每个采样点的每次采样量 V_s 用下式确定：

$$V_s = \frac{20}{C_{n,m}} \times 1000 \tag{8-12}$$

式中　V_s——每个采样点的每次采样量（L）；

　　　$C_{n,m}$——被测洁净室的空气洁净度等级被考虑粒径的最大浓度限值（pc/m^3）；

　　　20——在规定被测粒径粒子的空气洁净度等级限值时，可检测到的粒子数（pc）。

但 V_s 必须大于等于 2L，采样时间最少为 1min，当 V_s 很大时，可使用顺序采样法。

对于任一个洁净室（区）的采样次数至少应为 3 次。当洁净室（区）仅有一个采样点时，则在该点至少采样 3 次。对于单向流洁净室，采样口应对着气流方向；对于非单向流洁净室，采样口宜朝上；采样口处的采样速度应尽可能接近空气气流速度。

对于空气洁净度等级表中粒径范围之外的粒子的粒径及计数，通常是用户和供应商就这类粒子的最大允许浓度和选择验证的相符性的测试方法等问题达成协议。

3. 检测仪器

测量粒径≥0.5μm 粒子时，建议采用光学粒子计数器。

测量粒径≥0.1μm 粒子时，建议采用大流量的激光光学粒子计数器。

测量粒径≥0.02μm 粒子时，建议采用凝聚核激光粒子计数器。

4. 合格标准

1）记录每次采样测量的结果与空气洁净度等级相关的各个被考虑的粒径浓度，并计算采样数据的平均值。

2）当采样点只有一个或多于 9 个时，不用计算 95% 置信上限。当采样点多于 1 个而少于 10 个时，应计算粒子平均浓度的平均值、标准误差和 95% 置信上限。

3）每次性能测试或再认证测试应做记录，并提交性能合格或不合格的综合报告。

4）如果在每个采样点测得的粒子平均浓度 $X_i \leqslant$ 级别上限，即室内平均浓度统计值95%置信上限 $\leqslant$ 级别上限，则该洁净室或洁净区即被认为是达到了规定的空气洁净度等级。

5）如果是由于测量差错或异常低的粒子浓度，而产生单个的非随机性的"界外值"，影响95%置信上限的计算结果不能满足规定的空气洁净度等级时，在符合条件的情况下，可以把该"界外值"排除，但最多只有一个测量值排除在外。

8.2.5　微生物测定

空气中悬浮微生物的测定有多种，但其测定的基本过程都是经过捕集—培养—计数的过程。目前普遍采用的是浮游菌和沉降菌的测试方法。浮游菌测试方法是通过收集悬浮在空气中的生物粒子于专门的培养基平皿，经若干时间在适宜的生长条件下让其繁殖到可见的菌落进行计数，以此来判定洁净环境内单位体积空气中的活微生物数。沉降菌测试方法是通过自然沉降原理收集在空气中的生物粒子于培养基平皿，经若干时间，在适宜的条件下让其繁殖到可见的菌落进行计数，以平板培养皿中的菌落数来判定洁净环境内的活微生物数。

1. 检测要求

1）检测前，被测洁净室的运行状态必须在正常状态，其温度、湿度、风量、风压及风速必须在控制的规定值内；被测试的洁净室（区）应已进行过消毒；同时，洁净室的测试状态必须符合生产工艺的要求，并在测试报告中注明其测试状态。

2）测试人员必须穿戴洁净服，而且一般不得超过两个人。

3）净化空调系统正常运转时间，对单向流如5级（100级）洁净室或层流工作台不得少于10min；对非单向流如7级（10000级）、8级（100000级）的洁净室不得少于30min。

4）采样点的布置及要求：

a. 浮游菌测试时，采样点位置可以与悬浮粒子测试点相同。工作区测点位置距地面0.8~1.5m（略高于工作面）；送风口测点位置距送风面30cm左右。根据需要可在关键设备或关键工作活动范围处增加测点。采样点的布置应力求均匀，避免局部区域过于集中或稀疏。浮游菌测试的最少采样点数分为日常监测及环境验证两种情况，见表8-3。

表8-3　浮游菌的最少采样点数　　　　　　　　　（单位：个）

面积 A/m^2	空气洁净度等级							
	A 级		B 级		C 级		D 级	
	环境验证	日常监测	环境验证	日常监测	环境验证	日常监测	环境验证	日常监测
$A < 10$	2~3	1	2	1	2	—	2	—
$10 \leqslant A < 20$	4	2	2	1	2	—	2	—
$20 \leqslant A < 40$	8	3	2	1	2	—	2	—
$40 \leqslant A < 100$	16	4	4	1	2	—	2	—
$100 \leqslant A < 200$	40	—	10	1	3	—	3	—
$200 \leqslant A < 400$	80	—	20	1	6	—	6	—
$A \geqslant 400$	160	—	40	1	13	—	13	—

注：1. 表中面积，对单向流洁净室（包括层流工作台），指的是送风口表面积；对非单向流洁净室，指的是房间面积。

　　2. 日常监测的采样点数由生产工艺的关键操作点来确定。

b. 沉降菌测试时，采样点的位置可以与悬浮粒子测试点相同。工作区采样点的位置距地面 0.8 ~ 1.5m（略高于工作面）；根据需要可在关键设备或关键工作活动范围处增加测点，采样点的布置也应力求均匀。沉降菌测试的最少采样点数可按表 8-4 确定。

表 8-4 沉降菌测试的最少采样点数   （单位：个）

面积 A/m^2	空气洁净度等级		
	A 级	B 级	C 级
$A < 10$	2 ~ 3	2	2
$10 \leqslant A < 20$	4	2	2
$20 \leqslant A < 40$	8	2	2
$40 \leqslant A < 100$	16	4	2
$100 \leqslant A < 200$	40	10	3
$200 \leqslant A < 400$	80	20	6
$400 \leqslant A < 1000$	160	40	13
$1000 \leqslant A < 2000$	400	100	32
$A \geqslant 2000$	800	200	63

注：表中面积，对于单向流洁净室是指送风口面积；对于非单向流洁净室是指房间的面积。

对沉降菌法不仅要满足最少采样总数，还应满足最少培养皿数，见表 8-5。

表 8-5 沉降菌测试最少培养皿数

空气洁净度等级	$\phi 90mm$ 培养皿数（以沉降 0.5h 计）/个	空气洁净度等级	$\phi 90mm$ 培养皿数（以沉降 0.5h 计）/个
高于 A 级	44	C 级	2
A 级	14	D 级	2
B 级	5		

浮游菌测试法的最小采样量应按不同空气洁净度等级确定，见表 8-6。

表 8-6 浮游菌测试法的最小采样量

空气洁净度等级	采样量/（L/次）		空气洁净度等级	采样量/（L/次）	
	日常监测	环境验证		日常监测	环境验证
A 级	600	1000	C 级	50	100
B 级	400	500	D 级	—	100

2. 检测方法

（1）浮游菌的检测方法

1）首先应对测试仪器、培养皿表面进行严格消毒。采样器进入被测房间前先用消毒房间的消毒剂灭菌，用于 100 级洁净室的采样器宜一直放在被测房间内；用消毒剂擦净培养皿的外表面，把采样器的顶盖、转盘以及罩子内外消毒干净；采样口及采样管在使用前必须高温灭菌。

2）采样者应穿戴与被测洁净室相应的洁净服，在转盘上放入或调换培养皿前，双手要用消毒剂消毒。

3）开动真空泵抽气，使仪器中的残余消毒剂蒸发，时间不少于5min，并调好流量、转盘转速。

4）关闭真空泵，放入培养皿，盖好盖子后调节采样器。

5）置采样口于采样点后，依次开启采样器、真空泵，转动定时器，根据采样量选定采样时间。

6）全部采样结束后，将培养皿倒置于30～35℃恒温培养箱中培养，时间不少于45h。

7）用肉眼直接计数，然后用5～10倍放大镜检查，是否有遗漏。若平板上有两个或两个以上的菌落重叠，分辨时仍以两个或两个以上菌落计数。

（2）沉降菌检测方法

1）首先也是对测试仪器、培养皿表面进行严格消毒灭菌，在37℃恒温培养箱中培养48h观察，确信无菌后方可使用。

2）一般用φ90mm的沉降平皿，注入20mL培养基，放在测点处，开盖暴露30min，将培养皿盖盖上后倒置。然后在30～35℃恒温培养箱中经48h培养为肉眼计菌落数，并记录生成的菌落数CFU（Colony forming units），然后用5～10倍放大镜检查，是否有遗漏。若培养皿上有两个或两个以上的菌落重叠，分辨时仍以两个或两个以上菌落计数。

3. 检测仪器

（1）浮游菌测试仪器

1）仪器设备主要有采样器、真空抽气泵、培养皿、恒温培养箱等。

2）微生物采样器有多种形式，主要有固体撞击式采样器、离心式空气微生物采样器、气旋式微生物气溶胶采样器、液体冲击式微生物气溶胶采样器、过滤式微生物气溶胶采样器、大容量静电沉降采样器等。采样器的选择应考虑采样的灵敏度、采样效率，以及有利于微生物的存活、易于分析粒子大小、易于操作和使用方便等因素。浮游菌采样器一般采用狭缝式采样器和离心式采样器。

3）狭缝式采样器（撞击式采样器）。各类狭缝式采样器工作原理都相同。将采集的微生物气溶胶喷射到缓慢旋转的撞击板或固体培养基表面上，具有足够大动量的粒子撞击到收集板上，而较小粒子由于惯性小在气流夹携下流出。每种型号的撞击式采样器，都有其自身的收集效率。图8-8所示是国产的THK-201型采样器的工作示意图，属于固体惯性撞击式，打开电源后用真空抽气，悬浮于空气中的带菌粒子被吸入采样头的筛孔筛；该采样器的特点是采样头筛孔隙是可调的，当空隙调小时，可用于采集较小粒子；若要采集大粒子时，可将孔隙调大，从而增大了采样器的应用范围。

4）离心式采样器它基于离心撞击原理，当采样器通电后，借助于蜗壳内的叶轮高速旋转，能把至少40cm距离以内被测的带菌空气吸入，在离心力的作用下，空气中的活微生物粒子加速撞击到专用的培养基条上，采样后的培养基条从蜗壳中取出，经过恒温、定时培养，形成菌落，然后进行菌落计数。国内研制生产的JWC-1型采样器便是一种性

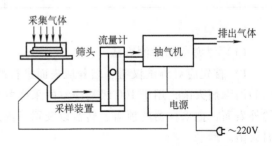

图8-8　THK-201型采样器的工作示意图

能较好的离心式空气微生物采样器，采样量为 40L/min，外形如图 8-9 所示。

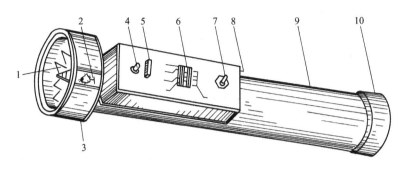

图 8-9 JWC-1 型离心式空气微生物采样器

1—叶轮 2—培养基条样口 3—蜗壳 4—电源指示灯 5—电源开关

6—定时选择开关 7—启动钮 8—交流稳压电源插孔 9—电池筒 10—螺母

（2）沉降菌测试所用的仪器设备 主要有高压消毒锅、恒温培养箱、培养皿。

培养皿一般采用 $\phi 90\text{mm} \times 15\text{mm}$ 的硼硅酸玻璃培养皿，培养基采用普通肉琼脂培养基或《中华人民共和国药典》认可的其他培养基。

4. 合格标准

（1）浮游菌测试 一般被测房间（或洁净工作台）的浮游菌平均浓度按下式计算：

$$C = \frac{P_s}{V_s} \tag{8-13}$$

式中 C——被测房间（或洁净工作台）的浮游菌平均浓度（cfu/m³）；

P_s——被测房间总菌落数（cfu）；

V_s——总的采样量（m³）。

一般以 C 值来评定洁净室（或洁净区）是否达到规定标准，各种药品、生物制品洁净室的空气洁净度等级根据产品品种和生产工序的要求确定，通常在设计文件中会明确规定。国内外有关浮游菌测定的标准见表 8-7。

表 8-7 国内外有关浮游菌测定的标准

空气洁净等级	澳大利亚 TGA CGMP（2002 年）	欧盟 EU CGMP（2008 年）	我国 GMP（2010 年）
	微生物最大允许数/(cfu/m³)	微生物最大允许数/(cfu/m³)	活微生物数/(cfu/m³)
A	<1	<1	<1
B	≤10	≤10	10
C	≤100	≤100	100
D	≤200	≤200	200

（2）沉降菌测试 洁净室（区）的平均菌落数按下式计算

$$\overline{M} = \frac{M_1 + M_2 + \cdots M_n}{n} \tag{8-14}$$

式中 $\overline{M}$——被测洁净室（区）的沉降菌的平均菌落数（cfu/皿）；

M_1——1 号培养皿的菌落数（cfu/皿）；

M_n——n 号培养皿的菌落数（cfu/皿）；

n——培养皿总数。

用测定的平均菌落数判定洁净室（区）空气中微生物是否达到规定的标准，洁净室（区）的平均菌落数应低于表8-8所规定的沉降菌测定标准。若某洁净室（区）内的平均菌落数超过评定标准，则必须对此区域进行消毒灭菌，然后重新采样2次，测试结果达到标准后方能合格。

表8-8 国内外有关沉降菌测定的标准

空气洁净等级	澳大利亚 TGA CGMP (2002 年)	欧盟 EU CGMP (2008 年)	我国 GMP(2010 年)
	ϕ90mm, cfu/4h	ϕ90mm, cfu/4h	ϕ90mm, cfu/4h
A	<1	≤1	<1
B	≤5	≤5	5
C	≤50	≤50	50
D	≤100	≤100	100

8.2.6 温湿度检测

1. 检测要求

1）测定前，洁净空调系统应连续运行24h以上。

2）根据温度和相对湿度的波动范围，应选择足够精度的测试仪表，并经过校验标定合格。

2. 检测方法

1）测点距地面0.8m，距外墙应大于0.5m，也可以根据恒温区的大小，分别布置在离地面不同高度的几个平面上。

2）根据温湿度波动范围要求，检测宜连续进行8~48h，每次读数间隔不大于30min。

3）对没有恒温要求的房间，温度仅测房间中心一个点即可。

4）对有温湿度波动要求的区域，测点应放在送、回风口处或具有代表性的地点，其测点数量按表8-9确定。

表8-9 洁净室温度、相对湿度的测试要求

波动范围	测定仪器	测点数量
温度(Δt) < ±0.5℃	用小量程温度自动记录仪或0.01℃刻度的水银温度计	测点间距为0.5~2.0m，每个房间测点不应少于20个，测点距墙大于0.5m，单向流洁净室大于0.2m
相对湿度(ΔRH) < ±5%	用氯化锂温湿度计	
±0.5℃≤Δt≤±2℃	用0.1℃刻度水银温度计	面积≤50m²，测5点；>50m²时，每增加20~50m²，增加3~5个点
±5%≤ΔRH≤±10%	用0.2℃刻度通风干湿球温度计	
Δt > ±2℃	用0.2℃刻度水银温度计	
ΔRH > ±10%	用通风干湿球温度计	洁净室面积≤50m²，测1点；>50m²时，每增加50m²，增加1个测点

3. 检测仪器见表 8-9。

4. 合格标准

根据各测点的室温波动范围，将控制温度偏差的最大值整理成累计统计曲线，若 90% 以上测点偏差值在室温控制范围内，为符合设计要求；反之为不符合。相对湿度波动范围可参见相关规定。

8.2.7　照度测定

1. 检测要求

室内照度测定必须在室温和光源输出趋于稳定后进行（对荧光灯必须有 100h）。

2. 检测方法

1）测点平面距地面 0.85m，按间距 1 ~ 2m 布点，测点距墙面 1m。其要求基本与洁净度的测定位置要求相同。

2）在简图上设测量位置，记录实测照度值并计算总平均照度。

3）照度测定，一般测定除局部照明之外的照明。

3. 检测仪器

采用移动式照度计检测。

4. 合格标准

符合设计要求，或符合 GB 50073—2013《洁净厂房设计规范》中对洁净室（区）的照度值规定。洁净室内一般照明的照度均匀度不应小于 0.7。

8.2.8　噪声检测

噪声检测仪器为带倍频程分析仪的声级计，一般情况下只检测 A 声级的数据，必要时测倍频程声压级。

1. 检测方法

1）检测点布置，当面积 ≤50m² 时，仅测房间中心一个点；当房间面积较大时，每增加 50m² 增加一个点，测点距地面 1.2m。

2）有条件时，宜测量洁净室静态工况的噪声和洁净室的本底噪声。

2. 合格标准

符合设计要求，或按 GB 50073—2013《洁净厂房设计规范》中的规定，在空态情况下，非单向流洁净室的噪声级不应大于 60dB（A）；单向流、混合流洁净室的噪声级不应大于 65dB（A）。洁净室的噪声频谱限制的各频带声压级值不应大于《洁净厂房设计规范》的规定。

8.2.9　表面导静电性能测定

1. 检测设备

采用符合精度要求的高阻计。

2. 检测方法

在测试表面上选择比较有代表区域的两个点，用导线把高阻计和两个铜圆柱形电极连接起来进行测量，其表面电阻和泄漏电阻值可以按如图 8-10 所示的测试装置测量。

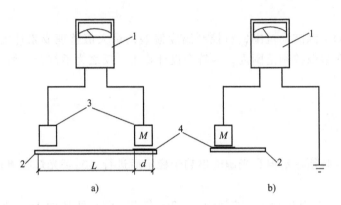

图 8-10　表面电阻值和泄漏电阻值的测试装置

a）表面电阻　b）泄漏电阻

1—高阻计　2—试件　3—铜柱形电极　4—湿渍纸 $L=900\mathrm{mm}$，$d=60\mathrm{mm}$，$M=2\mathrm{kg}$

3. 合格标准

1）地面的面层应具有导电性能，并应能长时间稳定。

2）表面电阻应为 $1.0\times10^{5}\sim1.0\times10^{12}\Omega$。

8.2.10　气流流型

1. 检测方法

1）测点位置。

a. 对于单向流洁净室，所测截面上的测点间距均为 0.2～1m，垂直单向流要求取 4 个测点截面：洁净室的纵剖面，洁净室横剖面，距地面 0.8m 和 1.5m 的两个水平面。水平单向流要求取 5 个测点截面：洁净室的纵剖面，工作区水平面，距送、回风口 0.5m 处的两个纵剖面和房间中心的总剖面。

b. 对非单向流洁净室要求取 3 个测点截面：具有代表性的送、回风口中心的纵、横剖面和工作区高度的水平面。

测点间距要求：纵剖面上为 0.2～0.5m，水平面上为 0.5～1m。

2）用发烟器或悬挂单丝线的方法逐点观察和记录气流流向；用量角器测定气流流向偏离规定方向的角度。

3）在测点布置的剖面图上标出流向。

2. 气流流型检测标准

工作区气流流向偏离规定方向的角度不应大于 14°，应绘出气流流型图，并给出分析结果。

8.2.11　自净时间

1. 检测方法

1）以大气浓度为基准，该项测定必须在洁净室停止运行相当时间，含尘浓度已接近大气浓度时进行。首先测出洁净室内的浓度，然后开机，定时读数，直到浓度达到最低限度为止，这一段时间即为自净时间。

2）以人工发巴兰香烟为基准。

a. 首先将发烟器放在离地面 1.8m 以上的洁净室中心，发烟 1~2min 后停止。

b. 等待 1min，在工作区平面中心点测量含尘浓度。

c. 开机，定时读数，直到浓度达到最低限度为止。

2. 合格标准

由初始浓度 N_0、室内达到稳定的浓度 N 和实际换气次数 n 计算出的自净时间 t_0 与实测的自净时间 t 进行对比，若 $t \leqslant 1.2t_0$ 为合格。

8.3 洁净室的认证

8.3.1 认证的目的和程序

洁净室工程在设计、建造和验收投入使用后，为确保洁净室使用过程中始终能保持规定的空气洁净度等级和综合性能参数要求，防止由于洁净室投入使用后的维护管理不当或洁净室工作人员误操作以及洁净空调系统长期运转使空气过滤器性能变化，或者是洁净室周围环境的突发变化如因房屋拆迁、洁净室内生产工艺调整、突发性大气尘污染甚至沙尘暴的侵袭等各类因素而影响洁净室的性能参数，所以投入运行后洁净室的日常监测和定期的综合性能检测是十分必要的工作，通过检测以认证洁净室的综合性能是否符合设计要求或产品生产所必需的综合性能参数要求。

1. 洁净室的综合性能检测目的

通过对空气洁净度等级等方面的监测、记录，掌握以下内容：

1）确定正常运行。

2）掌握能量使用情况。

3）发现异常现象并维修。

4）查明发生污染的原因，测定相关数据。

5）产品质量相关的资料。

6）洁净室的缺点（运行上的缺点等）。

2. 洁净室的认证程序

1）由业主委托专门检测认证单位承担洁净室的认证工作。委托可以是一次性的也可以是阶段性的，如一年的委托合约，在双方的合约中应明确委托认证的内容、测试要求（含时间间隔等）、检测认证报告内容和要求、认证检测的进度安排、各方的责任（包括保密要求）等。

2）认证检测用仪器仪表必须在标定使用的有效期内。

3）认证检测之前，洁净室的各功能系统应达到稳定运行，并由业主提供稳定运行的有关记录。

4）按合约要求逐项进行检测，并作详细记录。记录应该清晰，并有必要的实测状况和有关问题的说明。

5）给出认证检测报告，并明确说明洁净室是否符合规定要求及各项综合性能参数或计算结果。若检测结果超过规定的范围，说明该洁净室不合格，检测认证单位应提供分析意见和改进的建议，由业主或业主委托有关单位进行改进、完善，之后应进行再认证。

6）洁净室每次认证或再认证均应由检测认证单位提供原始记录和综合性能检测认证报告。

8.3.2　认证内容及测试方法

1）为了保证洁净室或洁净区运行中始终符合要求，洁净室（区）认证检测的基本内容包含空气洁净度等级、静压差和风速、风量的测定。《洁净厂房设计规范》规定：空气洁净度等级≤5级，空气洁净度等级认证测试最长时间间隔为6个月；空气洁净度等级>5级，空气洁净度等级认证测试最长时间间隔为12个月；静压差和风量（风速）认证测试最长时间间隔为12个月。

2）洁净室检测认证洽商选择的测试内容。由于各行各业的产品生产工艺或洁净室的实际使用情况的不同，洁净室（区）认证检测时不是所有的检测项目都是必测的检测内容，应按具体洁净室的实际情况，由业主与专门认证单位协商确定，洁净室（区）洽商选择的测试要求如下：过滤器泄漏、气流流型、自净时间、污染泄漏、照度、微振的最长检测间隔时间为24个月；温度、相对湿度、噪声的最长检测间隔时间为12个月。

对于有微振要求的洁净室（区），如集成电路生产用洁净室，在洁净室工程投产运行时应进行微振测试，在洁净室使用过程中是否进行检测、检测时间间隔多长，应根据实际运行情况确定，但当洁净室（区）内或周围环境的振动状况有变化时，则应即时进行检测。

8.3.3　认证报告及内容

若认证测试结果在规定值之内，说明该洁净室符合规定要求，若测试结果超出规定值，说明该洁净室不符合要求须进行改进，在改进完成后应进行再认证。

每次认证测试或再认证测试应做记录，并提交综合性能合格与不合格的综合报告，报告应包括以下内容：

1）测试机构的名称、地址。

2）测试日期和测试者签名。

3）执行标准的名称编号及出版日期。

4）被测试的洁净室或洁净区的地址、平面及采样点的特定编号及坐标图。

5）被测试的洁净室或洁净区的测试结果，如空气洁净度等级、被测粒径（或沉降菌、浮游菌）、被测洁净室所处的状态、风量（风速）、气流流型和静压差等。

6）测量仪器的型号、规格、精度和标定证书；测试方法细则及测试中的实际情况。

7）测试结果包括在全部采样点坐标图上注明所测的粒子浓度（或沉降菌、浮游菌的菌落数）。

8）对异常测试值进行说明及数据处理。

9）注明上次的测试日期。

10）设施的测试文件可作为下次监测计划的依据。

11）提交必要的附件、附图和各种原始检测记录、检测方法或仪器的说明等。

12）提交洁净室认证检测证书或再认证检测证书。

思　考　题

1. 洁净室的检测内容有哪些？
2. 洁净室的检测方法有哪些？
3. 洁净室认证的目的是什么？
4. 洁净室的认证程序有哪些？
5. 洁净室认证报告包括哪些内容？

二维码形式客观题

扫描二维码可自行做题，提交后可查看答案。

第 9 章

空气洁净系统运行管理

9.1 洁净室日常管理及日常检查

9.1.1 洁净室日常管理

1. 洁净室日常管理的主要内容

(1) 保证洁净室要求的洁净度等级 对于洁净室来说，要求进入洁净室的空气是清洁的，保证进入室内空气的含尘量低于洁净度规定的含尘量值；要求进入洁净室内的人和物品经过必要的净化处理，以尽量减少人和物的带尘量。

保证洁净室内洁净度的主要措施是：保证人净的措施，保证进入洁净室物料的净化，保证进入洁净室内的空气是清洁的，保证洁净空调系统的送风量，按要求保证洁净室内的正静压值，尽量减少洁净室的产尘量，保证对洁净室内的定期清扫。

(2) 保证洁净室要求的室内空气状态参数 洁净室内的空气状态参数都是根据某种工艺条件要求或某项工作要求确定的，因此除了要保证洁净室内的洁净度，还需要满足室内空气的温度和湿度的要求。

在洁净室内，如果空气温度过低，不利于工作的正常进行；反之，如果温度过高，会使室内工作人员产生过多的汗液，汗液挥发成微小粒子进入空气中，会增加洁净室内空气中的含尘粒子数，使洁净度级别有所下降，无法保证工艺条件的要求。

(3) 制定严格的管理规章制度 洁净室日常管理过程中应制定严格、有效的制度，并要严格认真地执行。洁净室的运行规章管理制度包括日常应注意的事项、对进入洁净室人员的规定、入室人员的登记制度、人员出入的规定、对进入洁净室物品的规定、对洁净室内用具和设备的选择与管理制度、洁净室专用服装的规定和管理制度、洁净室卫生和安全制度、洁净室工作人员的教育培训制度和卫生措施等规章制度。

2. 洁净室日常管理采取的主要措施

(1) 保证人净的措施 人净的具体措施主要包括水洗、换鞋和衣服及空气吹淋三个方面。

1) 水洗。用水洗手、洗脸，必要时洗全身，以去除表皮临时附着物和积存的体表排出物。工业洁净室一般要求洗手和洗脸。无菌洁净室要求更高，一般要求洗澡。

2) 换衣和换鞋。为了减少从室外带入洁净室的污染物，一般要求进入洁净室内的人员换衣和换鞋。换掉外出的鞋和衣服，穿上洁净室工作服或无菌室工作服进入洁净室。这样附着在衣服和鞋上的室外灰尘或污染物不会随人员带入洁净室内。对于无菌行业还要求脱掉全部外出服和内衣，然后换用适合洁净室或无菌室工作的服装。对于洁净工作服，不仅要求其表面洁净和容易去除污染物，而且还要能将人体散发的尘菌滤留在人体一侧，同时还需保证不易产生静电。

3）空气吹淋。空气吹淋是用高速洁净空气吹扫全身服装及裸露表面的临时附着物。

（2）进入洁净室物料的净化措施　进入洁净室内的物料应在运入洁净室之前进行清洗和净化处理，以减少物料在洁净室内的发尘量。进入洁净室内的小件物品一般由洁净室与外走廊或洁净室与洁净室之间（洁净度级别不同的相邻房间）通过传递窗进入。对于电烘箱，烘箱一端从有菌区开门，输入物料经过一段时间灭菌后再从无菌室内开启烘箱另一端门取出。

大的物件进入洁净室时，先要在一般环境中用真空吸尘器初步吸尘净化，然后在洁净室内，用洁净室真空吸尘器或擦拭方法进一步处理。进入洁净室的小物件，先要在准洁净室内擦拭清洁，然后装入搬运箱再送入室内。个人物品不准带入洁净室内，规定的洁净室值班常用物品可以带入室内。

（3）保证进入洁净室内的空气含尘量低于洁净度规定的含尘量值　洁净空调系统在运行中，所使用的各级空气过滤器必须是完好无损和无泄漏的。为防止送风系统带入室外污染尘粒，必须对系统中使用的粗效、中效及末端空气过滤器定期进行泄漏检查。

（4）保证洁净空调系统的送风量　保证洁净空调系统的送风量就是要求保证洁净室内的换气次数，以满足室内气流组织的需要。洁净空调系统正常运行时，应定期对系统的送风量进行测定，测点可选在送风机进（出）风口处和送风口处。洁净空调系统和洁净室在运行中应经常性地检查各级空气过滤器的空气阻力情况和容尘量，或者定期使用差压计进行检测，使系统的送风量基本保持不变。

（5）按要求保证洁净室内的正静压值　洁净室和洁净空调系统在运行中，应注意经常检查、保养、调整和修理系统中的余压阀，以及压力传感器、变送器、调节器和执行器，使之处于正常运行状态，维持室内要求的正静压值。

（6）尽量减少洁净室的产尘量　在洁净室内，产生尘埃的因素有两个：一是设备的运转，二是操作人员的活动。因此，应从这两个方面控制洁净室的产尘量。

9.1.2　洁净室日常检查

1. 一般工业洁净室的日常检查

对洁净室内的温度、湿度和洁净度应进行定期检查，表9-1所示为一般工业洁净室的洁净空气检测频数。当采用高效真空吸尘器进行清扫时，必须定期检查吸尘器排气口的含尘浓度。

表 9-1　洁净室的洁净空气检测频数

检测项目　＼　洁净度等级	1～3	4～6	7	8、9
温度	循环监测	每班 2 次		
湿度	循环监测	每班 2 次		
压差值	循环监测	每周 1 次	每月 1 次	
洁净度	循环监测	每周 1 次	每 3 个月 1 次	每 6 个月 1 次

2. 医院洁净室的日常检查

医院的洁净手术室及洁净病房都应定期对空调系统进行检查，检查项目包括室内顶棚送风天花（或高效送风口）和墙面回风口侧洁净度、尘埃粒子数、细菌菌落数、送风风量、室内正压（或负压）等。表9-2列出了日常检测建议项目和检测周期。

表 9-2　日常检测建议项目

项　　目			级　　别				备　　注
			ISO Class5（100级）	ISO Class7（1万级）	ISO Class8（10万级）	ISO Class8.3（30万级）	
细菌浓度	评价标准		不超过管理要求				必要位置或代表点
	测定次数	空气	经常监测或1次/班	1次/1～2日	1次/周	1次/月	
		表面	1次/班或日，3个样品	1次/周，3个样品	1次/2周，3个样品	1次/月，3个样品	
		手套5指	1人/班或日	1人/1～2日	1人/周		
压差	评价标准		不低于容许下限，上限也不宜高于30Pa(生物安全洁净室除外)，若低于容许下限应立即调整				由门口墙上压差计测出
	测定次数		1次/日	1次/周			
风速	评价标准		不低于管理要求				休息日或大修时测，低于100级的房间以风口风速换算成换气次数，100级的房间为工作区截面风速
	测定次数		1次/月	1次/半年		1次/年	
洁净度级别	评价标准		不低于管理要求				有仪器时自测，无仪器时请专门机构测定
	测定次数		经常监视，1次/年				

3. 无菌室的日常检查

无菌室设施的定期检查，通常按表9-3所示的方法进行。

表 9-3　无菌室定期检查项目

项　　目	检查方法及其他
温湿度	测定位置：在无菌室内有代表性的点 方法：根据连续测定记录，检查操作时的最高、最低温湿度和夜间的湿度（检查露点） 测定地点应始终保持不变
尘埃数	测定位置：传递室、更衣室、无菌操作室和洁净小室内有代表性的操作地点、送风口 方法：使用尘粒计数器测定粒径≥0.5μm或粒径≥5μm的尘埃数 测定地点和时间（选择操作时间）应始终不变
菌数	测定位置：洁净通道、更衣无菌操作室和洁净小室内有代表性的点、操作地点、送风口 方法：根据落下菌法、微孔过滤器法或狭缝采样器法多次测定后，用最高值和平均值进行评价。细菌在高温和低温中进行培养 测定地点和时间（选择操作时间）应始终不变
风量	测量空调用的高效空气过滤器的压差（通常压力损失为初始值的2倍时更换过滤器），检查堵塞等 用风速计检查洁净工作台和洁净小室的风量

（续）

项 目	检查方法及其他
空气压力	测定无菌室内、外压差和各室之间的压差
杀菌灯	根据照明时间推算照度的下降值，并确定更换杀菌灯的时间（一般照明时间为3000h，效率降至70%时更换） 利用紫外线照度测定几个杀菌灯的照度，检查照度能否达到按照明时间推算的照度值 检查杀菌灯（特别是夜间使用时）有没有断路或损坏
送风机和管道类	检查送风机轴承、送风机运行状态、尘埃和污物、送风口的腐蚀及污染物等
其他	室内是否保持清洁、顶棚和壁面是否有裂缝或腐蚀、涂敷状况、采光和照明是否适当，机器和设备类是否有异常现象。测量对象（特别是与灭菌有关的）是否正常、使用水的水质等。必须逐个列表检查，不能遗漏任何一项

4. 非无菌制剂操作室的日常检查

非无菌制剂操作室的定期检查通常按表9-4所示的方法进行。

表9-4 非无菌制剂操作室定期检查项目

项 目	检查方法及其他
尘埃数	在规定的时间、地点用尘粒计数器测定≥0.5μm或≥5μm的尘埃数 测定地点和时间（选择操作时间）应始终不变
菌数	在规定的时间、地点测定落下菌数或悬浮菌数等。也可以根据粒子数推算菌数（最好定期抽检产品中的菌数）
风量	测量空调用的高效过滤器的压差，检查过滤器堵塞、安装部分的缝隙或过滤器损坏而引起的泄漏情况。用风速计检查局部吸尘装置的风量
空气压力	使用压力表测定青霉素剂操作室内外的压差
送风机和管道类	检查送风机轴承、送风机运行状态、尘埃和污物、管道内部和送风口的腐蚀及污染物等
其他	室内是否保持清洁、顶棚和壁面是否有裂缝或腐蚀、涂敷状况、采光和照明是否适当，机器和设备类是否有异常现象。必须逐个列表检查，不能遗漏任何一项

9.2 洁净室服装管理

进入洁净室一定要穿洁净服，进入洁净度级别高的洁净室还应外加长筒鞋套、手套；披肩帽的下摆应放在上衣之内，帽子要把前额上部头发和头发梢全部罩起来。对有滑石粉的皮手套，拿进洁净室前必须把滑石粉除掉。

操作人员的服装标准见表9-5。

表9-5 服装标准

分类	服 装	说 明
无菌洁净室	工作服	穿聚酯长纤维布制成的上下整体式无尘工作服。每天洗涤，洗涤后进行高压灭菌或气体灭菌处理
	帽子、袖套	同上
	口罩、袜子	每天洗涤
	鞋	穿橡胶长筒鞋，可水洗的鞋或冰鞋，每天洗涤，用苯酚（俗称石碳酸）等喷雾消毒

（续）

分类	服　装	说　明
无菌 洁净室	护目镜	适当的时候洗涤
	其他	每天检查工作服有无破损或缺损,管理人员也定期检查
非无菌 洁净室	工作服	穿聚酯长纤维布制成的上下整体式无尘工作服。每天洗1~2次
	帽子、袖套、发网	同上
	口罩	特殊的情况下,带活性炭口罩
	鞋	帆布鞋等,每周洗一次

9.3　人员管理

9.3.1　对洁净室人员的管理

（1）进入洁净室人员的规定　5级和更高级别的洁净室人员密度不大于0.1人/m²，低于5级的洁净室，人员密度不大于0.25人/m²。

以下人员不能进入洁净室：皮肤有晒焦、剥离、外伤和炎症者；对化学纤维、化学溶剂有异常反应的人员；手汗严重者；鼻子排出物过多者；感冒、咳嗽和打喷嚏者；过多掉头皮屑及头发者。

（2）入室人员的登记制度　登记进入洁净室的人员数和时间（包含正式工作人员和非正式工作人员）。

（3）人员出入的规定　人员进入洁净区之前，应将拖鞋在洁净器（垫）上或湿的垫子上擦拭。如果在洁净区入口处有空气吹淋室，那么人员一定要通过吹淋室；人员进入洁净区后，必须根据需要随时洗手，换工作服；洗过的手要用洁净烘干器吹干，或用发尘量少的纸巾擦干，换穿工作服后还要洗手，不能赤手操作已经被净化过的零件、产品和包装材料；戴上洁净手套或指套才能进入洁净室操作；洗手后，穿帆布鞋在洁净器（垫）上通过。

进入洁净区和洁净室人员的线路必须遵循规定的净化路线和程序，不能私自改变；外装和洁净工作服分地分柜存放。如果洁净区内工作人员需上洁净区外的厕所时，必须按进入洁净室的程序处理，绝对不准穿洁净服上厕所（洁净厕所除外）。

人员离开洁净区时也应按程序洗涤、更衣、换鞋，洁净服不得带出洁净区。

对于医院洁净室来说，病人进入洁净区不能经过吹淋室。一般情况下，如需进手术室，应先在病区洗浴及更衣，推车进入洁净区后，应在缓冲室换上手术室专用推车进入洁净走廊，手术室的专用推车不能离开手术室。

9.3.2　对洁净室人员的教育培训

（1）洁净室工作人员的教育培训　对洁净室工作人员和技术人员进行教育训练应掌握的内容：灰尘对产品的危害；洁净室内的产品所要求的洁净度；洁净室尘源及其控制；工艺操作及其对洁净度的影响；洁净室、产品、工作服的洁净度测定方法；净化设备和系统的使用规程，故障排除方法；本洁净室的构造和性能；安全措施；测定方法和评价方法的细则。

（2）洁净室工作人员的训练　洁净室工作人员进行训练的内容主要包括：按规定的方法练习脱去个人服装并保管设备；按规定的方法练习穿洁净工作服；按规定的方法练习洗手、烘干、使用洁净室专用纸；做不拖足走路的练习；做带进洁净室器材的清洁净化练习；练习使用洁净室的消防器材；做从洁净室内紧急疏散的练习。

（3）对设备管理人员的特殊培训　对设备管理人员的培训内容包括：比较详细地讲解洁净空调系统的流程、设备仪器及安全运行常识，比较详细地介绍洁净系统的使用规程及故障排除方法。

（4）对洁净室工作人员的特殊培训　工作人员特殊培训的主要内容是对洁净室的认识，包括：有关菌、尘、微生物的初步知识；有关室内洁净度及菌落数含义的基本知识；洁净空调系统的运行管理及基本概念；为维持及保证室内洁净度应采取的措施。

按规定练习工作服的穿着、保存；按规定练习正确的洗手及消毒方式。按规定练习在洁净室内的轻手轻脚及小幅度的动作；对清洁工按规定练习室内清洁及消毒方式。

每天工作结束后，值班工作人员应对洁净室的清洁、消毒工作做仔细检查，发现遗漏项目应立即采取补救措施。

每天上班及下班时，对洁净空调系统的运行状态予以认真检查，如有值班风机的系统应予开起检查，发现有不正常情况立即通知设备维修及运行管理人员。

9.4　洁净室清扫及灭菌

9.4.1　洁净室的清扫

1. 一般工业洁净室的清扫

洁净室内环境清扫部位包括整个房间的墙面、吊顶、地面及所有物品。

对洁净室内应进行定期清扫。洁净室清扫的时间应在每天下班前工艺操作结束后进行；清扫时，洁净室洁净空调系统仍保持运行状态。当采用集中式真空吸尘系统完成洁净室的清扫工作时，要限制真空系统的排气量，以免使洁净室的正压值下降太大或形成负压。清扫用的拖布、抹布，不要用易掉纤维的织物材料，一般可用丝绸、尼龙绸等。

对于生物洁净室，吸尘器中的集尘袋和过滤器，在取出之前要用气体灭菌，取出后装入聚乙烯袋中封好，然后烧掉。

对于洁净度高的洁净室，清扫用水不得用自来水，而须采用过滤后的水；洁净室清扫用洗涤剂可按每升水加入 30g 中性液体洗涤剂配制而成，应选择残留物量低的中性洗涤剂。

各个洁净室应使用本室专用的清扫工具，清扫工具要定时清洁。清扫地板时，可用软管或湿式电气清扫机，如果有比较严重的污渍可使用专用清洁剂。

2. 医院洁净室和手术室的清扫

医院洁净室的清扫工作应在每天下班前完成，手术室的清扫工作应在手术前后进行，以手术后的清扫为主。手术完成后，在洁净空调系统运行的状态下，打开排浊风机约 15min，排除室内污浊空气，然后进行清理及清洁工作。每次清扫结束后还应继续运行洁净空调系统，直至达到规定的洁净等级，运行时间一般不应少于该系统的自净时间。每次手术后的杂物立即就地分类打包，清扫垃圾均应装入污染袋中就地密封，然后经污物传递窗或污物门运出洁净室。如果发生不可预见的非常情况，在洁净手术室内做了带污染的手术，那么手术后进行室内环境清扫时必须用苯酚（石碳酸）或甲醛水喷雾作全室消毒。表9-6所示为医院洁净室清扫方法和时间。

表 9-6　室内清扫方法及时间

房间种类及位置			擦拭方法及时间			真空吸尘	备　　注
			每日1次	每周1次	每月1次		
净鞋器周围的地面				水洗	洗涤剂	2小时1次	
非洁净室及准洁净室	地面			水洗	洗涤剂	每日2次	
	窗及玻璃			水洗		每月1次	每2个月1次洗涤剂
	顶棚					每月1次	每6个月1次水洗
洁净室	地面	ISO Class5（100级）ISO Class6（1000级）	水洗	洗涤剂		每日1次	
		ISO Class7（1万级）ISO Class8（10万级）		水洗	洗涤剂	每月1次	
	墙面	ISO Class5（100级）ISO Class6（1000级）	水洗		洗涤剂	每日1次	
		ISO Class7（1万级）ISO Class8（10万级）		水洗		每周1次	每2个月1次洗涤剂
	顶棚	ISO Class5（100级）ISO Class6（1000级）			水洗	每月1次	
		ISO Class7（1万级）ISO Class8（10万级）				每2个月1次	每6个月1次水洗

9.4.2　洁净室的灭菌

1. 普通洁净室常用的灭菌方法

（1）紫外线照射　紫外线照射属于电磁辐射消毒法，其机理是使细菌吸收辐射吸热而产生热效能，破坏其蛋白质和核酸从而达到灭菌的目的。紫外线照射的杀菌效果明显，广泛应用于医院需要消毒的场合，如室内空气、物体表面、水及其他液体等。但是，紫外线杀菌也有相当的局限性。由于紫外线辐射能产生对人有伤害的臭氧，所以紫外线杀菌只能在无人的状态下进行消毒。紫外线只能对静止的物体有灭菌作用，对流动的空气毫无意义。在组合式空调机组停用时，紫外线照射也可作为机组消毒的一种手段。

紫外线照射灭菌的效果与菌种、遮挡等都有关系，由于这些因素的影响，使用紫外线灯管照射时应当注意对需要消毒的暴露对象长时间照射，应尽量的近距离照射。

（2）臭氧　臭氧在常温下是强氧化性气体，也是一种广谱杀菌剂。可用来杀灭细菌及其芽孢、病毒及真菌，也被广泛用于医院消毒。由于臭氧是极不稳定气体，在常温下会自行分解为氧气，所以不能贮存，一般都是通过臭氧发生器现场制备并立即用于消毒灭菌。

由于臭氧为强氧化剂，对人体及室内物体有损害，所以高浓度臭氧只能在密闭房间无人状态下使用，消毒后30min人员方可入内，这也说明了臭氧消毒的局限性。低浓度臭氧发生器可以使用在有人员活动的房间，其灭菌效率比高浓度略差，但也是有效的，当臭氧浓度为

$0.2mg/m^3$ 时，15min 细菌杀灭率为 98.05% ~99.9% 。

对一般的自然菌，当空气中臭氧浓度为 $20mg/m^3$ 时，作用 30min，对细菌杀灭率在 90% 以上，所以可以对医院中的物体表面、空气及治疗水、污水进行消毒灭菌处理。

（3）化学消毒剂　利用喷雾机熏蒸化学消毒剂的方法杀灭空气中的微生物也是生物洁净室常用的消毒方法。常用的化学消毒剂有甲醛、过氧乙酸、过氧化氢、含氯消毒剂和季铵盐类消毒剂等。使用化学消毒剂进行消毒，一般都须关闭门窗 1~2h 喷雾或熏蒸。还有一些化学消毒剂是可以用来浸泡或擦拭的，如二溴海因、过氧化氢、过氧乙酸等。

无论是喷雾、熏蒸、还是擦拭，化学消毒剂对人体及物体都有不同程度的危害，在使用时应当经专业人员培训，操作时应谨慎小心，以免造成人身伤害。每个洁净室使用的化学消毒剂应当定期更换，防止室内的微生物产生抗药性。

2. 药厂洁净室的消毒

对于药厂洁净室，不仅需要对空气进行过滤，还需要对室内器具、地面、壁板等表面进行消毒灭菌处理，严格控制室内空气中的生物或非生物的微粒数量。

进入洁净室的空气是通过亚高效或高效空气过滤器达到除菌目的的，可以视为无菌空气，但是这个过程并无杀菌作用。只要室内有人员的活动，就有可能产尘或产菌；只要室内有微生物生存的营养源，就有可能使微生物生存及繁殖。因此，药厂洁净室应有完善的消毒制度。

无菌室、室内设备、器具和杂物、传递室或传递窗及更衣室的清洗最好采用水洗。典型部位的清扫和灭菌方法如表 9-7 所示。非无菌制剂洁净室的清扫消毒，一般采用普通的清扫消毒方法。

表 9-7　清扫和灭菌方法

位　　置	方　　法
整个房间	用石碳酸或甲醛水喷雾消毒，如果连续使用同一种消毒液，细菌就会产生抗药性，因此要更换消毒液的种类
地板	使用软管、湿式电气清扫机进行水洗
壁面	水洗或水擦拭
顶棚	水洗或水擦拭
设备、器具和杂物	水洗和擦拭，灭菌或消毒。但有可能直接接触药剂的器具，不允许黏附消毒液，一旦黏附，应立即将消毒液擦拭干净
搬入物品	原料和搬入室内的器材等必须在传递室或传递窗中用杀菌灯照射和消毒

9.5　洁净室设备管理

9.5.1　过滤器的管理

对各级过滤器应按照规定的内容和周期进行检查、更换和记录。

过滤器的检修维护内容包括：检查压差计动作是否失灵，检查压差计计数是否超出过滤器终阻力。检查滤材污染程度，检查滤材有无变形或漏风。检查过滤器框架、连接管道等有无明显漏风情况。检查过滤器箱体污染程度，检查箱体有无腐蚀。

在实际运行中，应对过滤器两端的压差进行监测，当压差超过规定值，也就是过滤器阻力大于终阻力时，应对过滤器进行清洗（粗效）或更换（中效，高效）。当出现以下其中一种情况，应更换高效空气过滤器：

1）气流速度降低到最低限度。即使更换粗效、中效空气过滤器后，气流速度仍不能增大。

2）高效空气过滤器的阻力达到初阻力的 $1.5 \sim 2$ 倍。

3）高效空气过滤器出现无法修补的渗漏。

更换过滤器时，需要注意：更换滤材时系统应停止运行。更换下的滤材应包装后按废物处理，不得清理后重复使用。更换滤材的同时对框架周围等其他部件彻底清洁。对可清洗的滤材在清洗过程中注意不能使滤材变形，一般要有备用滤材，一旦发生滤材损伤应立即更换。表 9-8 列出了空气过滤器的清洗和更换周期。

表 9-8　空气过滤器的清洗和更换周期

类　　别	清洗或更换周期
新风入口过滤器	1 周左右清洗一次（多风沙地区周期更短）
粗效空气过滤器	1 ~ 2 月（清洗）
中效空气过滤器	2 ~ 4 月
亚高效空气过滤器	1 年以上
高效空气过滤器	3 年以上

9.5.2　空调设备和空气输送分配装置的运行管理

1. 空调设备的运行管理

空调设备运行管理组织主要分为两大部分，即设备管理人员及设备操作人员，各类人员应有明确的分工及各自明确的岗位责任制。

设备管理人员包括：①专职设备管理人员；②专职洁净技术人员。

设备操作人员包括：①空调操作人员；②电气及自控操作人员；③洁净室设备维修人员。

空调设备的运行管理制度包括的内容：收集有关空调设备的资料和建立档案，建立各设备的安全操作规程，制定安全生产条例，定期进行安全检查，确保安全进行；制定各设备的维修保养计划，并组织对设备的定期维修、保养；检查每天的运行日志及运行记录，及时发现运行中的异常情况；切实保证机房清洁卫生。

对空调设备应随时掌握其所处的状态，定期检查和维修。具体项目包括：送风机、回风机、泵、电动机等设备在运行中有无异常声音；轴承发热程度如何；传动带松紧是否合适，供回水阀是否严密，开关是否灵活；各个部位的空气调节阀有无损坏；设备位置是否变化；空调箱、水箱、风管等内部有无锈蚀脱漆现象；需定期清洗、更换的设备（如各级过滤器等）是否已经达到清洗更换限度；配电盘、各种电器接线有无松脱发热现象；仪表动作是否正常等。

洁净空调设备的档案和值班记录包括：①设备台账，包括设备来源、价格、使用说明书及检修记录。②各类仪表，包括仪表使用说明及安装位置、检修记录、校验纪录。③每日填写运行记录表，按月装订。

洁净技术人员的职责：制定洁净室的使用制度及洁净室的清洁、消毒制度，并监督检查执行情况；每日检查运行日志及运行记录，及时发现室内参数的异常情况，并进行分析，提出处理意见，保证系统始终处于正常运行状态；制定洁净室定期监测制度，且负责监测工作时，应提交相应的监测报告及整改措施；配合洁净系统维修保养计划，做好洁净室的自净工作。

设备的定期监测及保养制度包括：每日进行设备的清扫工作；每月进行设备内部的全面检修及清理工作；随时对发现的故障隐患及设备磨损进行及时的修理，对于必须更换的部件应立即更换，不能拖延。

洁净空调系统启动时，禁止先开回风机；系统关闭时，禁止先停送风机；系统未运行时，不应单独开启局部排风系统。

运行前应测出室内外温湿度，并根据室内外气象条件确定本班运行方案。

开机前要对设备进行检查，做好运行准备工作。检查项目包括：风机、水泵等转动设备有无异常，冷热水温度是否合适，是否打开应该开启的阀门，是否已给测湿仪表加水等。如发现问题应及时向班长（或值班长）报告。如无异常，准备就绪后便可开机。开机时必须在一台设备正常运转后才能启动另一台。开机顺序是：先开送风机，后开回风机，再开电加热器和水泵（水泵运行可根据需要灵活掌握）等；停机时次序相反。停机后要全面检查，消除不安全因素，拉下电闸，关好相应的水阀、风阀和照明、门窗等。

2. 空气的输送和分配装置

洁净空气的输送和分配设施的管理应包括以下内容：经常检查送风及回风设施有无因硬密封材料老化而产生的漏风现象及破损现象；经常检查送风及回风口的过滤器材的积尘状况，对送风口还应检查高效空气过滤器的滤纸有无破损而造成漏风的情况；按照过滤器的管理方法对送回风口的过滤器进行清洁及更换。

思　考　题

1. 洁净室日常管理的主要内容是什么？
2. 洁净室日常管理所采取的主要措施有哪些？
3. 一般工业洁净室、医院洁净室及无菌室的日常检查有什么异同？
4. 对于一般工业洁净室、医院洁净室和手术室的清扫要求有什么不同？
5. 普通洁净室常用的灭菌方法有哪些？

二维码形式客观题

扫描二维码可自行做题，提交后可查看答案。

第9章
客观题

附录 A
空气洁净技术常用术语

需氧菌（Aerobe）：能在有游离氧存在的情况下生存及生长的细菌。

气溶胶（Aerosol）：气体散布成胶体状，也即雾化的细小液剂（小液滴）状态。

琼脂（Agar）：一种藻类的干物质，在100℃时溶化，40℃时凝结成胶状。大多数细菌一般无法吸收琼脂。但它可作为微生物的固体培养基使用。

换气（Air changes）：说明洁净室或隔离装置中每小时更换空气次数的指标。这是传统气流方式洁净室的一个常用指标。

气闸（Airlock）：正常通风的中间（过渡）室，能使悬浮污染物从一个区域转移到另一个区域降低至最小。

风速（Air velocity）：说明洁净室内或房间一个区内空气运动速度的指标。也是说明单向流洁净室状况的常用指标。

藻类（Alga）：藻的所有种属。

水藻（Algae）：一种单细胞体的隐花植物，包括海草及很多单细胞淡水植物，其中大部分有叶绿素。

碱（Alkali）：一种形成可溶碳水化合物、并与油脂一起用来制造肥皂的化学物质。由于其溶解蛋白质及其他有机物的良好特性，碱主要用作清洁剂。

酒精（Alcohol）：在碳水化合物中，由同等数量的氢氧基代替一个或一个以上氢原子所形成的一种有机物。由于酒精溶解脂肪，又是很强的消毒剂，它主要用作洁净剂。

厌氧的（Anaerobic）：无需分子氧。

厌氧微生物（Anaerobic microorganisms）：能够在完全没有或几乎没有分子氧状态下生长的微生物。

安德森采样器（Anderson sampler）：以撞击方式采集微生物的装置。该装置上下共有8层，每层有一个多孔板，每块板下面放置有琼脂生长基。进入采样器的空气与各层发生碰撞。由于各层的孔径由上至下逐渐缩小，因此，气流速度也就逐层增加，从而使得粒子按孔径大小穿过各层的多孔板。这样较大的粒子由较上层的板捕捉到，而较小的粒子就被较下层的板捕捉到。

随机采样（Anisokinetic sampling）：空气进入采样器的风速和风向与室内空气的风速风向不同。

防腐剂（Antiseptic）：一种抑制微生物的生长和繁殖但不一定消灭它们的物质。

抗败血症（Antisepsis）：为防止败血症，将致病有机生物消灭或抑制住。

"空态"洁净室（As-built cleanroom）：洁净室的所有相关设施均已安装好，可以投入运行。但室内没有生产设备及生产人员。

无菌的（Aseptic）：不会感染、无腐坏物质。

无菌灌装（Aseptic filling）：将无菌产品灌装入无菌容器中并进行无菌密封。这一工艺常用于无法在生产的最后工序进行消毒的产品。

无菌技术（Aseptic technique）：为防止感染所使用的技术。换言之，即防止灭菌材料/产品受感染的技术。

"静态"洁净室（At-rest cleanroom）：洁净室的所有相关设施都在工作，生产设备安装完毕并在运行，但室内无工作人员在场。

高压釜（Autoclave）：一种以高压蒸汽实施消毒的装置。该装置配有自动调节釜内温度和压力的仪表。

细菌（Bacteria）：微生物的主要种群。

杀菌的（Bactericidal）：能够杀灭植物性细菌，但不一定能杀死孢子。

抑菌剂（Bacteriostat）：一种细菌生长抑制剂。

抑菌物（Bacteriostatic）：一种抑制细菌生长或细菌繁殖的制剂。

杀虫剂（Biocide）：一种生物杀灭剂。

生产安全柜（Biosafety cabinet）：一种隔离装置，用以保护工作人员免于危险微生物的侵害，或保护工作区免于外部污染物的污染。

校准（Calibration）：确定仪器的精确度，一般是测量该仪器经某一必要修正数值修正后对标准值的偏差。

CCP（Critical Control Point）：关键控制点。

离心式空气采样器（Centrifugal air sampler）：一种根据冲撞原理采集悬浮微生物的装置。该装置用旋转的风扇产生冲击力，将粒子冲击到琼脂板上。

CFU（Colony Forming Unit）：菌落单元，即经培养之后存在于琼脂板上的菌落数量。

更衣室（Changing room）：进出洁净室时更换洁净服装的房间。

cGMP（current Good Manufacturing Practice）：当前药品生产质量管理规范。

洁净室（Cleanroom）：将室内悬浮粒子浓度控制在一定水平的房间。一般是通过控制粒子的侵入、粒子的形成和粒子的滞留来控制室内洁净度。很多时候还要同时控制室内温湿度和压力。

洁净室技术（Cleanroom technology）：使用洁净室进行污染控制的领域。洁净室技术还包括为创造污染程度受控的工作环境所采取的所有方法，包括预防性措施。

洁净区（Clean Zone）：将悬浮粒子浓度控制在规定的洁净度等级的限定空间。

CNC（Condensation Nucleus Counter）：凝结核计数器。

菌落（Colony）：从孤立的单个微生物或单组微生物繁衍出来的一群微生物或微生物的集合。

螯合物（Complex former）：一种能够溶解含金属氧化物的化学物质。

凝结核计数器（Condensation nucleus counter）：使用光学方法探测粒子上凝结的气雾来计算大于等于 $0.01\,\mu m$ 悬浮粒子的仪器。

接触盘（Contact plate）：一个装满琼脂的塑料盘，盘内的琼脂高出盘面。为便于进行表面微生物采样，接触盘内的琼脂高出接触盘的边缘。在对平坦的表面采样时，将凸状的琼脂用轻轻的滚动动作紧紧地压在表面上，使得琼脂与表面完全接触。

污染物（Contaminant）：造成污染的某些物质。

污染（Contaminate）：由接触、粘连等造成的沾污或感染。

污染控制（Contamination control）：为控制污染物而采取的所有行为的总述。污染控制技术可用来保护制造中的产品或保护生产中的工作人员，或两者都保护。

跨转凳（Cross-over bench）：见跨接凳。

衰亡期（Declination phase）：微生物生长曲线的一个阶段，微生物在此阶段开始逐渐衰败。

清除污染（Decontamination）：使人员或物品免于气体、放射性物质、微生物等污染物的污染。清除污染在污染控制领域常常是指将活微生物的数量减少到较低水平，不一定是零。

离散式粒子计数器（Discrete particle counter）：一种对离散的粒子进行计数的仪器。

消毒（Disinfect）：清除致病微生物，或使致病微生物处于不活动状态。消毒一词在污染控制领域常常表示清除所有微生物。

消毒剂（Disinfectant）：一种消毒物质，常常用于灭活。

消毒作用（Disinfection）：即消毒的作用。

DOP（Dioctyl phthalate）：邻苯二甲酸二辛酯，一种可以变成雾状小颗粒的液体。

DOP 气溶胶（DOP aerosol）：气体内分散的 DOP 细微粒子。

DPC（Discrete Particle Counter）：离散粒子计数器。

干热消毒（Dry Heat Sterilization）：相对湿度低于 100% 条件下的高温消毒。这种消毒方法的效率低于相对湿度为 100% 的湿热消毒，且高温持续时间要更长。

尘埃（Dust）：存在于表面和气体中的固体物质。

D 值（D-value）：是十进制的减少时间，表示用物理的方法或化学制剂将样品中的微生物数量减少 90% 所需要的消毒时间。

当量直径（Equivalent diameter）：一个与所测量粒子有相同特性并在感应仪表中产生同样反应的基准球形的直径。

兼性厌氧微生物（Facultative anaerobe）：在有氧和无氧环境下均可生长的微生物。

降落盘（Fall out plate）：一种用来确定空气中微生物状况、含有无菌琼脂的盘子。使用时将该盘子置于某一表面上，暴露于周围的空气中。由于重力或空气运动，悬浮在空气中的粒子就会沉降在琼脂上。

FDA（Food and Drug Administration）：食品和药品管理局（美）。

发酵（Fermentation）：酶的分解，特别是对碳水化合物而言，用于酒、面包、醋及其他食品原料与工业原料的生产。

纤维（Fiber）：按照 ISO 14644 标准，纤维的定义是长宽比大于等于 10 的粒子。

FMEA（Failure Mode Effects Analysis）：故障模式效果分析，一种故障危险分析方法。

f 值（f-value）：使用高压釜在介质温度为 121℃ 时将微生物总数减少所需要数量的时间。

服装系统（Garment system）：穿着以后会给穿着者及环境最佳保护的整套服装。

繁殖（Generation）：繁衍的作用或过程。

繁殖时间（Generation time）：繁衍过程所需时间，即一个微生物细胞分裂为两个子细胞所需时间。

GLP（Good Laboratory Practice）：实验室质量管理规范。

GMP（Good Manufacturing Practice）：药品生产质量管理规范。这是系列性的规程，用以保证产品在生产过程中洁净度、标识、药效及成分是不变的。

HACCP（Hazard Analysis Critical Control Point）：危害分析关键控制点。这是一种最多用于食品和饮料业的危害分析方法。

HAZOP（Hazard and Operability）：危险与运行性。国际社会安全协会进行危险分析的一种方法。

HEPA（High Efficiency Particulate Air Filter）：高效空气过滤器。以 DOP 气溶胶测量，高效空气过滤器对大于等于 $0.3\mu m$ 粒子的过滤效率应至少达到 99.97%。

亲水的（Hydrophilic）：即吸水的，可被水沾湿的。

憎水的（Hydrophobic）：不易被水沾湿的。

撞击（Impaction）：气流中悬浮粒子的运动被气流中的障碍物阻挡时所产生的一种物理现象。当气流在压力作用下吹向一固体物质时，它就会改变运动方向。而悬浮在气流中的粒子，如果其质量足够大，就会由于惯性作用，不随气流改变运动方向，而最终与固体物质发生撞击。有些仪器使用撞击法采集固体污染物。

撞击采样器（Impinger）：用气流在压力下撞击长颈瓶中的液体来采集空气或气体中污染物的仪器。

培养（Incubation）：在适宜的培养基上维持温暖的环境条件，使微生物或细胞能够繁殖的过程。

孵化器（Incubator）：一种用于孵蛋、培养微生物或活细胞的恒温装置。

惰性的（Inert）：不活动、对外界无反应的。

惯性（Inertia）：不能自行运动。有许多采样方法是根据惯性原理采集粒子。由于被采样粒子本身的质量及其运动速度，粒子处在不能自行运动状态，从而可以被采集到。

等速采样（Isokinetic sampling）：同向采样时，探头入口处的平均气流速度与该处单向气流的平均速度相同。

LAK（Laminar airflow）：层流。一种气流以绝对平行的方式运动的理论。实际上很难做到。层流一词目前的使用不那么普遍，更为精确的术语是单向流。

缓慢期（Lag phase）：将微生物放入培养基进行培养时，微生物的生长和细胞分裂均很缓慢的早期阶段。

层流（Laminar flow）：同一方向平行运动的气流。

致命的（Lethal）：会造成死亡的。

对数期（Logarithmic phase）：即对数生长阶段。在此阶段，微生物细胞分裂活跃。

培养介质（Medium）：用以培养微生物的物质。

微生物学（Microbiology）：一门研究微生物的科学。

微米（Micrometer）：1 毫米的千分之一，1 米的百万分之一。

霉菌（Mold）：是真菌的一大类。

湿热消毒（Moist heat sterilization）：在 100% 相对湿度下的高温消毒。

单分散气溶胶（Monodisperse aerosol）：一种粒子粒径全部相同的气溶胶。

形态（Morphology）：物体的物理外形。

非单向流（Non-unidirectional airflow）：进入房间的送风与室内原有空气混合在一起的送风方式，并以此将粒子和其他污染物的浓度稀释。

专性厌氧菌（Obligate anaerobe）：只能在完全没有分子氧的条件下生长的微生物。有的专性厌氧菌可被氧气杀死。

OPC（Optical Particle Counter）：光学粒子计数器。

动态洁净室（Operational cleanroom）：洁净室的全部设施处于正常运行，洁净室内的设备正常运转，人员在履行其工作职责。

操作人员（Operator）：在洁净室内工作的人员，包括工艺人员。

口的（Oral）：与嘴相关的。

正压（Overpressure）：说明洁净室的压力高于周围环境的术语。洁净室用正压来降低污染物进入关键区的危险。

寄生物（Parasite）：从其他活性有机生物获取营养的微生物。

粒子（Particle）：根据大多数的标准，粒子定义为具有一定尺寸的、液态或固态的、或两态的物质。美国联邦209E标准定义的粒径范围是 $0.001 \sim 1\mu m$。ISO 14644标准将粒子定义为具有既定物理边界的一小粒物质。

粒子浓度（Particle concentration）：每单位体积空气中粒子的数量或质量。

粒径（Particle size）：粒子在显微镜的观测平面上显现出来的最大线性外形尺寸，或者是由自动化探测仪器所探测到的粒子当量直径。

低热灭菌（Pasteurization）：巴斯德灭菌法。将奶或液体以适当的温度加热一段时间的工艺。这个工艺可杀死大部分致病细菌，并大大地抑制其他微生物的繁殖。

病菌（Pathogen）：致病的各种微生物，包括细菌、病毒。

致病的（Pathogenic）：致使生病或产生病态症状的。

人员过滤器（Personal filter）：洁净室用服装系统的简单称谓。

使用点（Point of use）：特定活动开展的位置。一般送风系统的最后一级过滤器就位于使用点，并成为吊顶的组成部分。

正压送风（Positive ventilation）：以正压气流清除房间内或区域内污染物的送风方式。

预过滤器（Pre-filter）：放置在所有过滤器前面、用来减少污染物对主过滤器阻塞的过滤器。预过滤器的过滤效率一般比主过滤器低。

原生动物（Protozoa）：微生物的一个主要种群，具有动物世界中最简单的生命形式。

热原质（Pyrogen）：一种致热物质。

定性的（Qualitative）：与质量相关的。

定量的（Quantitative）：与数量测量相关的。

RCS（Reuter Centrifugal Sampler）：路特离心采样器，见离心采样器。

RODAC 盘：一种接触盘。

RP（Recommended Prectices）：推荐规程，由美国环境科学与技术学会出版的系列文件。

狭缝采样器（Slit sampler）：一种用于微生物分析的撞击采样器。该采样器将悬浮粒子采集到一个缓慢旋转的琼脂盘上，可以获得对应于时间变化的微生物分布图。该采样器的撞击力是由空气通过一个很细的狭缝时候产生的。

孢子（Spore）：由某些种类的细菌产生的亚细胞体，它们对高温、消毒剂和放射性这样的恶劣条件的耐受性比植物形式的生物强得多。

静止期（Stationary phase）：微生物生长的一个阶段。在该阶段，新形成的细胞数量等于死亡细胞的数量。

跨接凳（Step-over bench）：更换洁净室服装时使用的一种长凳，以限制经由地面传播的污染。

灭菌的（Sterile）：洁净度的一个定义，表明无成活的有机生物或无成活的微生物的状态。

灭菌（Sterilization）：彻底消灭微生物活动的工艺或方法。

表面活性剂（Tenside）：一种同时具备憎水和吸水特性的表面活性剂。由于它可以溶解油脂，并使油脂溶于水，所以可用于洁净。

毒素（Toxin）：一种毒物，常常用来专指某些较高等的植物及其他动物和致病细菌产生的蛋白质物质或生物分子物质，这些物质对其他活性微生物有很高的毒性。

触摸盘（Touch plates）：用来检测手掌上微生物污染物状况的灭菌琼脂盘。这些盘子常常用于检测无菌灌装工作人员手掌上的微生物。

UDF（Unidirectional Flow）：单向流，是代替层流的新术语。单向流是一种方向单一的气流，但气流速度可以是一致的，也可以是不一致的。单向流可迅速地将粒子定向排出洁净区。

ULPA（Ultra Low Penetration Air Filter）：超高效空气过滤器。以 DOP 溶胶测试，这种过滤器对粒径大于等于 $0.12\mu m$ 粒子的过滤至少达到 99.999% 的过滤器。

超微粒子（Ultrafine particles）：从大约 $0.01\mu m$ 到离散式粒子计数器粒径探测上限范围的粒子。

验证（Validation）：反映所有工艺和程序都按设计要求正常运行的详细完整文件。

检验（Verification）：确定洁净室或洁净区的悬浮粒子是否符合 U 描述符或洁净度限值的过程。

成活的（Viable）：有存活和生长能力的，是指微生物在适宜介质上生长并形成肉眼可见菌落的能力。

杀病毒剂（Viricide）：一种能杀死病毒的介质。

病毒（Virus）：一种很小的传染媒介，除某些情况外，一般用低倍显微镜无法看到。病毒的特点是不具备独立新陈代谢能力，只能在寄生细胞内繁殖。

Z 值（Z-value）：可将微生物杀灭率提高 10 倍温度增长值。Z 值用于说明高压釜的消毒状况。

附录 B
部分行业对洁净室空气洁净度的要求

行业	适用场合		洁净等级
无菌药品生产	最终灭菌药品	大容量注射剂(≥50mL)灌封	A 级或 B 级背景下的局部 A 级
		注射剂的稀配、滤过;小容量注射剂的灌封;直接接触药品的包装材料的最终处理	B 级
		注射剂浓配或采用密闭系统的稀配	D 级
	非最终灭菌药品	灌装前不需除菌滤过的药液配制;注射剂的灌封、分装和压塞;直接接触药品的包装材料最终处理	A 级或 B 级背景下局部 A 级
		灌装前需除菌滤过的药液配制	C 级
		轧盖,直接接触药品的包装材料最后一次精洗	D 级
	其他无菌药品	供角膜创伤或手术用滴眼剂的配制和灌装	C 级
非无菌药品生产	非最终灭菌口服液体药品,深部组织创伤外用药品、眼用药品,除直肠用药外的腔道用药		C 级
	最终灭菌口服液体药品,口服固体药品,表皮外用药品,直肠用药		D 级
	直接接触药品的包装材料		同药品生产要求
原料药品生产	法定药品标准中列有无菌检查项目的原料药		B 级背景下局部 A 级
	其他原料药		不低于 D 级
生物制品	灌装前不经除菌过滤的制品其配制、合并、灌封、冻干、加塞、添加稳定剂、佐剂、灭活剂等		A 级
	灌装前需经除菌过滤的制品其配制、合并、精制、添加稳定剂、佐剂、灭活剂、除菌过滤、超滤等		B 级
	体外免疫诊断试剂的阳性血清的分装、抗原-抗体分装		
	原料血浆的合并、非低温提取、分装前的巴氏消毒、轧盖及制品最终容器的精洗		C 级
	口服制剂其发酵培养密闭系统环境(暴露部分需无菌操作)		
	酶联免疫吸附试剂的包装、配液、分装、干燥;胶体金试剂、聚合酶链反应试剂(PCR)、纸片法试剂等体外免疫试剂		
	深部组织创伤用制品和大面积体表创面用制品的配制、灌装		
放射性药品	放射性药品生产		同无菌药品、非无菌药品和原料药
	放射免疫分析药盒各组分的制备		D 级
中药制剂	非创伤面外用药制剂及其他特殊的中药制剂		生产厂房门窗应能密闭,必要时有良好的除湿、排风、除尘、降温等设施,人员、物料进出及生产操作应参照洁净室(区)管理
	直接入药的净药材和干膏的配料、粉碎、混合、过筛		

（续）

行业	适用场合		洁净等级
中药制剂	其他中药制剂		同无菌药品、非无菌药品和原料药
	中药材泡制中的蒸、炒、炙、煅等		厂房应与其生产规模相适应，并有良好的通风、除尘、除烟、降温等设施
	中药材、中药饮片的提取、浓缩等		厂房应与其生产规模相适应，并有良好的排风及防止污染和交叉污染等设施
	中药材筛选、切制、粉碎等		厂房应安装捕、吸尘等设施
实验研究	实验用的动物畜舍		3~7级
	细菌实验		5级
	无菌动物实验		5级
生物实验室	一级	对人体、动植物或环境危害较低，不具有对健康成人、动植物致病的致病因子	不作要求，可自然通风
	二级	对人体、动植物或环境具有中等危害或具有潜在危险的致病因子，对健康成人、动植物不会造成严重危害，有有效的预防和治疗措施	8~9级
	三级	对人体、动植物或环境具有高度危险性，主要通过气溶胶使人传染上严重的甚至是致命疾病，或对动植物和环境具有高度危害的致病因子，通常有预防和治疗措施	7~8级
	四级	对人体、动植物或环境具有高度危险性，通过气溶胶途径传播或传播途径不明，或未知的、危险的致病因子，没有预防治疗措施	7~8级
手术室（空态或静态）	Ⅰ（特别洁净）	关节置换手术、器官移植手术及脑外科、心脏外科和眼科等手术中的无菌手术	手术区5级、周边区6级
	Ⅱ（标准洁净）	胸外科、整形外科、泌尿外科、肝胆胰外科、骨外科和普通外科中的一类切口无菌手术	手术区6级、周边区7级
	Ⅲ（一般洁净）	普通外科（除去一类切口手术）、妇产科等手术	手术区7级、周边区8级
	Ⅳ（准洁净）	肛肠外科及污染类等手术	8.5级
洁净辅助用房（空态或静态）	Ⅰ	需要无菌操作的特殊实验室	局部5级、其他区域6级
	Ⅱ	体外循环灌注准备室	7级
	Ⅲ	刷手间、消毒准备室、预麻室、一次性物品、无菌敷料及器械与精密仪器的存放室、护士站、洁净走廊、重症护理单元（ICU）	8级
	Ⅳ	恢复（麻醉苏醒）室与更衣室（二更）清洁走廊	8.5级
食品	发酵、酿造工厂		5~8级
	牛乳、其他饮料酒类、乳酸菌饮料		5级
	乳制品、生果的制造		8级

（续）

行业	适用场合	洁净等级
食品	清凉饮料瓶子	5～7级
	打栓工程	5级
	鱼肉的二次加工、包装	4～8级
医院医疗	婴儿室、隔离病房、集中医疗室	5～6级
	手术用器具保管	5级
	血液、林格式液、疫苗保管；药剂室	5～7级
	一般病房；治疗室	7～8级
电气、电子	集成电路、计算机用的磁盘	3～6级
	棕色管	5～6级
	高信息管、光导摄像管	5级
	印刷板	7级
	小型传递	5～6级
	精密电气计算器	5～7级
	零件、加工、安装、检查	5～8级
电子计算机	计算机制造工程、计算机使用室	5～7级
	胶筒、磁筒、胶带、磁带	5级
	加工、组装、试验、检验	5～8级
	放置场所	8级
半导体工业	单结晶工程，扩散	5级
	蚀刻法，位置互置，表面处理，金属蒸制	4～5级
	安装实验	5～8级
	原料，研磨	6级
	捆包	8级
	半制品保管	7级
陶业	精密制陶	5～7级
印刷	精密制版、电子制版	6～7级
合成树脂	人工肾脏、医药品容器、手术用袋、高级胶乳	5～7级
精密机械工业加工	精密回转仪、光学镜片、电气接点、精密诱导装置、精密流体元件	4～5级
	小型计算器、油压制卸器械、导弹零件、流体元件	5～7级
	钟表、照相机、氧化、液体氧化泵器械	5～8级
	粘胶工程、乙烯树脂、合成纸、合成皮	8级
	电子钟表，零件装配，火箭零部件的加工、装配，人造卫星装卸装置，小型轴承	5级
	普通轴承，大型轴承	8级
	装配、检查	5～8级

（续）

行业	适用场合	洁净等级
光学仪器	镜片研究	5~7 级
	盛器雕刻,医学使用的照相机的加工和装配,镜片黏合工程	5 级
	胶卷、薄膜制造、干燥	6 级
	缩微照片冲洗干燥	5~6 级
	装配	5~7 级
	涂装,试验、检查	7~8 级
	照片感光的涂粘	3~7 级

参 考 文 献

[1] 陈霖新，等. 洁净厂房的设计与施工 [M]. 北京：化学工业出版社，2003.

[2] 张吉光，等. 净化空调 [M]. 北京：国防工业出版社，2003.

[3] 许钟麟. 洁净室及其受控环境设计 [M]. 北京：化学工业出版社，2008.

[4] 许钟麟. 空气洁净技术原理 [M]. 3 版. 北京：科学出版社，2003.

[5] 许钟麟. 空气洁净技术应用 [M]. 北京：中国建筑工业出版社，1989.

[6] 许钟麟. 药厂洁净室设计、运行与 GMP 认证 [M]. 上海：同济大学出版社，2001.

[7] 许钟麟. 生物实验室设计要点 [J]. 暖通空调，2004. 34 (1)：45-51.

[8] 涂光备. 制药工业的洁净与空调 [M]. 北京：中国建筑工业出版社，1999.

[9] 蔡杰. 空气过滤 ABC [M]. 北京：中国建筑工业出版社，1989.

[10] 梅自力. 医疗建筑空调设计 [M]. 北京：中国建筑工业出版社，1991.

[11] 胡吉士，奚康生，余俊祥. 医院洁净空调设计与运行管理 [M]. 北京：机械工业出版社，2004.

[12] 许钟麟. 洁净手术部建设实施指南 [M]. 北京：科学出版社，2004.

[13] 张昌. 电子行业干盘管-FFU 洁净空调系统 [J]. 建筑热能通风空调，2005，24 (1)：64-68.

[14] 周晓伟. 某硅晶片生产厂空调净化设计简介 [J]. 洁净与空调技术，2004 (2)：64-68.

[15] 张春明，赵微. 某 100 级计算机磁头生产厂的洁净空调设计 [J]. 洁净与空调技术，2002 (1)：57-60.

[16] 张隽峰. 制药厂洁净区空调设计中几个问题的探讨 [J]. 中国建设信息供热制冷专刊，2003 (10)：70-72.

[17] 冯树根. 空气洁净技术与工程应用 [M]. 2 版. 北京：机械工业出版社，2013.